**SCHÄFFER
POESCHEL**

❙ Handelsblatt

Mittelstands-Bibliothek – Band 2

Artur Spraul/Jochen Oeser

Controlling

2007
Schäffer-Poeschel Verlag Stuttgart

Handelsblatt Mittelstands-Bibliothek

Bibliografische Information der Deutschen Nationalbibliothek
Die Deutsche Nationalbibliothek verzeichnet diese Publikation
in der Deutschen Nationalbibliografie; detaillierte bibliografische
Daten sind im Internet über http://dnb.d-nb.de abrufbar.

Gedruckt auf chlorfrei gebleichtem, säurefreiem und alterungs-
beständigem Papier

Band 2: ISBN 978-3-7910-2712-8
Gesamtwerk: ISBN 978-3-7910-2710-4

www.schaeffer-poeschel.de
info@schaeffer-poeschel.de

Einbandgestaltung: Willy Löffelhardt
Satz: pws Print und Werbeservice Stuttgart GmbH
Druck und Bindung: Ebner & Spiegel GmbH, Ulm

Printed in Germany
Oktober 2007

Schäffer-Poeschel Verlag Stuttgart
Ein Tochterunternehmen der Verlagsgruppe Handelsblatt

Vorwort

Ein praktisch einsetzbares, auf die Unternehmensgröße angepasstes Controlling ist heute in wirtschaftlich bewegten Zeiten wichtiger denn je. Das Informationszeitalter lässt die Welt näher zusammenrücken, Märkte verändern sich in rasendem Tempo. Die Unternehmen brauchen folglich sensible Navigations-Instrumente, um sicher durch die stürmische Zeit zu steuern.

Das Ziel dieses Buches ist es, kleinen und mittelständischen Unternehmen Wege aufzuzeigen, wie sie ein auf ihre Unternehmensgröße angepasstes Controlling-System aufbauen können. Dieses Werk konzentriert sich auf praktisch anwendbare Funktionalitäten im Unternehmen und soll weniger theoretische Abhandlung sein. Es bietet Werkzeuge zur Steuerung von mittelständischen Unternehmen an, die über lange Jahre in der Praxis erprobt wurden.

Die Praxis zeigt, dass viele mittelständische Unternehmen keine oder nur ansatzweise Controlling-Werkzeuge einsetzen. Mit dem vorliegenden Buch wollen wir mittelständische Unternehmen für eine aktive Unternehmenssteuerung mit Hilfe von Controlling sensibilisieren.

Die Inhalte, Vorschläge und Darstellungen kommen zu einem großen Teil sowohl aus unserer langjährigen Praxis als Berater als auch aus der Managementerfahrung in mittelständischen Unternehmen.

Herzlich bedanken möchten wir uns bei Stephan Schmid und unserem Praktikanten Felix Ziegenbein, die durch ihr Engagement maßgeblich zur Entstehung dieses Buches beigetragen haben.

Anregungen, Reaktionen, Stellungnahmen, Wünsche etc. können Sie uns gerne unter info@advico-ag.de senden.

Artur Spraul
Jochen Oeser

Stuttgart, im Juli 2007

Die Autoren

Artur Spraul

Diplom-Betriebswirt (FH) und Bankkaufmann, ist Vorstand der
ADVICO UNTERNEHMENSBERATUNG AG in Stuttgart (www.advico-
ag.de; spraul@advico-ag.de). Nach einer Ausbildung zum Bankkaufmann und dem Studium der Betriebswirtschaftslehre an
der Fachhochschule Pforzheim mit Schwerpunkt Rechnungswesen und Controlling war er zunächst fünf Jahre in der Beratung mittelständischer Unternehmen tätig. Anschließend war
er in leitender Funktion in mittelständischen Unternehmen beschäftigt, bevor er 1999 wieder in die Beratung zurückkehrte. Er
berät heute mittelständische Unternehmen in den Kernbereichen
Strategische Ausrichtung, Controlling, Unternehmenssteuerung,
Sanierung und Restrukturierung. Artur Spraul hat in einer Vielzahl
von Projekten in mittelständischen Unternehmen Controlling Systeme aufgebaut und weiterentwickelt.

Jochen Oeser

Diplom-Kaufmann, ist Senior-Berater bei der ADVICO UNTERNEHMENS-
BERATUNG AG in Stuttgart (www.advico-ag.de; oeser@advico-ag.de).
Nach dem Studium der Betriebswirtschaftslehre an der Friedrich-
Alexander-Universität in Nürnberg mit Vertiefung in Rechnungswesen und Controlling war er acht Jahre leitend in mittelständischen
Unternehmen tätig. Seine Beratungsschwerpunkte für den Mittelstand sind heute die Bereiche Controlling, Kostenrechnung, Unternehmensplanung, Existenzgründung, Existenzfestigung und Nach-
folge.

Inhaltsverzeichnis

Abkürzungsverzeichnis

a.o.	außerordentlich
Abb.	Abbildung
AfA	Absetzung für Abnutzung
AHK	Anschaffungs-/Herstellkosten
AV	Anlagevermögen
BAB	Betriebsabrechnungsbogen
BDE	Betriebsdatenerfassung
betr.	betrieblich
BSC	Balanced Scorecard
bspw.	beispielsweise
BWA	betriebswirtschaftliche Auswertung
bzw.	beziehungsweise
ca.	circa
CAD	Computer Aided Design – EDV-gestützte Konstruktion
DB	Deckungsbeitrag
DV	Datenverarbeitung
EDV	Elektronische Datenverarbeitung
EK	Eigenkapital oder Einzelkosten
ERP	Enterprise Resource Planning
etc.	et cetera (lat.: und das Übrige), und so weiter
EWB	Einzelwertberichtigung
F & E	Forschung und Entwicklung
FEK	Fertigungseinzelkosten
FGK	Fertigungsgemeinkosten
Fibu	Finanzbuchhaltung
GK	Gemeinkosten
GuV	Gewinn- und Verlustrechnung
IdW	Institut deutscher Wirtschaftsprüfer
IT	Informationstechnologie
Kap.	Kapazität
KMU	Kleine und mittelständische Unternehmen
KonTraG	Gesetz zur Kontrolle und Transparenz im Unternehmensbereich
KSt	Kostenstelle
Kto.	Konto
kum.	kumulativ – summiert

LKW	Lastkraftwagen
lt.	laut
Nr.	Nummer
p.a.	pro anno – jährlich
PC	Personal Computer
PKW	Personenkraftwagen
PLZ	Postleitzahl
POK	Prozessorientierte Kostenrechnung
Prio.	Priorität
PWB	Pauschalwertberichtigung
RHB	Roh-, Hilfs- und Betriebsstoffe
ROI	Return on investment
sel.	selektiv – einzeln
sonst.	sonstige
St.	Stück
Std.	Stunde
SWOT	Stärken-/Schwächen, Risiko-/Chancen-Analyse
usw.	und so weiter
UV	Umlaufvermögen
Vers.	Versicherung
Verw.	Verwaltung
VGK	Vertriebsgemeinkosten
VwGK	Verwaltungsgemeinkosten
z. B.	zum Beispiel

1   Was bedeutet Controlling?

1.1   Definition

Controlling leitet sich vom Verb »control« ab und kann übersetzt werden mit Begriffen wie leiten, regeln, steuern. Im deutschen Sprachraum wird Controlling oft gleichgesetzt mit Kontrolle oder Revision. Diese Begriffe sind jedoch nur Teilelemente des Überbegriffs Controlling.

Controlling im mittelständischen Unternehmen definieren wir wie folgt: **Ein auf das jeweilige Unternehmen angepasstes System zur Planung, Information, Steuerung und Kontrolle von im Unternehmen ablaufenden wichtigen Prozessen.**

1.2   Geschichte

Bereits im 15. Jahrhundert entstand am englischen Königshof eine Position mit der Bezeichnung »Countrollour«, deren Aufgabe darin bestand, die Aufzeichnungen über zu- und abfließende Geld- und Güterströme zu überprüfen.

Im 18. Jahrhundert (1778) wurden in der staatlichen Verwaltung der USA die Ämter »Comptroller, Auditor, Treasurer und six commissioners of accounts« geschaffen, denen die Aufgabe zukam, über die Wirtschaftlichkeit und Ordnungsmäßigkeit der Haushalts- und Wirtschaftsführung der Regierung zu berichten. Mit dem »Budget and Accounting Act« von 1921, wurde der »Comptroller« in einer modifizierten Form als »Comptroller General« an die Spitze des »General Accounting Office« (US-amerikanische Rechnungsprüfungsbehörde) gestellt, die er bis heute einnimmt. 1863 wurde der »Comptroller of the Currency« als Leiter der staatlichen Bankenaufsicht institutionalisiert. Erst Ende des 19. Jahrhunderts fanden sich vereinzelt Comptroller-Stellen in amerikanischen Eisenbahngesellschaften und in der amerikanischen Industrie. In dieser Entwicklungsphase entsprachen die Aufgaben des Comptrollers in der Wirtschaft weitgehend denen des Comptrollers in der öffentlichen Verwaltung. Der Aufgabenschwerpunkt lag in der Durchführung von Ordnungsmäßigkeits- und Wirtschaftlichkeitskontrollen und im Aufbau eines

Die Anfänge des Controllings

aussagekräftigen Systems der Rechnungslegung zur Erfüllung dieser Kontrollfunktionen.

Das moderne Controlling wurde seit Ende des 19. Jahrhunderts durch die Industrialisierung insbesondere in den USA entwickelt. Der erste in der Literatur erwähnte Controller in einem Unternehmen war 1880 bei der Firma »Atchison, Topeka and Santa Fe Railroad Company« beschäftigt. 1882 hat die »General Electric Company« als erstes großes Industrieunternehmen die Stelle eines Controllers eingerichtet. Trotzdem blieb das Controlling in den Unternehmen bis in die 1920er Jahre weitgehend unbekannt, so dass eine breite Entwicklung erst ab diesem Zeitraum einsetzte.

Vom Rechnungswesen zum Controlling

Vor allem während der Weltwirtschaftskrise Ende der zwanziger und Anfang der dreißiger Jahre kam es zu einer deutlichen Aufgabenverschiebung. Beschäftigte sich der Comptroller bis dahin mit abgeschlossenen Vorgängen, die er vergangenheitsorientiert nachzuvollziehen hatte, so musste er jetzt zukunftsorientierte Verfahren der Planung beherrschen und die Entscheidungsträger mit relevanten Daten versorgen. Durch diese Aufgabenverschiebung wurde aus dem Comptroller ein Controller. In diesem Zusammenhang wurde auch das Rechnungswesen aus der bloßen Vergangenheitsorientierung der Dokumentation und Kontrolle zu einem zukunftsgerichteten Steuerungs- und Führungsinstrument weiterentwickelt.

1931 wurde das »Controller's Institute of America« gegründet. Der Verband hatte im Jahre 1962 in den USA und Kanada ca. 5000 Mitglieder. 1934 wurde die Zeitschrift »The Controller« gegründet, sie erscheint seit 1962 unter dem Titel »The Financial Executive«. 1944 wurde die Forschungsinstitution »Controllership Foundation« ins Leben gerufen (seit 1962: »Financial Executives Research Foundation«) (s. Horvath, Controlling, 1996, S. 29).

Im deutschsprachigen Raum waren Controller-Stellen bis in die fünfziger Jahre hinein nicht institutionalisiert. Die ersten tauchten in den sechziger Jahren auf, vorwiegend in den Tochtergesellschaften von nordamerikanischen Konzernunternehmen. Seit dieser Zeit hat sich, wie ein Blick beispielsweise auf den Stellenmarkt der Samstagsausgabe der Frankfurter Allgemeinen Zeitung zeigt, diese Situation komplett verändert. So finden sich hier allein über 30 nationale Stellenanzeigen, in denen Controller gesucht werden.

Controlling etabliert sich

Allerdings heißt das nicht, dass davor die Unternehmen nicht gesteuert wurden. Das klassische Rechnungswesen mit ausgeprägter Kostenrechnung gab es bereits früher. Diverse Kostenrechnungssysteme wurden von Deutschen begründet.

Die Weiterentwicklung des Controlling hatte sich bis in die siebziger Jahre vorwiegend in der Wirtschaft abgespielt. Ab Mitte der siebziger Jahre jedoch fand das Controlling auch verstärktes Interesse in der wissenschaftlichen Forschung im deutschsprachigen Raum. Mittlerweile ist Controlling an jeder wirtschaftswissenschaftlichen Universität oder Fachhochschule in Forschung und Lehre zu finden.

1.3   Aufgaben des Controlling

Das Controlling hat eine Servicefunktion für die Unternehmensführung zur Unterstützung von Managementaufgaben, wie Planung, Steuerung, Kontrolle und Organisation. Das Controlling misst die aktuelle Verfassung des Organismus Unternehmen, deckt Fehlentwicklungen auf und gibt eindeutige Impulse für Kurskorrekturen. Genauso gibt das Controlling Impulse zur künftigen Entwicklung des Unternehmens.

Servicefunktion für das Management

In folgender Tabelle sind **die grundlegenden Aufgabenfelder** des Controlling kurz beschrieben:

Budgetierung	Planung der Umsätze, der Materialaufwendungen, der Kosten und des Ertrages
Operative Planung	Kurz- und mittelfristige Ausrichtung des Unternehmens
Strategische Planung	Langfristige Ausrichtung des Unternehmens
Internes Berichtswesen	Information der Geschäftsleitung sowie maßgeblicher Stellen im Unternehmen mit kompakten Zahlen
Investitionsrechnung	Berechnung, ob Investitionen im Unternehmen insgesamt rentabel bzw. sinnvoll sind
Rechnungswesen	Systematische Erfassung und Bewertung aller wirtschaftlichen Vorgänge im Unternehmen
Liquiditätssteuerung	Die Versorgung des Unternehmens mit ausreichender Liquidität ist eine der wichtigsten Aufgaben im Unternehmen. Unternehmen scheitern vorwiegend an der Zahlungsunfähigkeit
Externes Berichtswesen	Versorgung von externen Stellen mit maßgeblichen Informationen aus dem Unternehmen, z. B. Gesellschafter/Aktionäre, Banken, Presse
Steuerplanung und -verwaltung	Hier wird die Steuerbelastung des Unternehmens optimiert

Debitoren-buchhaltung	Die Transparenz in den Beziehungen zu Kunden kann vielfältige Informationen zur Steuerung der Kundenbeziehungen liefern, z. B. Antworten auf Fragen wie: Wer sind die umsatzstärksten Kunden? Wie ist die Zahlungsmoral der Kunden?
Versicherungen	Die Gestaltung der Versicherungen im Unternehmen ist ein wesentlicher Punkt zur Risikosteuerung des Unternehmens
Revision	Die Revision überprüft Geschäftsvorfälle im Unternehmen
Informations-verarbeitung	Die Informationsverarbeitung mittels EDV ist heute wesentliches Element zur Unternehmenssteuerung

Zur Verdeutlichung der Grundidee des Controlling und dessen Notwendigkeit stellen sich einleitend folgende Fragen:

- Wissen Sie exakt, bei welchen Produkten oder Leistungen Geld verdient wird und wo Geld zugesetzt werden muss?
- Wissen Sie, wie sich bestimmte Maßnahmen auf das Ergebnis auswirken?

Brauchen Sie Controlling?

- Wissen Sie, wie sich die Veränderung von äußeren Rahmenbedingungen auf Ihr Unternehmen auswirken?
- Wissen Sie, wie Ihr Ergebnis nach betriebswirtschaftlichen Grundsätzen, d. h. ohne steuerliche oder bilanzielle Verzerrungen, aussieht?
- Erfahren Sie zeitnah, ob sie noch im Plan liegen oder ob etwas aus dem Ruder läuft?
- Können Sie ihre Unternehmensstrategie in konkrete Ergebnis- und Maßnahmenpläne umsetzen?
- Welche Faktoren treiben die Gemeinkosten in die Höhe?

Sollten Sie alle Fragen mit einem Ja beantwortet haben, verfügen Sie bereits über ein funktionierendes Controlling. Aber auch dann können Sie im Folgenden sicher noch den einen oder anderen nützlichen Tipp finden.

Controlling als Regelkreis

Controlling können wir als Regelkreis sehen, dessen Mittelpunkt die Planung ist, die auf gegebenen Informationen aufbaut und auf eine Verbesserung des Informationsstandes abzielt. Dies kommt beim anschließenden Soll-Ist-Vergleich zum Ausdruck. Hier werden die Planzahlen den tatsächlichen Werten gegenübergestellt. Bei Feststellung von Abweichungen ergibt sich die Notwendigkeit, die Ursachen zu ermitteln und gegebenenfalls Korrekturmaßnahmen einzuleiten. Damit mündet der Regelkreis erneut in die Planungsphase.

Festzuhalten ist: Abweichungen werden sich durch die verschiedenen Umweltveränderungen zwangsläufig ergeben. Ziel ist es, die Auswirkungen von Veränderungen schnellstmöglich zu erkennen und Maßnahmen einzuleiten, um die festgelegten Unternehmensziele dennoch zu erreichen. Die Abb. 1 verdeutlicht diesen Regelkreis:

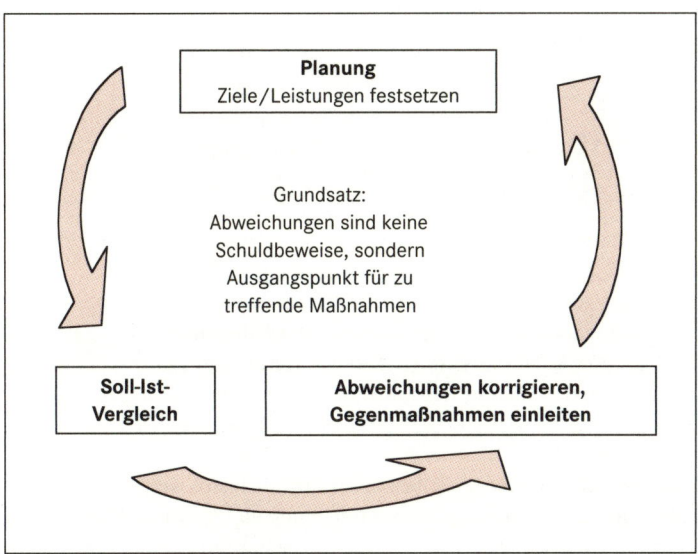

Abb. 1: Der Controlling-Regelkreis
(s. Horvath & Partner, Das Controllingkonzept 2000, S. 12)

1.4 Formen des Controlling

Controlling wird in operatives und strategisches Controlling unterschieden (s. Abb. 2 und 3). Das operative Controlling betrifft die Phase bis zu zwei Jahren. Das strategische geht über diesen Zeitraum hinaus. Teilweise wird in der Literatur auch von taktischem Controlling gesprochen. Dies ist die Stufe zwischen strategischem und operativem Controlling.

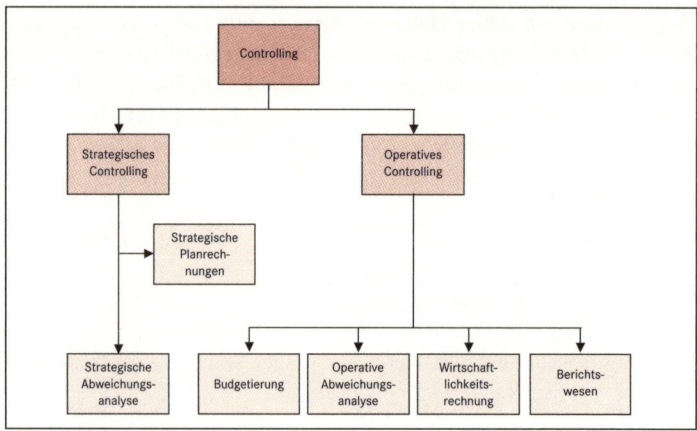

Abb. 2: Aufgabenspektrum des Controllers (s. Baus 2000, S. 16)

Der klassische Controller war früher eher operativ orientiert. Er war vorwiegend ausgerichtet auf die Ein- und Mehrjahresplanungen von Erlösen und Kosten. Heute ist die Beteiligung des Controllers an der strategischen Planung des Unternehmens eine Selbstverständlichkeit.

Strategisches Controlling

Das strategische Controlling beschäftigt sich mit weichen Faktoren wie Umwelt, Chancen und Risiken, Stärken und Schwächen. Ziele sind die Existenzsicherung und die Ausschöpfung von Erfolgspotenzialen. Die Ausrichtung des Unternehmens wird im strategischen Bereich festgelegt.

Operatives Controlling

Das operative Controlling dagegen plant mit harten Fakten, mit der Wirtschaftlichkeit betrieblicher Prozesse, mit Aufwand und Ertrag, mit Kosten und Leistungen, Gewinn und Rentabilität.

Zusammengefasst ist das Ganze ein sehr logisch und ganzheitlich aufgebauter Regelkreis zur Steuerung des Unternehmens.

Formen / Merkmale	Strategisches Controlling	Operatives Controlling
Orientierung	Umwelt und Unternehmung: Adaption	Unternehmung: Wirtschaftlichkeit betrieblicher Prozesse
Planungsstufe	Strategische Planung	Taktische und operative Planung, Budgetierung
Dimension	Chancen/Risiken, Stärken/Schwächen	Aufwand/Ertrag, Kosten/Leistung
Zielgrößen	Existenzsicherung, Erfolgspotential	Wirtschaftlichkeit, Gewinn, Rentabilität

Abb. 3: Strategisches und operatives Controlling (s. Horvath 1996, S. 246)

1.4.1   Strategisches Controlling

Strategisches Controlling befasst sich mit folgenden Fragen:

- Tun wir die richtigen Dinge?
- Was tut das Unternehmen in längerfristigen Zeiträumen, zum Beispiel in fünf Jahren?
- Welche Produkte und Leistungen werden angeboten?
- In welchen Märkten agiert das Unternehmen?

Diese Fragestellungen werden in mittelständischen Unternehmen weniger systematisch bearbeitet als in Groß- oder Konzernunternehmen. Oftmals wird mit diesen Fragen eher gefühlsbetont umgegangen, das Unternehmen wird mit dem Bauch ausgerichtet und gesteuert. Dies geht gut, solange die Leistungen und Produkte vom Markt nachgefragt werden. Oft wird jedoch eine sich einstellende Veränderung mit der »Bauchmethode« zu spät erkannt.

Strategisch zum Erfolg

Das strategische Controlling hat eine Navigationsfunktion für das Unternehmen. Das Management erhält vom Controlling Daten für die Ausrichtung des Unternehmens. Das Controlling bzw. der Controller liefert die notwendigen Werkzeuge zur Planung, Steuerung, Kontrolle und Informationsversorgung. Strategisches Controlling beschäftigt sich mit den Potenzialen des Unternehmens. Es ist stark umwelt- und marktorientiert.

Beim **strategischen Controlling** stehen folgende Aufgaben im Vordergrund:

- Ermittlung der Chancen und Risiken des Unternehmens;
- Suche nach neuen Erfolgspotenzialen;
- Feststellung von Frühwarnindikatoren;
- Beobachtung der unternehmerischen Umwelt;
- Entwicklung neuer Strategien.

Das strategische Controlling dient folglich dazu, die Existenz des Unternehmens mittel- bis langfristig zu sichern bzw. den Erfolg zu optimieren.

Im strategischen Controlling werden die nachfolgend dargestellten Instrumente eingesetzt:

- Benchmarking,
- Eigenfertigung-Fremdbezug (Make or Buy),
- Erfahrungskurve,
- Konkurrenz-Analyse,
- Logistik,
- Portfolio-Analyse,
- Potenzial-Analyse,
- Produkt-Lebenszyklus-Kurve,

Instrumente des strategischen Controlling

- Prozesskostenrechnung,
- Qualitätsmanagement,
- Shareholder-Value,
- Strategische Lücke,
- Szenario Technik,
- Zielkostenmanagement

(vgl. Übersicht zu Nr. 56 RKW Unternehmer Jahrbuch 2002, S. 156).

1.4.2   Operatives Controlling

Beim operativen Controlling stellen wir uns folgende Fragen:
- Tun wir die Dinge richtig?
- Arbeiten wir wirtschaftlich?
- Was wollen wir im laufenden Geschäftsjahr und in künftigen Jahren erreichen?

Aktive Steuerung

Das operative Controlling bildet einen Planungszeitraum von ein bis zwei Jahren ab. Es bedarf einer Vielzahl von Werkzeugen, um ein Unternehmen aktiv zu steuern. Operatives Controlling heißt wissen, wo das Unternehmen wirtschaftlich steht, wohin das Unternehmen will und wie es die Ziele erreichen kann. Man kann operatives Controlling mit den Navigationsinstrumenten eines Flugzeuges vergleichen. Es wird festgestellt, geprüft, geplant, die Richtung definiert und gesteuert.

Im **operativen Controlling** werden u.a. folgende **Ziele** verfolgt:
- Verbesserung der Rentabilität,
- Sicherung der Liquidität,
- Erhöhung der Wirtschaftlichkeit.

Analyseinstrumente

Das operative Controlling greift dabei auf den Regelkreis Planung, Kontrolle und Steuerung zurück. Mit Hilfe der Planung wird der Kurs des Unternehmens im aktuellen und kommenden Geschäftsjahr festgelegt. Über aussagefähige Analyseinstrumente erhält das Management dann die notwendigen Daten, um mittels Soll-Ist-Vergleich die Abweichungen von der ursprünglichen Planung festzustellen und analysieren zu können. Auf der Grundlage der Analyse werden schließlich Lösungen und Maßnahmen erarbeitet, um Kursabweichungen entgegenzuwirken.

Nachfolgend sind die **Instrumente des operativen Controlling** dargestellt:

Navigations-instrumente

- ABC-Analyse,
- XYZ-Analyse,
- Auftragsgrößenanalyse,
- Bestellmengenoptimierung,
- Break-Even-Analyse,
- Deckungsbeitragsrechnung,
- Engpass-Analyse,
- Investitionsrechnungsverfahren,
- Kurzfristige Erfolgsrechnung,
- Losgrößen-Optimierung,
- Qualitätszirkel,
- Rabatt-Analyse,
- Verkaufsgebietsanalyse,
- Wertanalyse,
- Erfolgsplanung,
- Soll-Ist-Vergleich,
- Vertriebscontrolling

(vgl. Übersicht zu Nr. 50 RKW Unternehmer Jahrbuch 2002, S. 156).

> Die operativen Analysen und Maßnahmen helfen Ihnen, Ihre kurzfristigen Ziele effizienter und schneller zu erreichen.

Tipp

1.5 Controlling in der Praxis

Die Praxis im Mittelstand ist nach unseren Erfahrungen immer noch so, dass wenig aktives Controlling betrieben wird. Selbst in größeren Mittelstandsbetrieben ist der Bereich Controlling oft schlecht entwickelt. Kleinere Unternehmen haben meist nicht die entsprechend ausgebildeten Mitarbeiter zur Verfügung.

Externe Unterstützung

Obwohl sich die Geschäftsleitungen oft aus technisch hervorragend qualifizierten und praxisorientierten Menschen zusammensetzen, werden die betriebswirtschaftlichen Zusammenhänge in vielen Betrieben oft vernachlässigt. In diesen Fällen bietet sich die Unterstützung von externen Experten an. Diese sind in der Lage, mit ausgewählten Werkzeugen bzw. einer sinnvollen Organisation der Informationssysteme des Unternehmens interne Controllingspezialisten zu ersetzen. In kleineren Unternehmen muss Controlling nicht aufwendig sein. Einige wichtige Werkzeuge reichen aus, um das Unternehmen sinnvoll zu steuern.

1.6   Controlling in Kleinen und Mittelständischen Unternehmen (KMU)

Controlling in kleinen und mittelständischen Unternehmen (KMU) sollte sich an der **Unternehmensgröße, der Struktur bzw. der Organisation des Unternehmens** ausrichten. Es macht wenig Sinn, Zahlenfriedhöfe zu produzieren, die niemanden interessieren. Das Management braucht wenige aussagefähige Daten. Diese Daten sollten mindestens monatlich von der Geschäftsleitung bewusst analysiert und ausgewertet werden. Aus diesen Erkenntnissen, insbesondere aus Abweichungen, sollten Maßnahmen abgeleitet werden, um eventuellen Fehlentwicklungen entgegenzutreten.

1.7   Zusammenfassung

Die Quintessenz einer Japanreise deutscher Controller bringt die Funktionalität von Controlling auf den Punkt:

Funktionalität

- Controlling beginnt beim Kunden;
- Controlling muss in den Köpfen der Mitarbeiter stattfinden;
- starte sofort und verbessere laufend – vor allem Prozesse;
- Steuerungsgrößen muss jeder verstehen;
- Einfachheit muss selbstverständlich sein;
- nicht nur die Führung, jeder muss informiert sein;
- Controller müssen Abteilungsgrenzen überwinden;
- Controlling darf nicht am Werkstor enden;
- Controlling muss der Strategie des Unternehmens dienen;
- durch kürzere Planungszyklen soll mehr Flexibilität erreicht werden

(vgl. Horváth, Seidenschwarz, Sommerfeldt 1993, S. 81).

Die Wichtigkeit des Einsatzes von Controlling-Systemen lässt sich wie folgt zusammenfassen:

Der Einsatz eines Controlling-Systems dient der **Existenzsicherung** des Unternehmens. Mit Controlling wird eine aktive Weiterentwicklung des Unternehmens gewährleistet. Controlling hat auch im KMU-Unternehmen seine Berechtigung und Notwendigkeit. Controlling kann, sofern die personellen Ressourcen fehlen, auch mit externer Unterstützung durchgeführt werden. Die eingeführten Controlling-Instrumente und der Aufwand, diese umzusetzen, sollten in

Existenzsicherung

einer gesunden Relation zur Unternehmensgröße stehen.

Controlling bedeutet planen, informieren, steuern und kontrollieren von im Unternehmen ablaufenden Prozessen.

In Deutschland hat Controlling eine noch nicht so lange Geschichte. Erst seit den sechziger und siebziger Jahren des vorherigen Jahrhunderts kam Controlling zum Durchbruch.

Controlling ist das Navigationsinstrument zur Steuerung des Unternehmens. Im strategischen Controlling werden längerfristig wirkende Themen wie Chancen und Risiken, Stärken und Schwächen bearbeitet.

Das operative Controlling plant hingegen mit harten Fakten wie der Wirtschaftlichkeit betrieblicher Prozesse, der Rentabilität, konkret messbaren Zielen wie Umsatz, Kosten und Liquidität.

2   Führen mit Zielen

Unternehmen, die zielorientiert geführt werden, sind nachweislich erfolgreicher als andere:
- ohne Ziele keine Zielvorgabe;
- ohne Ziele keine Zielvereinbarung;
- ohne Ziele keine Entwicklung von Visionen.

Zielsetzung und Planung sind ein elementares Managementinstrument zum positiven Umgang mit den Ressourcen »Mensch, Zeit und Finanzen«: Ziele tragen zur Identifikation mit dem Unternehmen und der Aufgabe bei. Mitarbeiter und Führungskräfte wollen sich mit den Zielen einer Organisation identifizieren, jedoch ist es im Alltag häufig der Fall, dass die Spitze der Organisation die Ziele nicht formuliert. Stattdessen werden Tätigkeiten bzw. Aufgaben beschrieben oder Vorsätze formuliert.

Im Alltag herrscht häufig die Meinung vor, dass die jeweiligen Ziele bekannt und benannt sind. Jedoch handelt es sich hier eher um Vorstellungen, Ideen bzw. Aktivitäten, die ziel- und planlos angegangen werden mit dem bekannten Resultat, wieder einmal etwas gemacht zu haben, allerdings ohne Sinn und Verstand. Dies führt zu der Meinung: »Die da oben denken sich ständig was Neues aus«.

Mit Zielen Lösungen entwickeln

Ziele sind keine Lösungen. Allerdings können mit eindeutigen Zielen Lösungen entwickelt und erarbeitet werden. Sinnvoll ist in diesem Zusammenhang die Erarbeitung eines Zielkataloges, um mit Unterstützung dieser Dokumentation letztendlich auch ein Werkzeug für das »Controlling« in der Hand zu haben. Ein vorgegebenes Ziel ist der Lageplan, um entsprechend den Prozess beobachten, bewerten und lenken zu können.

Konkrete Ziele sind wichtig

Ziele sind wichtig, weil es ohne Ziele
- keine gezielte Information gibt;
- keine Planung gibt;
- keine Entscheidung gibt;
- keine gesteuerte Planumsetzung gibt;
- zu keiner Zielvereinbarung kommen kann;
- keine Kontrolle (Soll-Ist-Vergleich) gibt;
- keine oder eine unzureichende Korrektur gibt;

- keine Verbesserung von Verfahren gibt (Qualitätsmanagement);
- keine Korrektur menschlichen Fehlverhaltens gibt (Qualitätsüberprüfung – Qualitätsverbesserung/-steigerung).

Ein Unternehmen besteht im Wesentlichen aus der Summe der Menschen, die in diesem Unternehmen arbeiten. Jeder dieser Menschen sollte wissen, in welche Richtung er für das Unternehmen steuert und welchen Teil er dazu beitragen kann.

Die Pyramide (s. Abb. 4) zeigt, wie ein Zielsystem im Unternehmen aufgebaut sein kann. Es ist wichtig, dass die Ziele auf allen Ebenen kommuniziert werden. Die Mitarbeiter sollten die Unternehmensziele kennen und die Ziele des einzelnen Mitarbeiters sollten im Einklang mit den Unternehmenszielen stehen.

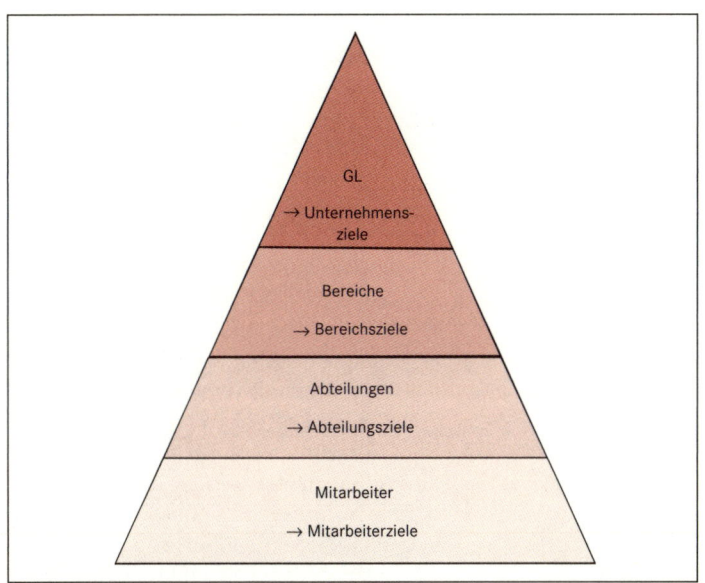

GL
→ Unternehmens-
ziele

Bereiche
→ Bereichsziele

Abteilungen
→ Abteilungsziele

Mitarbeiter
→ Mitarbeiterziele

Zielsystem

Abb. 4: Beispiel Pyramide Zielsystem

In einer prozessgesteuerten Organisation würden die Ziele in der Prozessorganisation definiert werden.

Ziele sollten folgenden Anforderungen gerecht werden:

- Ziele sollten erreichbar sein.
- Sie sollten präzise nach Inhalt, Ausmaß, Zeitbezug, Zuständigkeit formuliert sein.
- Die Rangordnung mehrerer Ziele muss erkennbar sein.
- Einzelziele sollten aufeinander abgestimmt sein.
- Ziele müssen aktuell angepasst werden.

Anforderungen
an Ziele

- Ziele müssen vollständig sein.
- Ziele müssen durchführbar sein.
- Sie müssen zur Organisation passen.
- Das Zielsystem muss verständlich sein.
- Ziele müssen schriftlich dokumentiert werden.

2.1 Unternehmensziele

Das Management des Unternehmens ist verantwortlich für die Gesamtziele des Unternehmens. Diese Ziele lassen sich in die **Planungs- stufen strategisch – taktisch – operativ** einteilen. Um die Ziele zu erreichen, werden Maßnahmen definiert. Dazu braucht es gewisse Ressourcen. Die Differenzierung und Koordination der Planungsphasen bzw. -Teilphasen ist eine wichtige Voraussetzung für eine funktionierende Planung. In Abb. 5 sind die Abhängigkeiten des Zielfindungsprozesses dargestellt.

Phasen der Planung

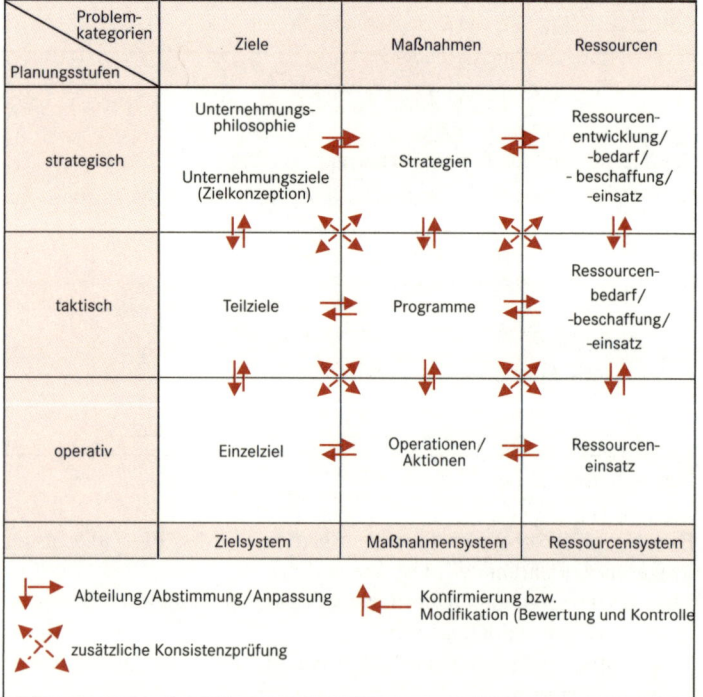

Abb. 5: Beispiel Koordination zwischen Planungsinhalten und -stufen
(s. Töpfer 1976, S. 130 / Horváth 1996, S. 195)

Dieser Zielfindungsprozess ist unseres Erachtens auch für kleinere Unternehmen wichtig. Die Zielbildungs- und Planungsphase unterteilt sich in der Literatur vorwiegend in folgende Aktivitäten:

- Zielbildung,
- Problemanalyse,
- Alternativensuche,
- Prognose,
- Bewertung,
- Entscheidung,
- Durchsetzung Realisation,
- Kontrolle,
- Abweichungsanalyse.

Aktivitäten
zur Zielbildung

In Abb. 6 werden Teilschritte dieser Planungsphasen vorgestellt:

Zielbildung

Teilschritte

- Suche, Analyse und Ordnung von Zielen
- Prüfung auf Realisierbarkeit
- Prüfung auf Konsistenz bzw. Konflikte
- Setzung von Prioritäten
- Festlegung von Nebenbedingungen
- Operationalisierung der Ziele nach Erreichungsgrad, Zeitraum, Zuständigkeiten
- Zielauswahl und -revision

Problemanalyse

Teilschritte

- Erkenntnis und Analyse des Problems nach Ursachen und Ausmaß durch Diagnose/Prognose und Vergleiche mit den Zielen
- Beschreibung und Auflösung des Gesamtproblems in einzelne Elemente und Feststellung ihrer Abhängigkeitsbeziehung
- Abgrenzung des Problems und Ordnung (Strukturierung) von Gegenständen, Zeitbezug, Schwierigkeitsgrad und Zielrelevanz
- Detailanalyse der Ursachen und systematische Gliederung nach Ansatzpunkten zur Problemlösung bzw. Ursachenbehebung

Alternativensuche

Teilschritte

● Auffinden und Gliedern möglicher Ansatzpunkte für die Problem-lösung

● Suche nach Handlungsmöglichkeiten (Lösungsideen)

● Gliederung und Ordnung der Einzelvorschläge

● Konkretisierung und Strukturierung der Alternativen

● Vollständigkeits- und Zulässigkeitsprüfung (Negativauswahl nicht realisierbarer Alternativen)

Prognose

Teilschritte

● Abgrenzung des Prognoseproblems

● Bestimmung der erforderlichen Prognosen nach Inhalt, Präzision, zeitlicher Reichweite usw.

● Analyse des Wirkungszusammenhangs zwischen zu prognostizie-render Größe und Bestimmungsursachen bzw. Indikatoren

● Aufstellung des Prognosemodells bzw. Anwendung des Auswahl-verfahrens

● Gewinnung der Prognose(n)

● Angabe der Bedingungen, unter denen sie gilt

● Abschätzung der Prognosesicherheit (wenn möglich: Wahrschein-lichkeit) und Beurteilung nach weiteren Gütekriterien

● Auswahl einer Prognose

● Prüfung der Konsistenz der Werturteile

Bewertung

Teilschritte

● Bestimmung der Bewertungsobjekte und der Ziele, an denen sie beurteilt werden sollen

● Festlegung der Bewertungskriterien und ihrer (Kriterien-) Gewichte

● Festlegung der Maßstäbe und Skalen (-niveaus)

● Bestimmung der Kriterienwerte bzw. Aufstellung von Teil-Werturteilen

● Wertsynthese zwecks Ermittlung der Gesamtbewertung durch Zusammenfassung der Teilurteile

● Prüfung der Konsistenz der Werturteile

Entscheidung

Teilschritte

- Entscheidungsziel und -kriterien festlegen
- evtl. Entscheidungsmodell aufstellen
- Vorauswahl zulässiger Entscheidungsalternativen bzw. Festlegung von Restriktionen
- Auswahl der optimalen Alternative bzw. Bestimmung mehrstufiger Entscheidungsfolgen
- Prüfung auf Konsistenz mit anderen Entscheidungen
- evtl. Ressourcenzuordnung u. Zuständigkeitsfestlegung (Durchführungsträger)

Durchsetzung

Teilschritte

- Information der Durchführungsträger über die Entscheidung
- Interpretation und Instruktion
- Organisation der Zuständigkeit und Abläufe
- Terminplanung
- Motivation der Durchführenden
- Soll-Vorgabe(-Vereinbarung) bzw. Budgetierung

Realisation

Keine Führungsphase, sondern Gegenstand der Führung!

Kontrolle

Teilschritte

- Kontrollobjekte, -träger, -zwecke und -zeitpunkte festlegen
- Auswahl der Kontrollstandards (-maßstäbe) bzw. Rückinformationen
- Festlegung zulässiger Abweichungen
- Kontrolldatenerfassung (IST-Größen-Bestimmung)
- SOLL-IST-Vergleich (evtl. auch Zeitvergleich)
- Weitermeldung an auszuwertende Stellen

Abweichungsanalyse

Teilschritte

- Feststellung von Art und Ausmaß der Abweichung
- Analyse nach Ursachen, Einflussgrößen, Herkunftsbereich, Verantwortlichen sowie nach Wirkungsart und -ort
- Prognose der Abweichungskonsequenzen (= Wirkungen auf die Zielerreichung bzw. Planeinhaltung, Vorkopplung)
- Ermittlung von Ansatzpunkten zur Abweichungsbeseitigung
- Planung von (Verbesserungs-) Maßnahmen bzw. Rückkopplung an übergeordnete Planungsinstanzen zwecks Plan- bzw. Zielkorrektur

---

Abb. 6: Planungsaktivitäten im Hinblick auf die Planungsphasen
(s. Wild 1974, S. 32 ff./Horvath 1996, S. 198)

Unternehmensziele eines mittelständischen Unternehmens können z. B. sein:

Beispiele für Unternehmensziele

- Ausbau der Vertriebsaktivitäten;
- Gewinnung von Handelsvertretern in den neuen EU-Ländern;
- Ausbau einer bestimmten Kundengruppe (z. B. Senioren);
- gesundes Wachstum: 20 % Umsatzwachstum innerhalb von drei Jahren;
- Ausbau des technischen Know-hows;
- Weiterentwicklung der Organisation;
- Fortbildung der Mitarbeiter;
- Corporate Design verbessern;
- Homepage verbessern und laufend aktualisieren;
- Firmenbroschüre erstellen;
- Firmenpräsentation für Neukundengewinnung verbessern.

2.1.1 Strategische Ausrichtung

Bei den strategischen Zielen geht es um die langfristige Ausrichtung des Unternehmens. Die Festlegung dieser langfristigen Ziele ist Führungsaufgabe.

Langfristige Ziele festlegen

Ziele geben Maßnahmen vor, Ziele sind nicht starr, sondern geben die Richtung an. Ziele sind im Alltag ein roter Faden für das Handeln, um so nicht vom Weg abzukommen. Ziele verankern sich im Unterbewusstsein. Alle Ziele sollten schriftlich formuliert sein.

Im Zuge der strategischen Ausrichtung kann ein Leitbild erarbeitet werden. Das Leitbild ist ein von der Interessenlage des Erstellers bestimmtes **Bild des Unternehmens in einem Idealzustand**. Der Große Brockhaus definiert »**Leitbild**« als »**idealhafte, richtungweisende Vorstellung**«. Ein Leitbild kann jedoch nicht einfach als Motto, als plakative Formulierung oder als Aussage über ein angestrebtes Ziel verstanden werden. Leitbilder drücken häufig unter Zuhilfenahme von Metaphern Vorstellungen über einen wünschenswerten Sollzustand aus. Wesentlich dabei ist, dass es sich nicht um isolierte Forderungen handelt, sondern dass damit richtungweisende Vorstellungen (Visionen) verbunden sind.

Das Leitbild beschreibt immer einen **Zielzustand**. Es hat also Aufforderungscharakter in Bezug auf die gegenwärtige Realität. Seine Umsetzung ist eine unternehmerische Aufgabe. In diesem Sinne beinhaltet das Leitbild eine Fülle von Chancen, Gestaltungsalternativen sowie schöpferisches Potenzial. Ob ein Leitbild in einem Unternehmen wirksam wird, hängt u.a. davon ab, in welchem Geist es erarbeitet wird. Wenn damit z.B. nur Fortschrittlichkeit dokumentiert werden soll, dann dürfte die gewünschte Wirkung wohl kaum eintreten. Ein wesentlicher Faktor ist auch der Prozess der Leitbildformulierung selbst: Wer hat in welcher Form bei der Erarbeitung mitgewirkt? Ist das Leitbild ein Ergebnis einer »Einzelarbeit«, der Vorschlag eines externen Beraters oder eine adaptierte Variante eines anderen Unternehmens? Solche Leitbilder sind zwar schnell erstellt, sie dürften aber kaum eine Akzeptanz erreichen.

Akzeptanz

Strategische Ziele können beispielsweise in den Antworten auf folgende Fragen enthalten sein:
- In welchen Märkten möchte sich das Unternehmen positionieren?
- Welche Produkte möchte das Unternehmen künftig anbieten?
- An welchen Standorten soll künftig produziert werden?

Strategische Fragen

Dies bedeutet, dass zum Erreichen des strategischen Ziels Teilziele zu definieren sind. Beispielsweise müssen zur Marktreife eines neuen Produktes ein Entwicklungsziel, ein Produktionsziel und ein Marktziel gesetzt werden.

In Abb. 7 sind einzelne Elemente der Unternehmensführung mit den entsprechenden Fragestellungen und passenden Beispielen dargestellt. Es geht hier um die strategische Ausrichtung des Unternehmens.

Teilziele

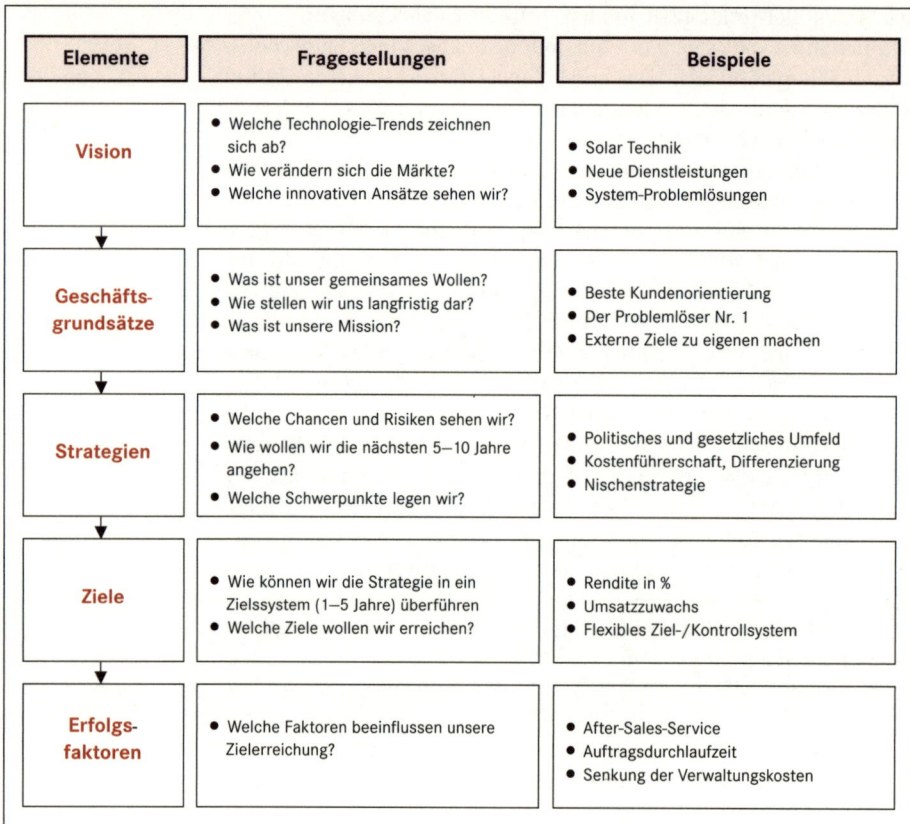

Elemente	Fragestellungen	Beispiele
Vision	• Welche Technologie-Trends zeichnen sich ab? • Wie verändern sich die Märkte? • Welche innovativen Ansätze sehen wir?	• Solar Technik • Neue Dienstleistungen • System-Problemlösungen
Geschäfts-grundsätze	• Was ist unser gemeinsames Wollen? • Wie stellen wir uns langfristig dar? • Was ist unsere Mission?	• Beste Kundenorientierung • Der Problemlöser Nr. 1 • Externe Ziele zu eigenen machen
Strategien	• Welche Chancen und Risiken sehen wir? • Wie wollen wir die nächsten 5–10 Jahre angehen? • Welche Schwerpunkte legen wir?	• Politisches und gesetzliches Umfeld • Kostenführerschaft, Differenzierung • Nischenstrategie
Ziele	• Wie können wir die Strategie in ein Zielssystem (1–5 Jahre) überführen • Welche Ziele wollen wir erreichen?	• Rendite in % • Umsatzzuwachs • Flexibles Ziel-/Kontrollsystem
Erfolgs-faktoren	• Welche Faktoren beeinflussen unsere Zielerreichung?	• After-Sales-Service • Auftragsdurchlaufzeit • Senkung der Verwaltungskosten

Abb. 7: Elemente der Unternehmensführung (s. Nagel I. 4. 1999, S. 4)

Abb. 8 zeigt Beispiele der Qualitätspolitik eines Unternehmens

Beispiel
strategisches Ziel

Qualitätspolitik

Zufriedene Kunden sind die wichtigste Grundlage für Erfolg. Erfolg ist die wichtigste Grundlage für unsere Zufriedenheit. Darum wollen wir das gemeinsame Ziel erreichen, dass alle unsere Kunden zufriedene Kunden werden. Hierzu notwendig ist eine ständige Suche und Nutzung von Möglichkeiten, unsere Produkte und alle unsere Leistungen zu verbessern. Mit unseren Mitarbeitern, die das wichtigste Potenzial unseres Unternehmens sind, verwirklichen wir dieses gemeinsame Ziel.

Die Zufriedenheit unserer Kunden fördern wir, indem wir ihnen konstante und definierte Produkte liefern, die ihren Anforderungen gerecht werden. Dabei zeigen wir uns im Zeichen eines fortschreitenden Wertewandels flexibel beim Lösen unserer Aufgaben und umweltgerecht in der Produktion.

Je mehr zufriedene Kunden wir haben, desto größer wird unser Erfolg sein. Je mehr Erfolg wir gemeinsam haben, desto zufriedener werden wir alle sein. Damit wächst auch unser Ertrag als Grundlage für den Fortbestand, für weitere Verbesserungen, für Wachstum und für noch mehr zufriedene Kunden.

Diesen Kreislauf verstehen wir als unsere Qualitätspolitik. Für unsere Kunden, für unsere Mitarbeiter, für unser Unternehmen und für unsere Zukunft.

Abb. 8: Beispiel Qualitätspolitik

2.1.2 Operative und taktische Ausrichtung

Das Unternehmen kann nicht nur anhand der strategischen Ziele geführt werden, vielmehr müssen die strategischen Ziele in taktische und operative Ziele heruntergebrochen werden. Der Zielfindungsprozess geht im operativen und taktischen Bereich bis zu den einzelnen Mitarbeitern. Er orientiert sich an der strategischen Ausrichtung des Unternehmens.

Der Prozess der Zielsetzung (s. Abb. 9) sollte in Schleifen durchgeführt werden, so weit, bis alle Teilziele und die zugehörigen Maßnahmen bekannt und verstanden worden sind.

Zielfindungsprozess

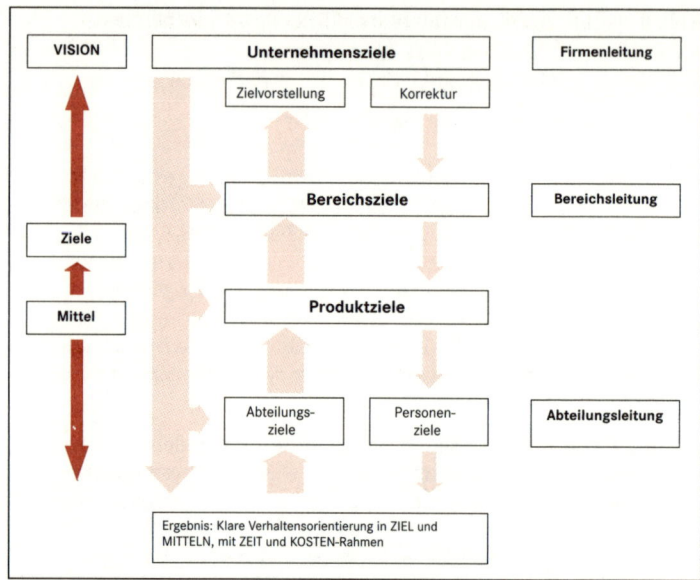

Abb. 9: Entwicklung Unternehmensziele (s. RKW/ISO 9000 2001, S. 68)

Tipp   Operative Ziele sollen operational formuliert, **in ihren Prioritäten erkennbar, kompatibel sowie schriftlich fixiert sein.**

2.2   Managementmodelle

Management
by Objectives

Es gibt zahlreiche Managementmodelle. Aus unserer Sicht ist in der Praxis von allen »Management by ...« Modellen das **Management by Objectives** (Zielvereinbarung) am relevantesten. In dieser Form werden die Ziele gemeinsam zwischen beiden Entscheidungsebenen erarbeitet. Der nachgeordneten Ebene werden keine Ziele vorgegeben, die sie nicht akzeptiert. Dabei werden ausgehend von den allgemeinen Zielen immer weitere Unterziele definiert, bis jeder Mitarbeiter des Unternehmens seine Ziele kennt. Werden die Ziele nicht erreicht, so müssen sie und die Wege zur Zielerreichung auf ihre Tauglichkeit überprüft werden und entsprechende Maßnahmen eingeleitet werden.

Mitarbeiter sollen ihr Handeln an klaren Zielen ausrichten, objektiv beurteilt, leistungsgerecht bezahlt und nach ihren Fähigkeiten gefördert werden. Das Zielsystem sollte so aufgebaut sein, dass der Mitarbeiter sich mit seinen Zielen und auch mit den Zielen des Gesamtunternehmens identifizieren kann.

Abb. 10 zeigt den Kreislauf des Zielfindungsprozesses mit Korrekturmöglichkeiten. Über dieses Zielfindungssystem – »Management by Objectives« – werden alle Mitarbeiter und Bereiche des Unternehmens einbezogen.

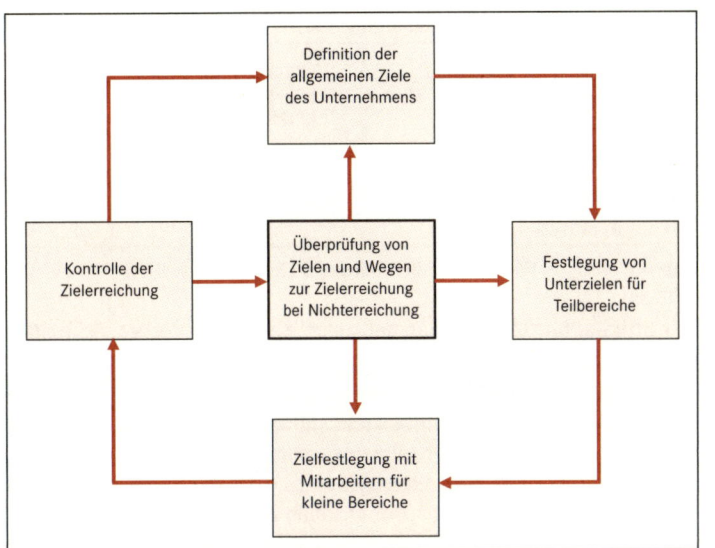

Kreislauf

Abb. 10: Der Management-by-Objectives-Kreislauf

2.3 Ziele der Bereiche und Abteilungen

Einzelne Bereiche und Abteilungen sollten erarbeiten, welchen Beitrag sie zu den übergeordneten Unternehmenszielen erbringen können. Ist beispielsweise die »Steigerung der Rentabilität« ein Unternehmensziel, sollten alle beteiligten Bereiche erarbeiten, wie – d.h. durch welche Unterziele – das angestrebte Unternehmensziel erreicht werden kann.

Abb. 11 zeigt beispielhaft die Ziele des Einkaufs:

Jahr: 2004				
Abteilung: Einkauf				
Verantwortlicher: Herr Verhandler				
Ziele			erreicht	nicht erreicht
in Worten	**in Zahlen**			
Senkung der Materialaufwandsquote	10,00%			
Suche von Alternativlieferanten	5			
Partner im kostengünstigen Ausland suchen	1			
Kürzere Lieferzeiten	6 Tage			
Durchführung Lieferantenrating	jährlich			

Abb. 11: Beispiel für die Ziele des Bereichs Einkauf

Der Einkauf hat Maßnahmen definiert, welche der Verbesserung des Unternehmenszieles dienen.

Vergleichbare Zieldefinitionen erfolgen in anderen Abteilungen und Bereichen. Die Abteilungsziele sollten innerhalb der Abteilung kommuniziert werden. Wir raten zu einer gemeinsamen Erarbeitung in einem Workshop. Hier ist es wichtig, dass das Team das Gefühl hat, gemeinsam an den Abteilungszielen zu arbeiten.

2.4   Mitarbeiterziele

Ein Ziel muss exakt beschrieben werden, um das Handeln zu bestimmen. Ein Ziel ist wie eine Überschrift und gibt den roten Faden vor. Ein Ziel zu setzen bedeutet, auf etwas zuzugehen, etwas herbeizuführen. Ziele sind kein Zweck oder Selbstzweck. Formulierte Ziele sind Entscheidungen, die für die Zweckerfüllung verantwortlich sind. Ein Ziel motiviert, etwas zu verfolgen, selbst wenn zur Zielerreichung der Kurs verändert bzw. über Steuerungselemente (Controlling) neu ausbalanciert bzw. das Ziel erneut beschrieben werden muss.

Wenn also das Ziel heißt: Reise nach Italien, dann erfolgen unterschiedliche Arbeitsschritte, um letztendlich nach Italien zu reisen. Italien ist aber ein großes und landschaftlich sowie kulturell vielseitiges Land, daher muss das Ziel »Italien« genauer definiert werden. Über dieses schrittweise Erarbeiten z.B. Reise in die Toskana wird das Ziel klarer und deutlicher und kann dann entsprechend in Unterziele (Meilensteine) step-by-step verfolgt werden.

Ziele sollten motivieren. Die Italienreise z.B. motiviert zu unterschiedlichen Aktivitäten: Geld sparen, Urlaubszeiten planen, Urlaubsziele in Italien definieren (Teilziele entwickeln und benennen). Zielvorstellungen ergeben sich aus Ideen, Notwendigkeiten oder z.B.

aus diagnostischen Aussagen (z.B. Organisationsuntersuchung). Das Schlagwort in diesem Zusammenhang lautet »Management by Objectives«, das Führen von Mitarbeitern durch Ziele bzw. Zielvereinbarungen. Ziele bilden eine Messlatte, an der das Erreichte bewertet und beurteilt werden kann. Klare Ziele führen zu einem höheren Leistungsgrad. Ziele dürfen nicht ständig bzw. willkürlich umbenannt bzw. verändert werden, jedoch müssen Ziele regelmäßig überprüft werden. Ziele sind nicht als statisches Element zu betrachten, sondern entwickeln sich im Rahmen der Unternehmenszele weiter.

Regelmäßige Überprüfung

Eindeutig formulierte Ziele sind verbindlich. Deshalb ist eine schriftliche Dokumentation von Vorteil, weil hier jederzeit eine Überprüfung stattfinden kann. Das bedeutet nicht, dass Zielsetzungen bei neuen Erkenntnissen nicht von Zeit zu Zeit verändert bzw. überarbeitet werden können. Ziele sind keine Fesseln, sondern geben Freiheit zur Gestaltung!

Menschen können nur in eigener Verantwortung agieren (Stichwort: Selbstverantwortung), wenn sie wissen, worum und wohin es geht. Die Mitarbeiterziele sollten motivierend wirken. Sinnvoll ist eine Koppelung an ein erfolgsorientiertes Vergütungssystem. Dabei ist wichtig, dass Ziele realistisch und für den einzelnen Mitarbeiter erreichbar, aber trotzdem herausfordernd sind. Außerdem macht eine Zielvereinbarung nur Sinn, wenn der Mitarbeiter das Erreichen der Zielgrößen zu einem großen Teil selbst beeinflussen kann.

Orientierung am Erfolg

Abb. 12 zeigt, dass im Zusammenhang mit Zielen meistens die Rede von quantitativen Zielen ist. Denn sich auf Ergebnisziele zu beschränken, heißt Entwicklungschancen verschenken. Deshalb ist es sinnvoll, neben Ergebniszielen auch so genannte Handlungsziele festzulegen (vgl. W. Berner, Praxishandbuch »Verkaufsprofi«, S. 99). Handlungsziele können sowohl persönliche Entwicklungsziele, wie z.B. Verbesserung der Verhandlungstechnik, als auch Teambeitragsziele, bei denen Aufgaben zum Nutzen des Teams übernommen werden, sein.

Handlungsziele

Beispiel Vertriebsmitarbeiter

Datum: 01.07.2004						
Abteilung: Vertrieb						
Mitarbeiter: Herr Verkäufer						
Ziele					erreicht	nicht erreicht
in Worten	in Zahlen	Messinstrument	Zeitpunkt			
Gewinnung von Neukunden	15		Dez 04			
Auftragsabwicklungskosten senken	10%		Dez 04			
Verbesserung der Produktkenntnisse	3 Produkte	Test	Dez 04			
Verkürzung der Zeitspanne zwischen Kundenbesuch und Angebotsabgabe	5 Tage		Sofort			

Abb. 12: Formulierte Ziele eines Vertriebsmitarbeiters

Damit sowohl Ergebnisziele als auch Handlungsziele brauchbar und für das Unternehmen von Nutzen sind, müssen sie die Anforderung der Nachprüfbarkeit (genaue Angaben, was erreicht werden soll und woran man es erkennt) und der Terminierung (eindeutige zeitliche Festlegung, bis wann das Ziel erreicht sein soll) erfüllen. Wenn diese beiden Punkte klar sind, weiß der Mitarbeiter genau, was von ihm verlangt wird und kann sich darauf einstellen. Auch für die Beurteilung der Zielerreichung ist eine klare Definition notwendig, damit für Führungskraft und Mitarbeiter klar ersichtlich ist, ob das Ziel erreicht wurde oder nicht. Sind hingegen Vereinbarungen bezüglich der Zielerreichung nicht klar formuliert, kann es zu Konflikten zwischen beiden Parteien und einer damit verbundenen »Zerstörung« des Ziels kommen.

Nachprüfbarkeit und Termin

2.5   Ziele und Kommunikation

Als Wichtigstes ist zu erkunden, ob die Ziele wirklich **verstanden** wurden, um anschließend **akzeptiert** werden zu können. Gerade weil es im Alltag zu Zielkonflikten kommen kann, spielen **Kommunikation, aktives Zuhören und Rückmeldungen** geben und nehmen eine bedeutsame Rolle.

Verständnis und Akzeptanz

Im Alltag ist oft zu erleben, dass ein Zielkonflikt aufgrund mangelnder Absprachen entsteht. Niemand weiß Genaues. Obwohl man Mitarbeiter einer Organisation ist, weiß man zu wenig voneinander bzw. geht von der Annahme aus, alle wüssten Bescheid. Das zieht dann Konkurrenzverhalten, Konflikte und eine unsinnige Ressourcenverschwendung nach sich.

Ist zum Beispiel das Ziel die Abflachung der Hierarchie, dann muss das Ziel nicht nur genau definiert, sondern noch umfangreicher und eindeutiger kommuniziert werden. Nur wenn für alle Beteiligten das Ziel wirklich klar und nachvollziehbar ist, können sich die Beteiligten dafür engagieren bzw. motiviert werden. Wegen der fehlenden Eindeutigkeit bauen sich Unsicherheiten und Ängste auf, was dann zu Blockaden führt (Krankheitsstände, Dienst nach Vorschrift, sich der Verantwortung entziehen usw.). Nicht gelungene Beispiele, nämlich die der fehlenden Kommunikation bezogen auf Ziele, sind hinreichend bekannt aus der Vielfalt der unterschiedlichen Entwicklungsstufen von Verwaltungsreformen. Es ist zu resümieren, dass oftmals die Reformziele den Beteiligten bzw. Betroffenen nicht deutlich waren.

Klarheit und Nach-vollziehbarkeit

Ziele können Arbeitsziele, strategische, operative, ethische, Entwicklungs- oder Veränderungsziele sein. Sie können auch persönliche Entwicklungsziele sein, z. B. in Richtung Qualifikation. Ziele zu

Art der Ziele

entwickeln, gibt immer wieder die Möglichkeit, sich mit dem Standort beschäftigen zu müssen, also auch die Fragen zu stellen, was war, wo stehen wir jetzt und wo wollen wir hin.

Nachdem die Zieldefinition allen Beteiligten deutlich und eindeutig ist, erfolgt die schriftliche Fixierung. Diese dient im Prozessverlauf immer wieder als Anhaltspunkt und Kontrolle. Weiterhin ist es notwendig, die Wahl des Bezugsrahmens zu definieren.

Ziele beinhalten in der Regel Unterziele. Diese müssen als Meilensteine erkannt und benannt werden. Auch hier ist Klarheit notwendig, besonders dann, wenn diese Unterziele delegiert werden. In der oben beschriebenen Art bedeutet der Vorgang, Ziele zu definieren, selbstverantwortlich zu handeln und als Führungskraft Verantwortung zu delegieren in Form der Zielvereinbarung.

Unterziele als Meilensteine

Oftmals sind operative Ziele leichter zu kommunizieren, weil sie nachvollziehbarer sind. Allerdings sollte man zwischen Zielen und Arbeitsvorgaben unterscheiden. Mitarbeiter sollten auch dann in die Verantwortung genommen werden, wenn strategische Ziele entwickelt werden. Das Einbeziehen in diese Denkprozesse wirkt motivierend.

Ethische Ziele sind manchmal in der Unternehmensphilosophie in Form von Leitlinien verarbeitet. Dennoch ist es von großer Wichtigkeit, diese Unternehmensziele immer wieder auf den Alltag hin zu überprüfen und ggf. neu zu erarbeiten, damit sie nicht lediglich Proklamationen bleiben, sondern im Alltag unser Handeln mitbestimmen.

Ethische Ziele

Um dem Thema »Ziele« näher zu kommen, ist es eine gute Übung, das »persönliche Tagesziel« zu definieren. Häufig werden aber Tagesziele definiert, die entweder nichts mit unseren Rahmenbedingungen zu tun haben, häufig unrealistisch sind und dadurch die Klarheit vermissen lassen. Persönliche Tagesziele sollten wirklich als solche begriffen (von begreifen) werden sollen, in Form solcher Fragen wie »Was will ich heute persönlich erreichen?«, »Wie lautet meine Zielsetzung?«.

Persönliche Tagesziele

Im Bereich der Führung können Tagesziele z. B. wie folgt aussehen: einem schwierigen Mitarbeiter offener gegenübertreten, ihm mehr Gehör schenken; geduldiger nachfragen, um besser zu verstehen; andererseits sich bewusst abgrenzen, um einen schwierigen Vorgang in Ruhe bearbeiten zu können, usw.

Werden persönliche Ziele definiert, ist es möglich, eine Identifikation mit der Aufgabe herzustellen. Das Tagesziel sollte täglich neu (schriftlich zur Selbstkontrolle) formuliert werden, denn jeder Tag hat erfahrungsgemäß ein anderes Ziel. Die Benennung von Tageszielen kann ein ausgeglichenes Verhältnis zwischen Arbeit und dem Ich herstellen, ein Schlüssel für das persönliche Selbstmanagement.

Persönliche Ziele definieren

Diese tägliche Zielsetzung schult das Denken im Hier und Heute, was oftmals ein Problem ist, da jeder sofort alles auf einmal erledigen möchte und so die Aufgabe nicht in Meilensteine aufteilt, das Ziel unklar wird.

2.6   Zusammenfassung

Zielorientiert geführte Unternehmen sind erfolgreicher

Es ist wissenschaftlich nachgewiesen, dass zielorientiert geführte Unternehmen wesentlich erfolgreicher als andere sind. Zielsetzung und Zielplanung sind ein elementares Managementinstrument. Jedes Unternehmen sollte ein auf die Unternehmensgröße angepasstes Zielsystem haben.

Ziele sollten wie folgt formuliert sein:
- klar, verständlich;
- messbar, realistisch;
- Prioritäten müssen erkennbar sein;
- schriftlich fixiert;
- kompatibel;
- mit einem Zeitpunkt, zu dem sie erreicht werden sollen.

Checkliste

Checkliste zur aktiven Auseinandersetzung mit dem Thema Zielsetzung:

✔ Führen Sie mit Zielen?

✔ Werden Ihre Ziele verstanden?

✔ Können sich Ihre Mitarbeiter mit den Zielen identifizieren?

✔ Überprüfen Sie die Zielerreichung regelmäßig?

✔ Formulieren Sie für Ihr Unternehmen strategische und operative Ziele.
Die strategischen Ziele geben den langfristigen Weg des Unternehmens vor. Die operativen Ziele beschreiben die Punkte, die kurzfristig erreicht werden sollen.

✔ Beziehen Sie auf jeden Fall möglichst alle Ebenen Ihrer Unternehmensorganisation in den Zielfindungsprozess mit ein.
Alle Mitarbeiter sollten im Bewusstsein der Unternehmensziele arbeiten. Die verbal vorgegebenen Unternehmensziele sind der Maßstab für die Unternehmensplanung.

✔ Prüfen Sie, ob Ihr Planungssystem klar aufgebaut ist und umgesetzt wird und wo mögliche Verbesserungen zu erreichen sind.

3   Unternehmensplanung

Auch für kleinere und mittlere Unternehmen ist der Aufbau einer Unternehmensplanung sinnvoll und notwendig, um eine professionelle Unternehmenssteuerung zu gewährleisten. Die hier dargestellte Planung orientiert sich an dem unten aufgeführten Schema. Der Planungsprozess untergliedert sich in den strategischen Teil (ab dem zweiten Jahr des Planungszeitraumes) und dem operativen Teil des Planungsprozesses. Der operative Teil des Planungsprozesses spielt sich überwiegend im ersten Jahr der Planung ab. Dieser Planungszeitraum sollte recht differenziert und sorgfältig aufgebaut werden. Vor allem sollten auch alle Unternehmensbereiche in diesen Planungsprozess einbezogen werden.

Planungsprozess

Man unterscheidet u.a. zwei unterschiedliche Planungsphilosophien. Diese orientieren sich an der ablauforganisatorischen Gestaltung des Planungsprozesses. In der **Top-Down-Variante** werden auf Geschäftsführungsebene strategische Zielvorgaben aufgestellt, die nach unten mit Leben erfüllt werden müssen. Es besteht die latente Gefahr, dass Ergebnisse herbeigewünscht werden, die sich später auf der Arbeitsebene als nicht realisierbar erweisen. Häufig wird bei dieser Planungsrichtung keine Identifikation mit den vorgegebenen Zielen erreicht.

Top-Down-Variante

Beim **Bottom-Up-Vorgehen** werden die Plansätze der Teilpläne in den Fachabteilungen aufgestellt und in mehreren Iterationsschritten nach oben hinaggregiert. Sofern diese Ansätze gleichzeitig als Leistungszielvorgaben verwendet werden sollen, ist zu prüfen, ob ein adäquates Incentive-System zur Umsetzung existiert.

Bottom-Up-Vorgehen

Eine Mischung beider Systeme ist sinnvoll und bedeutet, dass auch die Führungskräfte des Unternehmens in den Planungsprozess einbezogen werden sollten. Die endgültige Entscheidung über Strategie und Unternehmensziele liegt im Normalfall bei der Geschäftsleitung. Daran orientieren sich mittlere Führungsebenen wie beispielsweise Bereiche und Abteilungen. An den Bereichszielen wiederum orientieren sich Gruppen und Mitarbeiter mit ihren persönlichen Zielen. So wird gewährleistet, dass alle Menschen im Unternehmen im Sinne der übergeordneten Unternehmensziele arbeiten.

Zusammenspiel unterschiedlicher Ebenen

DuPont-Schema

Eine Planungsmöglichkeit wäre, dass die Geschäftsleitung oder die Eigner eine zu erreichende Rendite vorgeben. Dies wäre ein typischer Fall für eine Top-Down-Planung. Die vorgegebene Umsatzrendite wird auf einzelne Bereiche des Unternehmens heruntergebrochen. Für diese retrograde Methode der Planung eignet sich sehr gut das DuPont-Schema (s. Abb. 13). Ausgehend von einer Kapitalrendite von 10 % wird eine Umsatzrendite von 5 % und ein Kapitalumschlag von 2 geplant (5 % × 2 = 10 %). Bei einem Planumsatz von 2.000 beträgt das erforderliche Kapital 1.000 (2.000 ÷ 1.000 = 2) und der Plan-Gewinn 100 (100 ÷ 2.000 = 0,05 bzw. 5 %). Von diesem und dem Planumsatz ausgehend erfolgt dann die Planung der Umsatzerlöse nach Vertriebseinheiten und der Kostenarten mit ihren Aufwendungen (Material, Personal, usw.). Die ausgabewirksamen

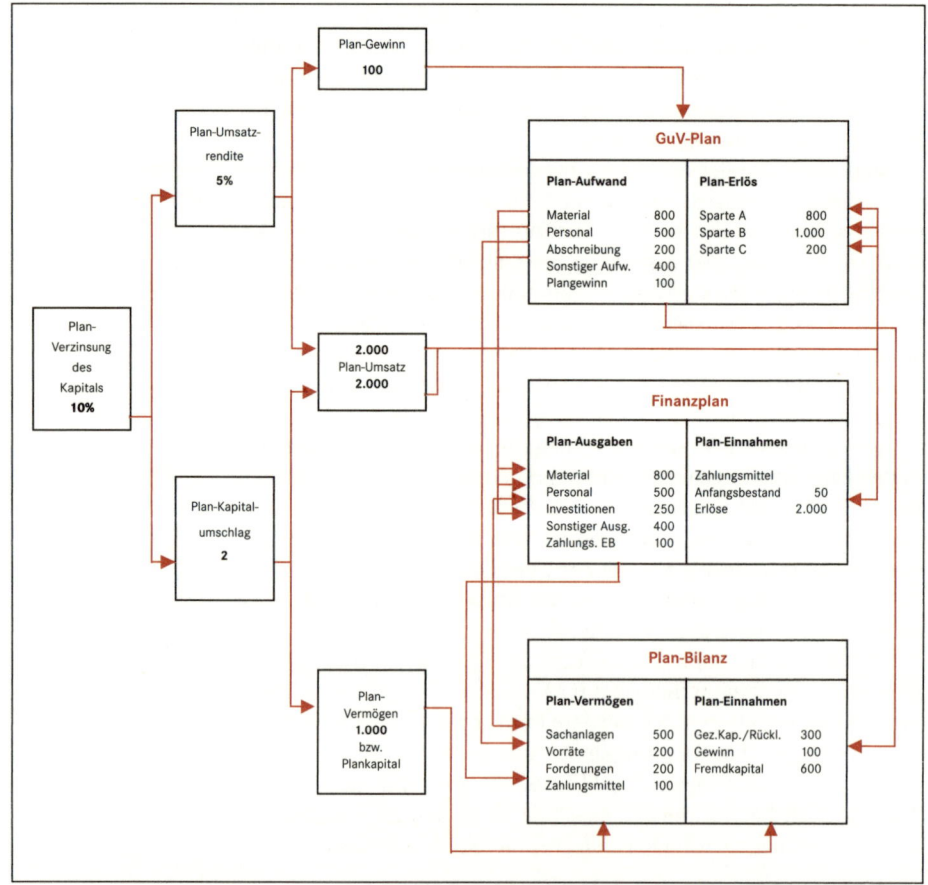

Abb. 13: Retrograde Gewinnplanung (in Mio. €), (s. J. Baus 2000, S. 64)

Kostenarten und die Umsatzerlöse als Planeinnahmen werden in den Finanzplan übernommen. Unter Berücksichtigung des Anfangsbestandes an Zahlungsmitteln und der geplanten Investitionsausgaben ergibt sich als Saldo des Finanzplans der geplante Endbestand an Zahlungsmitteln, der in die Plan-Bilanz übertragen wird. Aus dem geplanten Vermögen in der Plan-Bilanz lässt sich nun der Plan-Kapitalbedarf ermitteln (vgl. Baus, S. 64).

Retrograde Gewinnplanung

In der Praxis ist jedoch mit Realisierungsschwierigkeiten zu rechnen. Die Teilbereiche der Planung müssen den realen Gegebenheiten des Marktes und des Unternehmens angepasst werden. Die Top-Down-Vorgehensweise ist deshalb in der Praxis problematisch.

3.1 Vom strategischen Plan zum operativen Budget

Künftige Entwicklungen sind durch die Dynamik der Umwelt nur schwer zu prognostizieren. Abweichungen von einer Planung sind in einem gewissen Maße normal. Dennoch ist es sinnvoll, über eine Planung das Unternehmen zu steuern. Im Planungsprozess wird eine Vielzahl von Informationen gesammelt, um die Zukunft möglichst realistisch abzubilden. Der Kurs des Unternehmens sollte regelmäßig geprüft und gegebenenfalls korrigiert werden.

Die schriftliche Fixierung der gesammelten Informationen und der Ergebnisse aller Planungsprozesse bezeichnet man heute allgemein als Businessplan. Der Businessplan besteht aus einer Beschreibung der künftigen Entwicklung des Unternehmens. Der Übersicht wegen ist eine Darstellung der jüngeren Vergangenheit hilfreich.

Businessplan

Der Businessplan (s. Abb. 14) zeichnet das Zukunftsbild des Unternehmens sowie die Strategie, Maßnahmen und Programme, wie dieser Planzustand erreicht werden soll. Konkretisiert wird dies anhand der Entwicklung und Planung der Gewinn- und Verlustrechnung (GuV), der Bilanz sowie der Liquidität. Bestandteil sind auch Mitarbeiterentwicklung und die Entwicklung des Anlagevermögens. Hieraus können operativer Cash Flow, Bewegungsbilanz und Kennzahlen abgeleitet werden.

Zukunftsbild

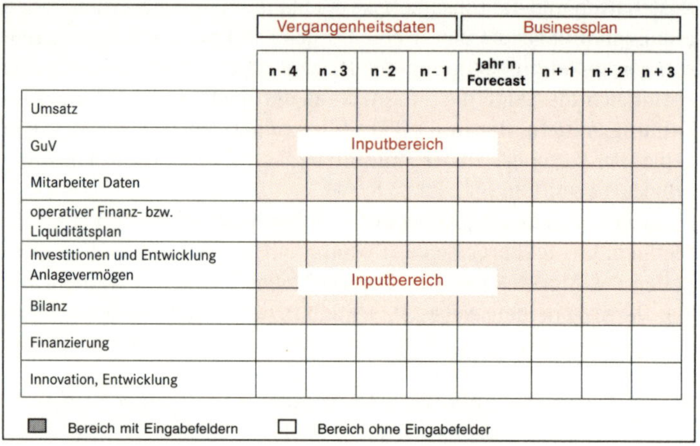
Vergangenheitsdaten
Businessplan
n - 4
n - 3
n - 2
n - 1
Jahr n Forecast
n + 1
n + 2
n + 3
Umsatz
GuV
Inputbereich
Mitarbeiter Daten
operativer Finanz- bzw. Liquiditätsplan
Investitionen und Entwicklung Anlagevermögen
Inputbereich
Bilanz
Finanzierung
Innovation, Entwicklung
Bereich mit Eingabefeldern
Bereich ohne Eingabefelder

Abb. 14: Businessplan (s. Buth/Hermanns 1998, S. 298)

Abb. 15 zeigt eine Mustergliederung eines Businessplans:

Aufbau Businessplan

A. Unternehmenskonzept 2

1. Darstellung des Unternehmens 2
   1.1 Rechtliche Verhältnisse 3
   1.2. Finanzwirtschaftliche Verhältnisse 4
   1.3. Leistungswirtschaftliche Verhältnisse 5
   1.4. Organisatorische Grundlagen 6
   1.5. Wettbewerb 7
   1.6. Organisation 8
2. Analyse des Unternehmens 9
   2.1. Lagebeurteilung 10
   2.2. Stellungnahme zur Planungsrechnung 11
   2.2.1 Erfolgsplanung 12
   2.2.2 Finanzplan 13
   2.3. Kostenrechnung/Kalkulation 14
3. Leitbild des Unternehmens 15
4. Maßnahmenplan 16
5. Ergebnis/Zusammenfassung 17

B. Planungsrechnung 18

1. Erfolgsplanung Jahr n 18
2. Erfolgsplanung Jahr n+1 19
3. Erfolgsplanung Jahr n+2 20
4. Erfolgsentwicklung 21
5. Bilanzentwicklung 22
6. Finanzplan Jahr n 23

Abb. 15: Beispiel Gliederung Unternehmenskonzept nach IdW-Richtlinien

Strategische Planung

Der Businessplan sollte jährlich revolvierend überprüft und nach neuen Erkenntnissen fortgeschrieben werden.

In der **strategischen Planung** werden künftige Erfolgspotenziale gesucht und festgelegt. Die strategische Planung definiert die mittel- bis langfristige Zielrichtung des Unternehmens. In dieser Planung wird sichtbar, ob das Unternehmen strategisch wachsen, sein Niveau halten oder eher schrumpfen will.

Operative Planung

Die auf einen Zeitraum von ein bis zwei Jahren konzentrierte Ausführungsplanung nennt man **operative Planung**. Hier werden die Planzahlen und Maßnahmen, die kurzfristig umzusetzen sind, definiert. Es gilt hier, möglichst exakt und differenziert den Weg des Unternehmens zum strategischen Ziel aufzuzeigen. Alle Aktionen finden ihren finanziellen Niederschlag in der Budgetplanung. In der Budgetierung wird festgelegt, wie und mit welchen Maßnahmen das Gewinnziel erreicht werden soll. Mit diesen Informationen erhalten die einzelnen Unternehmensbereiche wichtige Arbeitsunterlagen, um ihre Aufgaben am Gesamtziel auszurichten. Die Planung muss innerhalb der einzelnen Abteilungen aufeinander abgestimmt sein.

Koordination der Teilpläne

Diese Koordinationsfunktion verlangt eine Optimierung der jeweiligen Teilpläne. Beispielsweise muss der Materialbeschaffungsplan auf den Produktionsplan und dieser wiederum auf den Absatzplan abgestimmt werden.

Je realistischer Ziele sind und je intensiver die Ausführenden an der Zielsetzung für ihre Arbeitsbereiche beteiligt sind, desto höher ist der Grad der Identifikation mit den Zielen und die Motivation aller Beteiligten. Autoritär festgesetzte und/oder unrealistische Ziele wirken nicht motivierend (vgl. Baus S. 59). Nur motivierte Mitarbeiter werden bei Abweichungen, beispielsweise aufgrund von Umweltänderungen, eigene Initiativen entwickeln, um das angestrebte Ertragsziel doch noch zu erreichen.

Beispiel strategisch – operativ

Funktions-Bereich	Strategisch	Operativ
Marketing	• Auswahl zu bearbeitender Produkt/Markt-Kombination • Wachstums-/Rückzugsstrategie • Positionierung • Allianzen/Kooperationen • Wettbewerbsvorteilsstrategie • Corporate Identity	• Einführung/Eliminierung von Produkten • Planung von Werbekampagnen • Verkaufsförderungsmaßnahmen • Akquisition von Vertriebspartnern
Produktion	• Eigenfertigung/Fremdbezug • Organisationstypen der Produktion: zentral/dezentral, flexibel/starr • Kapazität • Qualitätsstrategie • Kostenstruktur/relative Kostenhöhe • Wertschöpfung	• Organisation des Fertigungsprozesses • Losgrößenplanung • Lagerbestand • Qualitätsmaßnahmen
Personal	• Qualifikations-/Entwicklungsstrategie • Arbeitszeitsysteme • Entlohnungs-/Arbeitszeitsystem • Weisungsstrukturen • Organisationsformen • Sozialpolitik • Mitarbeiterbeteiligung	• Personalentwicklungsmaßnahmen • Arbeitsplatzbewertung • Einführung von Abrechnungssystemen • Personalbestandsplanung
F & E	• Innovation/Imitation • Lizenzstrategie • Einsatz/Entwicklung von Technologien	• Entwicklungsprojekte • Kauf/Verkauf von Lizenzen • Durchführung von Tests
Finanzen	• Kapitalstruktur • Finanzierungsstrategie • Shareholder Value/Rentabilität • Ressourcenzuweisung (Portfoliostrategie) • Risikoabsicherung	• Liquiditätssteuerung • Kurssicherungsgeschäfte • Kreditaufnahme • Anlage liquider Mittel

Abb. 16: Strategische und operative Planung (angelehnt an Preißner, S. 13/15)

Spezifizierte Unternehmensstrategie

Die **strategische Planung** legt fest, welche Produkte und Leistungsbereiche angeboten werden sollen und wie sich das Unternehmen insgesamt verhalten soll. Diese Unternehmensstrategie wird spezifiziert für die Funktionsbereiche. Damit gibt sie die Richtung des Unternehmens vor.

Die **operative Unternehmensplanung** orientiert sich an der strategischen Planung. Sie leitet daraus kurzfristige Ziele ab und definiert Maßnahmen zur Zielerreichung.

Ableitung kurzfristiger Ziele und Maßnahmen

Abb. 17 zeigt die Einflussfaktoren auf das Unternehmen. Während des Planungsprozesses setzen wir uns mit der Umwelt und den verschiedenen Märkten auseinander. Zum einen stellt sich die Frage, wie sich der Absatzmarkt in der Planperiode entwickelt. Dieser hängt von Faktoren wie konjunktureller Situation, Entwicklung der angebotenen Produkte, Marketingaktivitäten, etc. ab.

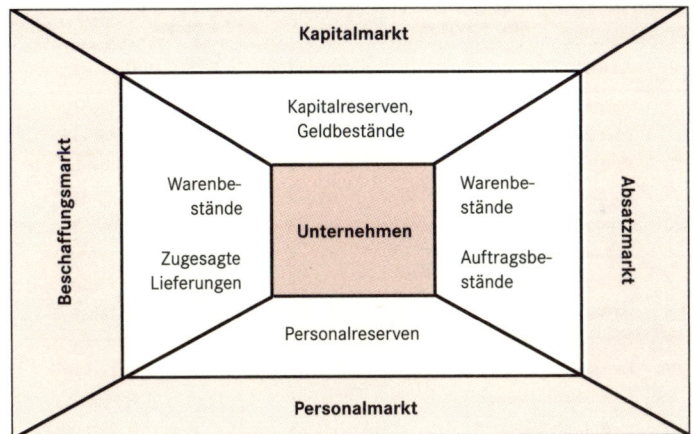

Abb. 17: Das Unternehmen in seiner Umwelt (s. Nagel II. Art. 5 1999, S. 4)

Zum anderen ist der Beschaffungsmarkt zu berücksichtigen: Wie entwickeln sich die Preise für Rohstoffe, Kaufteile oder Baugruppen? Gibt es Engpässe in der Belieferung?

Weitere wichtige Einflussfaktoren sind:

- der Personalmarkt. Steht ausreichend qualifiziertes Personal zur Verfügung? Die Qualität des Personals ist einer der wichtigsten Erfolgsfaktoren für ein Unternehmen;
- der Kapitalmarkt. Ein Unternehmen benötigt genügend Kapital, denn ohne Kapital lässt sich ein Unternehmen nicht betreiben.

3.2   Organisation des Budgetierungsprozesses

In einer Strukturanalyse (s. Abb. 18) kann der Budgetierungsprozess in einzelne Arbeitsvorgänge zerlegt werden. Die wichtigsten Arbeitsvorgänge werden mit dem dafür vorgesehenen Zeitbedarf in eine Zeitreihe gebracht. Maßgeblich ist der Zeitbedarf für einen Arbeitsgang. Der Budgetierungs- bzw. Planungszeitraum sollte sich am Zieldatum für die Planung orientieren. Die Ausprägung dieser Strukturanalyse ist natürlich abhängig von der Größe des Unternehmens.

Strukturanalyse			Zeitanalyse	Verantwortlich
Nr.	Arbeitsvorgang	Vorgänger	Dauer in Wochen	
1	Zielplanung		2	Hr. Leiter
2	Absatzplanung	1	4	Hr. Verwalter
3	Fertigwarenlagerplanung	2	1	Hr. Fertiger
4	Produktionsplanung	3	3	Hr. Fertiger
5	Personalbedarfsplanung	4	4	Fr. Human
6	Gemeinbedarfsplanung	4	6	Hr. Fertiger
7	Materialplanung	4	1	Hr. Fertiger
8	Umsatzplanung	2	3	Hr. Leiter
9	Personalkostenplanung	5	2	Fr. Human
10	Fertigungsmaterialkostenplanung	4	3	Hr. Fertiger
11	Gemeinkostenplanung	6	1	Fr. Profitlich
12	Investitionsplanung	4	8	Fr. Profitlich
13	Materialbeschaffungsplanung	7	2	Hr. Fertiger
14	Gewinnplanung	8,9,10,11	2	Fr. Profitlich
15	Finanzplanung	12,13,14	2	Fr. Profitlich
16	Bilanzplanung	15	2	Fr. Profitlich
17	Budgetgenehmigung	16	2	Hr. Leiter

Abb. 18: Vorgangsliste Strukturanalyse (s. Baus 2000, S. 84)

Abb. 19 stellt einen Zeitplan in Form eines Netzplans für den Budgetierungsprozess dar. Die einzelnen Arbeitsschritte sind in der zeitlichen Reihenfolge dargestellt.

Maßgeblich dafür, welchen Umfang dieser Budgetierungsprozess
annimmt und in welcher Intensität er betrieben wird, ist die Größe
des Unternehmens, die Unternehmenskultur – und damit die Her-
angehensweise an die Planung – und auch Art und Branche des Unternehmens.

Tipp

Wir empfehlen, das gesamte Unternehmen (möglichst alle Mitarbeiter) in den Budgetierungsprozess einzubeziehen. Controlling ist
dann am wirksamsten, wenn es vom Gesamtunternehmen, das heißt
von allen Mitarbeitern, gelebt wird.

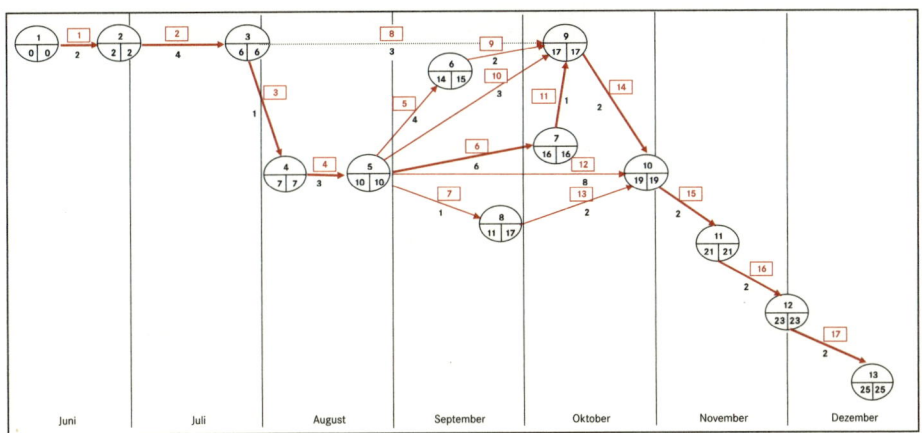

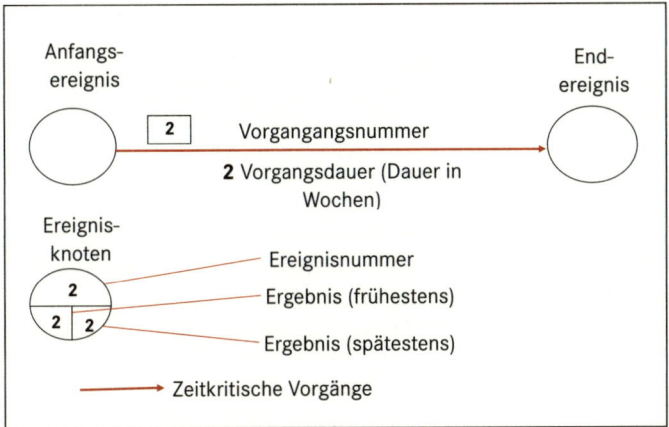

Abb. 19: Netzplan des Budgetierungsprozesses (s. Baus 2000, S. 84 ff.)

3.3   Erfolgsplanung

In der Erfolgsplanung wird die Gewinn- und Verlustrechnung budgetiert. Das heißt, alle Positionen der GuV werden systematisch bewertet und prognostiziert. Diese Positionen quantifizieren die gesetzten Ziele und dokumentieren die angestrebte Entwicklung des Unternehmens.

Planung von Umsatz und Kosten   Abb. 20 zeigt anschaulich die Zusammenhänge der einzelnen Planungsgrößen für die Ermittlung des Erfolges. In der Vollkostenbetrachtung wird konsequent nach GuV-Schema geplant. In der Deckungsbeitragsbetrachtung werden Erlöse und direkte Kosten der Produkte separat ermittelt und die Fixkosten dem verbleibenden Deckungsbeitrag gegenübergestellt. Praktikabel ist es, ausgehend von einer Vollkostenplanung die Kosten auf einzelne Produktgruppen, Sparten oder Profit-Center aufzuteilen. Diese Vorgehensweise wird im Kapitel 4.3 im Detail erläutert.

Budget Jahr n -selektiv-								in T€
	n-1	%	Januar – September	Okto-ber	Novem-ber	Dezem-ber	Summe	%
Bruttoumsatz								
Skonto								
Nettoumsatz								
Bestandsveränderungen								
Gesamtleistung								
Material								
Fremdleistungen								
Summe Materialaufwand								
ROHERTRAG								
Personalkosten								
Abschreibungen								
Raumkosten								
Vers.-Beiträge								
Sonstige Kosten								
Werkzeuge und Kleingeräte								
Mietleasing								
EWB / PWB / AV / UV								
Kosten Gesamt								
Zinsen kurzfristig								
Zinsen langfristig								
Summe Zinsen								
Zinserträge								
Sonst. betr. Erträge								
Summe Sonst. Erträge								
BETRIEBSERGEBNIS								
A.o. Aufwand								
A.o. Ertrag								
Ergebnis vor Steuern								
Steuern								
Ergebnis nach Steuern								

Abb. 20: Mindeststandard einer Erfolgsplanung

3.3.1   Umsatzplanung

Umsätze mit wem?   Die Umsatzplanung ist der wichtigste und wohl am schwierigsten zu planende Teil einer Erfolgsplanung. Der Umsatz bzw. die Leistung ist das entscheidende Element für den Erfolg des Unternehmens. Umsatz ist nicht alles, jedoch kann ohne Umsatz wohl kaum ein Unternehmen existieren. Deshalb ist eine möglichst differenzierte und detaillierte Vorgehensweise in diesem Planungsstadium angebracht.

Die Detailplanung im Bereich des Umsatzes kann nach verschiedenen Kriterien erfolgen. Beispielsweise wären Umsatzplanungen nach Kunden, nach Produktgruppen, nach Produkten, nach Märkten, nach Vertriebsgebieten sowie nach Ländern denkbar.

Abb. 21 stellt eine Umsatzplanung nach Produktgruppen/Leistungen und innerhalb dieser Produktgruppen nach Kunden sortiert dar:

Umsatzplanung nach Produkten oder Kunden

	Umsatzplanung								
1	in €		Preis / Faktor	Jan.	Febr.	März	—	Dez.	Summe
2	**Umsätze**								
3	**Produktionsbereich A**								
4	Kunde 1	Stückzahl		7.800	16.500	16.500	—	8.450	179.900
		Umsatz	3,05	23.790	50.325	50.325	—	25.773	548.695
5	Kunde 2	Stückzahl		34.200	29.800	29.450	—	22.150	357.300
		Umsatz	3,19	104.310	90.890	89.823	—	67.558	1.089.765
6	Kunde 3	Stückzahl		13.700	21.600	21.600	—	13.700	237.300
		Umsatz	3,16	43.292	68.256	68.256	—	43.292	749.868
7	**Zwischensumme I**			171.392	209.471	208.404	—	136.622	2.388.328
8	**Produktionsbereich B**								
9	Kunde 1	Stückzahl		9.200	14.580	14.580	—	14.180	163.440
		Umsatz	9,25	85.100	134.865	134.865	—	131.165	1.511.82 0
10	Kunde 2	Stückzahl		7.600	10.510	10.510	—	9.630	118.750
		Umsatz	9,85	74.860	103.524	103.524	—	94.856	1.169.688
11	Kunde 3	Stückzahl		4.700	6.260	6.260	—	5.700	71.040
		Umsatz	10,31	48.457	64.541	64.541	—	58.767	732.422
12	Kunde 4	Stückzahl		6.200	8.580	8.580	—	8.180	97.34 0
		Umsatz	10,42	64.604	89.404	89.404	—	85.236	1.014.283
13	**Zwischensumme II**			273.021	392.333	392.333	—	370.023	4.428.213
14	**Verpackung**								
15	Kunde 1		20,0%	17.020	26.973	26.973	—	26.233	302.364
16	Kunde 2		20,0%	14.972	20.705	20.705	—	18.971	233.938
17	Kunde 3		20,0%	9.691	12.908	12.908	—	11.753	146.484
18	Kunde 4		20,0%	12.921	17.881	17.881	—	17.047	202.857
19	**Zwischensumme III**			54.604	78.467	78.467	—	74.005	885.643
20	**Transporte**								
21	Produktbereich A		1,20	668	815	811	—	532	9.294
22	Produktbereich B Kunde 1+2		0,10	9.960	15.631	15.631	—	15.143	175.315
23	Produktbereich B Kunde 3+4		0,18	5.816	7.804	7.804	—	7.172	88.561
24	**Zwischensumme IV**			15.776	23.435	23.435	—	22.315	263.876
25	**Summe Umsatz**			514.793	703.706	702.638	—	602.965	7.966.059

Abb. 21: Detailplanung Umsatz

Planung nach Produktgruppen

Der in Abb. 11 genannten Planung liegen zwei Produktgruppen zu Grunde: zum einen die Herstellung von Paletten und zum anderen die Herstellung von Holzkisten. Hinzu kommen Dienstleistungen wie Verpackung und Transport.

Die Umsätze wurden nach den Produktionsprogrammen gegliedert und dann nach den einzelnen Kunden geplant. Es wurden monatlich die Stückzahlen je Kunde ermittelt und diese mit dem realistisch erzielbaren Preis multipliziert. Die Ermittlung der Stückzahlen erfolgt aufgrund von Erfahrungswerten unter Berücksichtigung der Kapazitätsgrenzen, der Mitarbeiteranzahl, der Urlaubszeiten sowie individueller Kundensituationen.

In den Zeilen 4–7 sind die Umsätze der Palettenfertigung geplant. Die Preise variieren aufgrund spezieller Kundenvereinbarungen. In Zeile 7 ist die Zwischensumme des kompletten Produktionsprogramms der Paletten nach Monaten gegliedert ersichtlich. Von Zeile 9–13 sind die Umsätze der Kistenfertigung geplant. Die Planung der Umsätze im Bereich Verpackungen von Zeile 15–19 erfolgt in Abhängigkeit zum Umsatz aus der Kistenproduktion mit 20 %-Anteil. Die Transportumsätze, Zeile 21–24, sind bezogen auf die Stückzahlen der Fertigung und mit dem zu verrechnenden Preis geplant. Somit wird in Zeile 25 die Summe des Unternehmensumsatzes nach Monaten und für das gesamte Jahr errechnet.

Tipp

> Planen Sie Ihre Umsätze bzw. die Leistungen differenziert nach Monaten unter Berücksichtigung saisonaler Einflüsse, zur Verfügung stehende Arbeitstage, Urlaubsphasen, Jahreswechsel, etc. Um in der Analysephase die Leistung vernünftig vergleichen zu können, setzt dies voraus, dass die Bestände an Unfertig- und Fertigerzeugnissen fortgeschrieben werden. Werden diese Bestandsveränderungen korrekt in der Finanzbuchhaltung verbucht und auch notwendige Abgrenzungsbuchungen wie Abschreibungen, Urlaubs- und Weihnachtsgeld vorgenommen, kann monatlich die Realleistung und auch ein korrektes Ergebnis ausgewiesen werden.

Die Planung der Umsätze sollte individuell an die betrieblichen Gegebenheiten angepasst werden. Jedes Unternehmen hat seine ganz eigenen Ausprägungen. Diese Besonderheiten sollten in den Planungsprozess einbezogen werden.

Plausibilität der Umsatzplanung

Über Branchenvergleiche und zusätzliche Informationen über den Markt kann die Umsatzplanung nochmals auf die Realisierbarkeit überprüft werden. Hilfreich dabei sind Kennzahlen wie z. B. Umsatz pro Mitarbeiter, Umsatz pro Verkaufsfläche oder Umsatz pro Zeiteinheit.

3.3.2 Materialaufwand und Fremdleistung

Material in Abhängigkeit vom Umsatz

Der Materialaufwand ist abgesehen von reinen Dienstleistungsunternehmen zusammen mit dem Personalaufwand der größte Kostenblock im Unternehmen. Deshalb sollte ihm in der Planung eine hohe Aufmerksamkeit gewidmet werden. Je differenzierter er geplant wird, desto realistischer dürfte die Planung sein.

In der folgenden Materialkostenplanung (s. Abb. 22) ist der Materialaufwand nach Produktgruppen geplant. Die einzelnen Prozentsätze erhält man durch Analyse der Vergangenheitswerte oder über die Auswertung von Kalkulationsdaten. Auf Basis dieser Daten wird für einzelne Produktgruppen eine Materialaufwandsquote festgelegt. Die Materialaufwandsquote errechnet sich

$$\text{Materialaufwand} = \frac{\text{Materialaufwand}}{\text{Gesamtleistung}} \times 100\ (\%)$$

In der Ist-Betrachtung kann die Materialaufwandsquote auch innerhalb von Produktgruppen in Abhängigkeit von der Wertigkeit des eingesetzten Materials stark schwanken.

Bei einem Serienfertiger wird der Materialaufwand konstanter planbar sein als bei einem Einzelfertiger. Beim Einzelfertiger variieren oft die Qualität und die Güte des eingesetzten Materials. Beispielsweise erhöht sich der Materialaufwand stark, wenn hochwertigere Materialien wie z.B. Edelmetalle für das Produkt vorgeschrieben sind. Sofern Edelmetalle einen hohen Anteil einnehmen, wie zum Beispiel in der Schmuckindustrie, ist es ratsam, dies separat zu betrachten bzw. in den Berechnungen den Edelmetallanteil zu neutralisieren.

Unter Fremdleistung versteht man den externen Zukauf eines Teils des Leistungsprozesses. Zum Beispiel könnten dies bei einem Maschinenbauer die Vergabe von Oberflächenveredelungen sein oder eine Spezialbehandlung von Fertigungsteilen, wie z.B. das Härten.

Planung von Fremdleistungen

Eine andere Art der Fremdleistung ist die Vergabe von ganzen Aufträgen oder auch Teilaufträgen an Sublieferanten. Beispielsweise kommt dies in der Bauindustrie oft vor. Dort werden ganze Baustellen oder Teile eines Bauprojekts an Subunternehmen vergeben. Es ist sehr wichtig, die Fremdleistungen im Detail zu verfolgen, denn ein hoher Anteil an Fremdleistungen erfordert einen höheren Umsatz, um den geplanten Rohertrag zu erreichen.

3.3.3 Personalkostenplanung

Der **Personaleinsatz** ist neben den Materialaufwendungen der **maßgebliche Kostenblock im Unternehmen**. Kostensenkungsmaßnahmen in diesem Bereich haben demzufolge einen hohen Wirkungsgrad. Oft stehen sie im Mittelpunkt von Sanierungsmaßnahmen. Man unterscheidet zwischen Löhnen und Gehältern und den Sozialnebenkosten. Hinzu kommen Zusatzkosten wie Aufwendungen für Berufsgenossenschaft, Arbeitskleidung, Fahrtkostenerstattung, etc.

Pro-Kopf-Planung Personal

Umsatz- und Materialkostenplanung

	in €		Preis / Faktor	Jan.	Feb.	März	—	Dez.	Summe
2	**Umsätze**								
3	**Produktionsbereich A**								
4	Kunde 1	Stückzahl		7.800	16.500	16.500	—	8.450	179.900
		Umsatz	3,05 €	23.790	50.325	50.325	—	25.773	548.695
5	Kunde 2	Stückzahl		34.200	29.800	29.450	—	22.150	357.300
		Umsatz	3,19 €	104.310	90.890	89.823	—	67.558	1.089.765
6	Kunde 3	Stückzahl		13.700	21.600	21.600	—	13.700	237.300
		Umsatz	3,16 €	43.292	68.256	68.256	—	43.292	749.868
7	Zwischensumme I			171.392	209.471	208.404	—	136.622	2.388.328
8	**Produktionsbereich B**								
9	Kunde 1	Stückzahl		9.200	14.580	14.580	—	14.180	163.440
		Umsatz	9,25 €	85.100	134.865	134.865	—	131.165	1.511.820
10	Kunde 2	Stückzahl		7.600	10.510	10.510	—	9.630	118.750
		Umsatz	9,85 €	74.860	103.524	103.524	—	94.856	1.169.688
11	Kunde 3	Stückzahl		4.700	6.260	6.260	—	5.700	71.040
		Umsatz	10,31 €	48.457	64.541	64.541	—	58.767	732.422
12	Kunde 4	Stückzahl		6.200	8.580	8.580	—	8.180	97.340
		Umsatz	10,42 €	64.604	89.404	89.404	—	85.236	1.014.283
13	Zwischensumme II			273.021	392.333	392.333	—	370.023	4.428.213
14	**Verpackung**								
15	Kunde 1		20,0%	17.020	26.973	26.973	—	26.233	302.364
16	Kunde 2		20,0%	14.972	20.705	20.705	—	18.971	233.938
17	Kunde 3		20,0%	9.691	12.908	12.908	—	11.753	146.484
18	Kunde 4		20,0%	12.921	17.881	17.881	—	17.047	202.857
19	Zwischensumme III			54.604	78.467	78.467	—	74.005	885.643
20	**Transporte**								
21	Produktbereich A		1,20 €	668	815	811	—	532	9.294
22	Produktbereich B Kunde 1+2		0,10 €	9.960	15.631	15.631	—	15.143	175.315
23	Produktbereich B Kunde 3+4		0,18 €	5.816	7.804	7.804	—	7.172	88.561
24	Zwischensumme IV			15.776	23.435	23.435	—	22.315	263.876
25	**Summe Umsatz**			**514.793**	**703.706**	**702.638**	—	**602.965**	**7.966.059**
26	**Materialeinsatz**								
27	Produktionsbereich A		52%	89.124	108.925	108.370	—	71.043	1.241.931
28	Produktionsbereich B		45%	122.859	176.550	176.550	—	166.510	1.992.696
29	Verpackung		5%	2.730	3.923	3.923	—	3.700	44.282
30	**Summe Material**			**214.714**	**289.398**	**288.843**	—	**241.254**	**3.278.908**
31	**Fremdleistung**								
32	auf Palette + Kiste		1%	4.444	6.018	6.007	—	5.066	68.165
33	**Rohertrag**								
34	Produktionsbereich A			80.714	98.352	97.841	—	63.577	1.121.609
35	Produktionsbereich B			161.493	233.200	233.211	—	220.762	2.631.228
36	Verpackung			51.874	74.543	74.543	—	70.304	841.360
37	**Summe Rohertrag**			**294.082**	**406.095**	**405.595**	—	**354.643**	**4.594.19 7**

Abb. 22: Materialkostenplanung und Rohertrag

Um möglichst exakte Planwerte zu erhalten, empfiehlt es sich, bis zum einzelnen Mitarbeiter zu planen (s. Abb. 23). Nicht vergessen werden dürfen freiwillige Zusatzleistungen wie vermögenswirksame Leistungen oder vom Arbeitgeber übernommene Altersversorgung. Gegebenenfalls ist es ratsam, die Planung nach Kostenstellen zu untergliedern, um gleichzeitig die entsprechenden Daten für die Kostenrechnung verwenden zu können.

Nr.	Name	Bereich Kost-St.	Std. Lohn	Gehalt	Überstd. inkl. Zuschlag	Summe Monat	VL	Urlaubs-geld	Weihnachts-gratifikation	Summe Plan incl. Urlaubsgeld +Gratifikation	Sozial-neben-kosten	Summe Personal-kosten	Durchschn. pro Monat
			167 Std.			1		60%	50%	12 Monate	22%		
	Produktion 1												
5	Mitarbeiter 1	Fahrer	11,06	1.847,02	53,09	1.900	27	1.140	950	25.211	5.420	30.631	2.473
6	Mitarbeiter 2	Prod.	14,41	2.406,47	86,46	2.493	0	1.496	1.246	32.657	7.021	39.679	3.203
7	Mitarbeiter 3	Prod.	12,10	2.020,70	43,56	2.064	27	1.239	1.032	27.361	5.883	33.243	2.684
8	Mitarbeiter 4	Prod.	10,49	1.751,83	37,76	1.790	27	1.074	895	23.763	5.109	28.872	2.331
9	Mitarbeiter 5	Prod.	14,41	2.406,47	51,88	2.458	27	1.475	1.229	32.523	6.993	39.516	3.191
	—	—	—	—	—	—	—	—	—	—	—	—	—
	—	—	—	—	—	—	—	—	—	—	—	—	—
	Summe Löhne			114.757	3.000	117.758	106	6.423	5.353	1.556.665	334.683	1.891.347	152.706
1	Geschäftsführer	GF	0,00	5.000,00		5.000	0	3.000	2.500	65.500	0	65.500	5.458
2	Fr. Geschäftsf.	Verw.	0,00	3.000,00		3.000	27	1.800	1.500	39.619	8.518	48.137	4.011
3	Produktionsleiter	Verw.	0,00	4.245,00		4.245	27	2.547	2.123	55.929	12.025	67.953	5.663
4	Aushilfskraft	Verw.	0,00	325,00		325	27	195	163	4.577	984	5.561	463
	Summe Gehälter			12.570	0	12.570	80	7.542	6.285	165.624	21.527	187.151	15.596
	Summe			127.327	3.000	130.328	186	13.965	11.638	1.722.289	356.210	2.078.498	168.300

Abb. 23: Personalplanung

Überstunden, Überstundenzuschläge sowie Schicht-, Sonn- und Feiertagszulagen sollten dabei möglichst differenziert betrachtet und geplant werden. Variable Gehaltsbestandteile wie **erfolgsabhängige Vergütungen** können mit einem Mittelwert eingeplant werden.

Zur Berechnung der monatlichen/jährlichen Stundenzahl s. auch das Beispiel in Kapitel 5.4. Wichtig ist, dass Sie bei der Arbeitsstundenberechnung für die Personalplanung mögliche Ausfallzeiten wie Krankheit, Feiertage oder Urlaub in Ihre Rechnung mit einfließen lassen.

Die Gehälter sind monatlich gleich bleibende Beträge. Diese können ergänzt werden um erfolgsabhängige Zulagen etc.

Im Bereich der Löhne unterscheidet man zwischen Zeitlohn und Leistungslohn (s. Abb. 24):

Bestandteile der Personalplanung

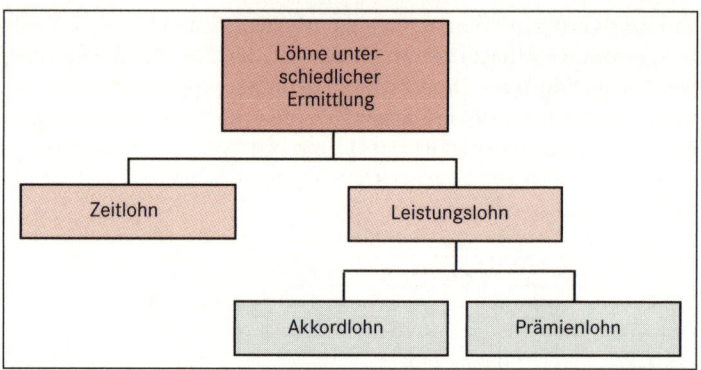

Abb. 24: Löhne unterschiedlicher Ermittlung, (s. Olfert, S. 95)

**Akkordlohn –
Prämienlohn**

Beim **Akkordlohn** wird nicht die Arbeitszeit, sondern die geleistete Arbeitsmenge entlohnt. Der **Prämienlohn** setzt sich aus einem leistungsunabhängigen (Grundlohn) und einem leistungsabhängigen Teil (Prämie) zusammen. Aus Vereinfachungsgründen würde man auch auf Vergangenheitswerte des einzelnen Mitarbeiters zurückgreifen.

3.3.4 Planung der Abschreibungen

**Abschreibungs-
prognose**

In den meisten Anlagenbuchhaltungsprogrammen ist es möglich, die Anlagegüter mit Abschreibungen und Buchwerten fortzuschreiben (s. Abb. 25). So erhält man für den vorhandenen Bestand an Anlagegütern den weiteren Abschreibungsplan. Die Abschreibungen der künftigen Investitionen kommen aus dem Investitionsplan

Abschreibungsvorschau (Zusammengefasste Werte)					
Konto	Bezeichnung	AHK €	Abschreibung Vorjahr €	Buchwert 31.12. Jahr 0 €	Abschreibung lauf. Jahr 1 €
135	EDV-Software	25.034,27	5.056,45	4.904,00	3.974,38
440	Geräte und Maschinen	2.984.627,20	514.500,26	1.282.840,00	480.647,21
520	PKW	139.779,06	22.282,65	19.523,20	17.107,44
540	LKW	308.082,69	23.374,49	108.606,40	21.719,70
650	Büroausstattung	71.445,33	6.225,37	18.560,00	4.661,98
670	GWG	138.013,06	6.181,17	20.350,40	4.635,98
690	Sonst. BGA	72.110,34	6.715,94	26.219,20	4.950,55
691	EDV-Anlage	69.888,21	13.921,93	30.902,40	10.189,37
Summe		3.808.980,14	598.258,24	1.511.905,60	547.886,61
	zuzüglich AfA aus Investitionen im Jahr 1 (lt. Investitionsplan)				15.150,00
	abzüglich geplante Abgänge aus Anlagevermögen				0,00
	Summe der Abschreibungen lt. Plan				563.036,61

Abb. 25: Zusammenfassende Abschreibungsvorschau

(s. Kapitel 3.3.5). Geplante Abgänge aus dem Anlagevermögen sollten ebenso berücksichtigt werden. So erhält man ein realistisches Bild der künftigen Abschreibungen. Die Summe der Gesamtabschreibungen geht in die Erfolgsplanung ein, der Buchwert des gesamten Anlagevermögens in die Bilanzplanung.

3.3.5   Investitionsplanung

Die Planung der Investitionen kann bei produktionsintensiven Unternehmen von entscheidender Bedeutung sein, zum Beispiel wenn größere Investitionen in Bauten oder Maschinen anstehen. Es ist sinnvoll, im Vorfeld der Entscheidung eine Investitionsrechnung aufzustellen. Investitionen können gravierende Auswirkungen auf die Zukunft des Unternehmens haben. Deshalb sollte man ihnen hohe Aufmerksamkeit schenken.

Rentabilität von Investitionen

3.3.5.1   Investitionsrechnung

Jede Investition ist mit einem gewissen Risiko verbunden. Den heutigen Ausgaben für das Investitionsobjekt stehen unsichere Einnahmen in der Zukunft gegenüber.

Die Investitionsrechnung kann zwar das Risiko nicht eliminieren, jedoch reduzieren. Sie dient als Entscheidungshilfe. In der Praxis werden oft mehrere verschiedene Investitionsrechnungsmethoden nebeneinander eingesetzt, um so zu einem abgerundeten Gesamtbild des Investitionsvorhabens zu gelangen. Grundsätzlich wird zwischen der **statischen** und der **dynamischen Methode** unterschieden. In den letzten Jahren wurden von den Unternehmen verstärkt die dynamischen Investitionsrechnungen verwendet. Trotzdem werden zusätzlich auch weiterhin die statischen Berechnungen als Ent-

Methoden der Investitionsrechnung

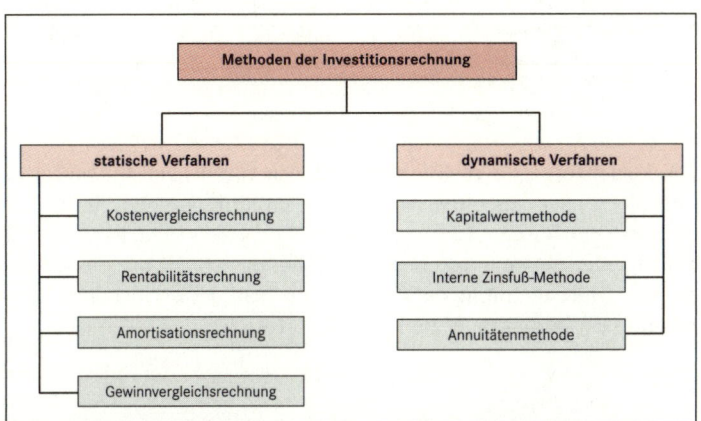

Abb. 26: Statische und dynamische Methoden der Investitionsrechnung

scheidungskriterium mit hinzugezogen. In diesem Exkurs sollen die wichtigsten Unterschiede zwischen den dynamischen und statischen Verfahren aufgezeigt werden. Abb. 26 zeigt die wichtigsten Methoden der Investitionsrechnung:

3.3.5.1.1 Statische Verfahren

Statische Verfahren

Die in Abb. 26 aufgeführten statischen Verfahren haben einige gemeinsame Eigenschaften. Zum einen arbeiten sie mit Rechengrößen aus dem Rechnungswesen, wie z. B. Kosten und Erlösen, die man auf eine Periode beziehen kann. Zum anderen bleibt der Zeitpunkt oder Zeitraum, in dem die Zahlungsströme anfallen, unberücksichtigt. Sie haben keine finanzmathematische Basis, d. h. keine exakte Erfassung der Zeitpräferenz durch Auf- und Abzinsung.

Bei diesen Methoden handelt es sich überwiegend um Faustregeln, die sich im Laufe der Zeit herausgebildet haben. Entscheidungsgrundlage bilden repräsentative oder durchschnittliche Größen. Nur monetäre Größen werden bei der Entscheidung berücksichtigt.

Kostenvergleichsrechnung

Mit der Kostenvergleichsrechnung können verschiedene Investitionsalternativen miteinander verglichen werden. Für den Vergleich werden die durchschnittlichen Gesamtkosten einer Periode oder die durchschnittlichen Stückkosten herangezogen.

$$GK = \frac{A - R}{n} + \frac{A + R}{2} \times i + BK$$

Vergleich der Kosten

GK = Gesamtkosten   n = Nutzungsdauer in Jahren
A = Anschaffungskosten   i = Kalkulatorischer Zinssatz
R = Restwert (voraussichtlicher Erlös aus   BK = Betriebskosten
     dem Verkauf der abgenutzten Anlage)

Die Kostenvergleichsrechnung eignet sich vorwiegend für Investitionsobjekte, bei denen die Ertragsseite unberührt bleibt. Sie eignet sich also nur für den Alternativen- und Ersatzvergleich, jedoch nicht für Erweiterungsinvestitionen. Des Weiteren stellt sie nur eine grobe Durchschnittsrechnung dar. Die Aussagekraft der betrachteten Periode und der berücksichtigten Kosten ist fraglich.

Rentabilitätsrechnung

Weiterführend zur Kostenvergleichsrechnung ist es sinnvoll, die Rentabilität von Investitionen zu überprüfen.

$$\text{Rentabilität} = \frac{\text{Gewinn}}{\text{Kapitaleinsatz}} \times 100$$

Statische Amortisationsrechnung

Die statische Amortisationsrechnung ermittelt die tatsächliche Amortisationszeit eines Investitionsguts und vergleicht sie mit der maximal zulässigen Amortisationszeit. Bei ihr handelt es sich um einen subjektiven Zeitraum, der von der Unternehmensleitung festgelegt wird. In der Praxis wird dieses Verfahren z. B. bei Einzelinvestitionen, Alternativenvergleich oder Ersatzproblemen angewandt.

Formeln zur Berechnung der Amortisationszeit:

	Gewinn
+	kalkulatorische Abschreibung
=	Einnahmeüberschuss

$$\text{Amortisationszeit} = \frac{\text{Kapitaleinsatz}}{\text{Einnahmeüberschuss}}$$

Grundsätzlich ist die statische Amortisationsrechnung ein sinnvolles Zusatzkriterium bei der Investitionsentscheidung, speziell bei der Beurteilung des Risikos und der Liquidität.

Beispiel:
Zur Erweiterung der Produktionskapazität möchte Paul Planer eine zusätzliche Fertigungsanlage für sein Unternehmen kaufen. Dabei muss er sich zwischen zwei Anlagen mit unterschiedlichen Charakteristika entscheiden.

	Anlage A	Anlage B
Anschaffungswert	200.000 €	260.000 €
Voraussichtlicher Restwert	10.000 €	16.000 €
Nutzungsdauer	10 Jahre	10 Jahre
Produktionsmenge/Jahr	200.000 St.	200.000 St.
Kalkulatorischer Zins	5 %	5 %
Materialverbrauch je Stück	0,2 €	0,3 €
Stromverbrauch je Betriebsstunde	5 €	2 €
Personalkosten je Betriebsstunde	20 €	15 €
Verwaltungsanteil/Jahr	4.000 €	4.000 €
Jährliche Betriebsstunden	4.000 Std.	4.000 Std.

Kostenvergleichs-rechnung

*Zunächst vergleicht P. Planer die beiden Anlagen mit der **Kostenvergleichsrechnung**. Dabei muss er die Gesamtkosten, die sich aus den Kapitalkosten und den Betriebskosten zusammensetzen, für beide Anlagen ausrechnen und diese dann miteinander vergleichen.*

Formel zur Errechnung der jährlichen Gesamtkosten:

$$GK = \frac{A-R}{n} + \frac{A}{2} \times i + BK$$

GK = Gesamtkosten   n   = Nutzungsdauer in Jahren
A = Anschaffungskosten   i   = Kalkulatorischer Zinssatz
R = Restwert (voraussichtlicher Erlös aus   BK   = Betriebskosten
      dem Verkauf der abgenutzten Anlage)

	Anlage A	Anlage B
Kapitalkosten		
Abschreibung (A − R)/n	19.000 €	24.400 €
+ Kalulatorische Zinsen (A/2) × i	5.000 €	6.500 €
Betriebskosten		
+ Materialkosten	40.000 €	60.000 €
+ Stromkosten	20.000 €	8.000 €
+ Verwaltungskostenanteil	4.000 €	4.000 €
+ Personalkosten	80.000 €	60.000 €
= Gesamtkosten	168.000 €	162.900 €

Entscheidung nach Kostenvergleich

*Nach dem Ergebnis der Kostenvergleichsrechnung würde sich P. Planer
für Anlage B entscheiden. Denn es ist bei ihr mit niedrigeren Gesamtkosten zu rechnen. Nun will P. Planer aber auch wissen, wie es mit dem
Gewinn aussieht. Hierzu wendet er die Rentabilitätsrechnung an und
vergleicht erneut die beiden Anlagen.*

*Zur Errechnung der Rentabilität muss zunächst der voraussichtliche Ge-
winn (erwartete Erlöse ./. Kosten) ermittelt werden. Danach wird dieser
ins Verhältnis zum Kapitaleinsatz gesetzt.*

$$\text{Rentabilität} = \frac{\text{Gewinn}}{\text{Kapitaleinsatz}} \times 100$$

	Anlage A	Anlage B
Erwarteter Erlös/Jahr	200.000 €	200.000 €
÷ Voraussichtliche Kosten (vgl. Gesamtkosten)	168.000 €	162.900 €
= Gewinn	32.000 €	37.100 €
Kapitaleinsatz	200.000 €	260.000 €
Rentabilität (Gewinn x 100/Kapitaleinsatz)	16,00 %	14,27 %

**Entscheidung
nach Rentabilität**

*Das Ergebnis der Rentabilitätsrechnung empfiehlt den Kauf von Anlage
A. Denn aufgrund eines geringeren Kapitaleinsatzes würde Unternehmer
P. Planer eine höhere Rentabilität als mit Anlage A erreichen.*

*Um sich zusätzlich abzusichern, entschließt sich P. Planer, ein weiteres
Verfahren anzuwenden. Dabei fällt seine Wahl auf die Amortisationsrechnung. Die Amortisationszeit errechnet sich aus dem Verhältnis zwischen Kapitaleinsatz und den jährlichen Einnahmeüberschüssen.*

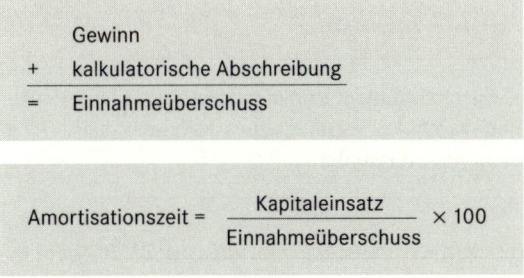

	Gewinn
+	kalkulatorische Abschreibung
=	Einnahmeüberschuss

$$\text{Amortisationszeit} = \frac{\text{Kapitaleinsatz}}{\text{Einnahmeüberschuss}} \times 100$$

Entscheidung nach Amortisationszeit		Anlage A	Anlage B
	Voraussichtliche Nutzungsdauer	10 Jahre	10 Jahre
	Kapitaleinsatz	200.000 €	260.000 €
	Einnahmeüberschuss (Gewinn + Kalk. Abschreibung)	51.000 €	61.500 €
	Amortisationsdauer (Gewinnn x100/Kapitaleinsatz)	3,9 Jahre	4,2 Jahre

Das Ergebnis dieser Rechnung zeigt P. Planer, dass die Amortisationszeit von Anlage A etwas kürzer ist als von Anlage B. Von dem Gesichtspunkt aus, wie lange es dauert, bis der Kapitaleinsatz zurückgewonnen wurde, müsste die Entscheidung zu Gunsten von Anlage A fallen.

3.3.5.1.2 Dynamische Verfahren

Kennzeichen dynamischer Methoden

Im Vergleich zu den statischen Verfahren, wo die Durchschnittsbetrachtung einer Periode die Basis bildet, werden bei den dynamischen Investitionsrechnungen sämtliche Ein- und Auszahlungen in allen Nutzungsperioden bei der Berechnung in Betracht gezogen. Durch die Berücksichtigung aller Zeitabschnitte ist dieses Verfahren realitätsnäher.

Kapitalwertmethode

Bei dieser Methode wird der Barwert eines Investitionsguts ermittelt. Dieser stellt den Wert dar, den eine zukünftige Zahlung heute hat.

Formeln zur Berechnung des Kapitalwerts:

	voraussichtliche Einnahmen
./.	voraussichtliche Ausgaben
=	jährlicher Überschuss

Barwert = Überschuss × Abzinsfaktor

Neben der hohen Anschaulichkeit und dem relativ geringen Rechenaufwand lässt sich durch die Vorgabe eines Mindestzinses ein gewisses Maß an Sicherheit darstellen.

Beispiel:
Aufgrund der Ergebnisse der statischen Investitionsverfahren hat Unternehmer Paul Planer eine Vorentscheidung zugunsten der Anlage A getroffen. Nun will er mit einem dynamischen Verfahren, der Kapitalwertmethode, überprüfen, ob die Investition wirklich wirtschaftlich ist.

Um den Kapitalwert zu erhalten, muss zunächst einmal der jährliche Überschuss (voraussichtliche Einnahmen – voraussichtliche Ausgaben) errechnet werden. Dieser Überschuss wird daraufhin mit dem Abzinsungsfaktor, der finanzmathematischen Tabellen entnommen werden kann, multipliziert. Das Ergebnis stellt den Barwert dar. Von der Summe der Barwerte (+ Restwert) wird nun noch der Kapitaleinsatz abgezogen und man erhält den Kapitalwert der Investition.

Kapitalwert der Investiton

	voraussichtliche Einnahmen pro Jahr	200.000 €
./.	voraussichtliche Ausgaben pro Jahr	./. 168.000 €
=	jährlicher Überschuss	32.000 €

Barwert = Überschuss × Abzinsfaktor

Jahr	Überschuss	Abzinsungs-Faktor (5%)	Barwert
1	32.000 €	0,952381	30.476 €
2	32.000 €	0,907029	29.025 €
3	32.000 €	0,863838	27.643 €
4	32.000 €	0,822702	26.326 €
5	32.000 €	0,783526	25.073 €
6	32.000 €	0,746215	23.879 €
7	32.000 €	0,710681	22.742 €
8	32.000 €	0,676839	21.659 €
9	32.000 €	0,644609	20.627 €
10	32.000 €	0,613913	19.645 €

	Summe der Barwerte	247.095 €
./.	Kapitaleinsatz	./. 200.000 €
+	Restwert	10.000 €
=	Kapitalwert der Investition	57.095 €

Der positive Kapitalwert der Anlage A zeigt P. Planer, dass es sich um eine wirtschaftliche Investition handelt. Dabei erhält er nicht nur eine Verzinsung in Höhe von 5 %, sondern auch einen positiven Kapitalwert zum Investitionszeitpunkt.

Interne Zinsfußmethode

Sehr oft wird die interne Zinsfuß-Methode als besonders brauchbar hervorgehoben. Dabei werden die Anschaulichkeit, die zinsgerechte Betrachtung und die Brauchbarkeit vorhandener Daten als besonderer Vorteil aufgeführt. Bei dem internen Zinsfußkriterium handelt es sich um einen einfachen Zinsvergleich. Das heißt, wenn der interne Zinssatz (= erwartete Rendite) einer Investition mindestens so groß ist wie die Mindestverzinsungsanforderung, die der Investor an das Investitionsobjekt stellt, ist die Investition vorteilhaft (vgl. Däumler, 10. Auflage 2000, S. 82).

Die Vorteilhaftigkeit einer Investition hängt bei diesem Verfahren mit der Höhe des Kalkulationszinssatzes zusammen. Das heißt, dass bei steigendem Kalkulationszinssatz der Vergleich mit dem internen Zinssatz schlechter ausfällt. Des Weiteren wird bei dieser Methode unterstellt, dass alle Kapitalrückflüsse zum internen Zinssatz angelegt werden können.

3.3.5.2 Planung der Investitionen

Die Investitionen sollten einzeln im **Investitionsplan** aufgeführt sein. Zu berücksichtigen sind hierbei auch die Anschaffungsnebenkosten und Installationskosten. Zusammen mit der gesamten Unternehmensplanung werden sie von der Geschäftsleitung oder, falls erforderlich, vom Aufsichtsgremium genehmigt. Im Investitionsplan werden gleichzeitig die für die Neuinvestitionen künftig anfallenden Abschreibungen berechnet. Wird die Neuinvestition über Leasing finanziert, sind die künftig anfallenden Leasingraten einzuplanen.

Größere Projekte wie Bauvorhaben wird man sicherlich intensiv durchleuchten und die verdichteten Daten in die Investitionsplanung einbeziehen. Gleichwohl hängt der Investitionsplan mit den meisten

Investitionsplan & Leasing											in €
Nr.	Investitionsgut	Anschaffungs- kosten	Prio.	Datum Lief.	Datum Bezahlung	Finanz.	AfA- Dauer in Jahr	AfA	Leasing Dauer in Jahren	mtl. Rate	Begründung
1	Säge für autom. Holzzuschnitt	45.000	1	März	Mai		8,00	5.625			Ersatz für alte Säge
2	Gabelstapler	32.500	1	Mai	Juni		5,00	6.500			Zusätzlich
3	Lieferwagen für Kistentransport	0	1			Leasing			3,00	256	
4	Laserdrucker für DIN A3	7.000	2	Aug.- Sept.	Sept.- Okt.		5,00	1.400			Zur besseren Darstellung von Zeichnungen
5	PC- Arbeitsplatz inkl. Software	1.500	2	Aug. - Okt.	Sept.- Nov.		4,00	375			Alter PC muss ersetzt werden
6	Bürostuhl	250	2	Juni	Juli		1,00	250			für Frau Buch
7	Einrichtung Homepage, Internetauftritt	4.000	3	Aug.- Dez.	Aug.- Dez.		4,00	1.000			
	Summe	90.250						15.150			

Abb. 27: Investitionsplan & Leasing

anderen Teilplänen zusammen, z. B. dem Finanzierungsplan, dem Finanzplan und der Erfolgsplanung.

Abb. 27 zeigt ein Beispiel für einen Investitionsplan. Alle für die weitere Planung notwendigen Daten sind darin vorhanden.

3.3.6 Zinsen/Finanzierung

Um die künftigen Zins- und Tilgungsaufwendungen zu planen, ist die Erstellung einer **Finanzierungsübersicht** hilfreich. In dieser Übersicht werden alle bestehenden Kredite und Darlehen mit den jeweiligen Zinssätzen, dem Ablauf der Festzinsschreibung und den Belastungen, die monatlich, vierteljährlich oder halbjährlich anfallen, dargestellt. Ergänzend dazu werden Kreditrahmen und aktuelle Inanspruchnahme (Valuta) vermerkt. In den drei letzten Spalten werden die Zinsen, die Tilgung und die gesamte Annuität für ein Jahr zusammengefasst.

Ergänzend ist es für die Beurteilung der Finanzierungssituation hilfreich, sämtliche den Banken gegebene Sicherheiten aufzulisten (s. Abb. 28). Damit erhält das Unternehmen einen kompakten Überblick über die Finanzierungssituation. Diese Finanzierungsübersicht kann um Tilgungspläne für die einzelnen Darlehen ergänzt werden.

Übersicht über Kredite und Darlehen

Finanzierung								in €
Kreditart	Kto.-Nr.	Zinssatz	Kreditbetrag/ Linie	Valuta	Rate mtl.	Zins pro Jahr ca.	Tilgung pro Jahr ca.	Annuität p.a.
Kontokorrent Bank 1		9,50	100.000,00	62.521,00		5.939,50		5.939,50
Kontokorrent Bank 2		9,00	53.400,00	0,00		0,00		0,00
Summe Kurzfristig			**153.400,00**	**62.521,00**	**0,00**	**5.939,50**	**0,00**	**5.939,50**
Darlehen 1		6,00	50.000,00	38.921,30	273,03	2.335,28	941,08	3.276,36
Darlehen 2		4,50	40.000,00	29.825,39	1.065,19	1.342,14	11.440,14	12.782,28
Darlehen 3		5,20	152.000,00	123.516,24	1.435,00	6.422,84	10.797,16	17.220,00
Darlehen 4		5,64	264.000,00	182.036,80	1.650,00	10.266,88	9.533,12	19.800,00
Summe Langfristig			**506.000,00**	**374.299,73**	**4.423,22**	**20.367,14**	**32.711,50**	**53.078,64**
Summe			**659.400,00**	**436.820,73**	**4.423,22**	**26.306,64**	**32.711,50**	**59.018,14**
Sicherheiten				**nominal**		**Verkehrswert**		
Grundschuld Geschäftshaus 1				300.000,00		1.264.500,00		
Grundschuld Wohnhaus				200.000,00		500.000,00		
Selbstschuldnerische Bürgschaft Gesellschafter				100.000,00				
Summe				**600.000,00**		**1.764.500,00**		

Abb. 28: Übersicht über Finanzierung und Sicherheiten

Die so berechneten Zinsen werden in die Erfolgsplanung übernommen. Zins und Tilgung sind im Finanzplan zu berücksichtigen.

3.3.7   Erfolgsplanung/Budget

Der Erfolgsplan führt diverse Einzelpläne zusammen in die Erfolgs-übersicht für ein Geschäftsjahr. Die Planung der weiteren Aufwendungen findet in diesem Planungsmodul statt. Abb. 29 stellt eine Budgetierung dar. Wir empfehlen eine differenzierte monatliche Betrachtung.

Die **Umsätze** in der Erfolgsplanung bzw. in dem Budget kommen aus dem Umsatzplan. Die Erlösschmälerungen werden prozentual vom Umsatz auf der Basis von Erfahrungswerten geplant. Aus dem Bruttoumsatz abzüglich der Erlösschmälerungen wird der Nettoumsatz errechnet.

Die **Bestandsveränderungen** sind in der vorliegenden Planung mit Null angesetzt. Nach unserer Erfahrung ist es schwierig, über ein Jahr die Bestandsveränderungen planerisch exakt auszutarieren. Eine Ausnahme könnte der geplante Abbau zu hoher Bestände sein, insbesondere um Liquidität zurückzugewinnen. Deshalb beschränken wir uns meist auf die Umsatzplanung, die ja auch saisonal angepasst ist. Die geplanten Umsätze sind dann die Vorgabe für die Ist-Gesamtleistung. Der Nettoumsatz entspricht somit im vorliegenden Planungsmodell der **Gesamtleistung**.

Material und Fremdleistungen kommen aus der oben dargestellten Detailplanung. Die Summe aus Material und Fremdleistungen ergibt den gesamten **Materialaufwand**.

Gesamtleistung abzüglich Materialaufwand ergibt den **Rohertrag**. Der Rohertrag ist für den Unternehmenserfolg eine der zentralen Größen. Aus dem Rohertrag müssen außer dem Materialaufwand die übrigen Kosten des Unternehmens einschließlich Zinsen und Steuern bedient werden. Der Plan-Rohertrag sollte unter allen Umständen erreicht werden. Bei stark schwankenden Fremdleistungen, zum Beispiel durch den Einsatz von Subunternehmern, muss sich der Fokus auf den Rohertrag richten, da die Fremdleistung durch Auftragsschwankungen stark variieren kann.

Die **Personalkosten** kommen aus dem Personalkostenplan, der weiter oben separat dargestellt ist, die Abschreibungen aus dem ebenfalls dargestellten Abschreibungsplan.

Die **Raumkosten** beinhalten Mieten für Räumlichkeiten und Raumnebenkosten wie Gas, Strom, Wasser, Reinigung, etc.

Die **Versicherungen und Beiträge** enthalten sämtliche Versicherungsbeiträge außer Kfz-Versicherungen und betrieblichen Lebensversicherungen. Im Bereich der Versicherungen empfehlen wir, eine Übersicht über den Gesamtbestand an betrieblichen Versicherungen zu erstellen. Dies dient dem Risikomanagement.

Bei den **Kfz-Kosten** gilt Ähnliches. Es ist sehr nützlich, zur Förderung der Kostentransparenz eine Übersicht über den gesamten

Fahrzeugbestand zu haben, mit sämtlichen anfallenden Kosten, wie z. B. Leasingaufwendungen, Finanzierungskosten, Versicherungen, Steuer, gefahrene Kilometer, etc.

Werbe- und Reisekosten können auf Basis von Vergangenheitszahlen oder in Form eines separaten Werbe- und Reisekostenbudgets erstellt werden. Dies hängt von der Branche oder von der Größe des Unternehmens ab.

Die **Kosten der Warenabgabe** beinhalten normalerweise Verpackungen und Provisionen. Diese können jedoch auch separat ausgewiesen werden. Im Normalfall sind diese Aufwendungen abhängig vom Umsatz und können prozentual zum Umsatz geplant werden.

in T€	Vorjahr	%	Jan.	Febr.	März	.....	Dez.	Summe	%
Bruttoumsatz	8.103,7		514,8	703,7	702,6	.....	603,0	7.966,1	
Skonto	63,2		5,1	7,0	7,0	.....	6,0	79,7	
Nettoumsatz	8.040,5		509,6	696,7	695,6	.....	596,9	7.886,4	
Bestandsveränderungen	0,0		0,0	0,0	0,0	.....	0,0	0,0	
Gesamtleistung	8.040,5	100,0	509,6	696,7	695,6	.....	596,9	7.886,4	100
Material	3.289,9	40,9	214,7	289,4	288,8	.....	241,3	2.996,6	38,0
Fremdleistungen	67,2	0,8	4,4	6,0	6,0	.....	5,1	65,0	0,8
Summe Materialaufwand	3.357,1	41,8	219,2	295,4	294,9	.....	246,3	3.347,1	42,4
Rohertrag	4.683,4	58,2	290,5	401,3	400,8	.....	350,6	4.539,3	57,6
Personalkosten	2.130,7	26,5	154,5	154,5	154,5	.....	154,5	1.984,6	25,2
Abschreibungen	592,6	7,4	49,8	49,8	49,8	.....	49,8	597,9	7,6
Raumkosten	643,1	8,0	49,5	49,5	49,5	.....	49,5	593,6	7,5
Vers./Beiträge	65,9	0,8	5,5	5,5	5,5	.....	5,5	66,0	0,8
Kfz-Kosten	353,8	4,4	30,0	30,0	30,0	.....	30,0	360,0	4,6
Werbung/Reisekosten	25,4	0,3	3,3	3,3	3,3	.....	3,3	39,0	0,5
Kosten Warenabgabe	60,3	0,7	4,0	4,0	4,0	.....	4,0	48,0	0,6
Reparatur/Instandhaltung	42,9	0,5	3,0	3,0	3,0	.....	3,0	36,1	0,5
Porto	5,2	0,1	0,7	0,7	0,7	.....	0,7	7,8	0,1
Telefon	18,9	0,2	1,6	1,6	1,6	.....	1,6	19,5	0,2
Bürobedarf	8,2	0,1	0,7	0,7	0,7	.....	0,7	7,8	0,1
EDV Kosten	0,0	0,0	0,0	0,0	0,0	.....	0,0	0,0	0,0
Zeitschriften, Bücher	0,0	0,0	0,0	0,0	0,0	.....	0,0	0,0	0,0
Rechts-/Beratungskosten	83,1	1,0	6,5	6,5	6,5	.....	6,5	78,0	1,0
Abschluss- und Prüfungsk.	17,2	0,2	1,4	1,4	1,4	.....	1,4	16,4	0,2
Buchführungskosten	0,0	0,0	0,0	0,0	0,0	.....	0,0	0,0	0,0
Mieten für Einrichtungen	208,7	1,7	16,6	16,6	16,6	.....	16,6	84,8	1,6
Nebenkost. d. Geldverkehrs	8,2	0,1	0,8	0,8	0,8	.....	0,8	9,4	0,1
Sonstige Kosten	19,7	0,2	1,6	1,6	1,6	.....	1,6	19,5	0,2
Werkzeuge und Kleingeräte	7,3	0,1	0,7	0,7	0,7	.....	0,7	7,8	0,1
EWB / PWB / AV / UV	0,0	0,0	0,0	0,0	0,0	.....	0,0	0,0	0,0
Kosten Gesamt	4.291,2	53,4	330,0	330,0	330,0	.....	330,0	4.090,6	51,9
Zinsen kurzfristig	65,6	0,8	2,4	2,4	2,4	.....	2,4	28,8	0,4
Zinsen langfristig	87,0	1,1	9,7	9,7	9,7	.....	9,7	116,4	1,5
Summe Zinsen	152,6	1,9	12,1	12,1	12,1	.....	12,1	145,2	1,8
Zinserträge	0,0	0,0	0,0	0,0	0,0	.....	0,0	0,0	0,0
Sonst. betr. Erträge	11,5	0,1	0,0	0,0	0,0	.....	0,0	0,0	0,0
Summe Sonst. Erträge	11,5	0,1	0,0	0,0	0,0	.....	0,0	0,0	0,0
Betriebsergebnis	251,1	3,1	-51,6	59,2	58,7	.....	8,5	303,5	3,8
A.o. Aufwand	0,6	0,0	0,0	0,0	0,0	.....	0,0	0,0	0,0
A.o. Ertrag	28,3	0,4	0,0	0,0	0,0	.....	0,0	0,0	0,0
Ergebnis vor Steuern	278,9	3,5	-51,6	59,2	58,7	.....	8,5	303,5	3,8
Steuern	14,3	0,2	0,0	0,0	4,0	.....	4,0	16,0	0,2
Ergebnis nach Steuern	264,6	3,3	-51,6	59,2	54,7	.....	4,5	287,5	3,6

Abb. 29: Erfolgsplanung

Die **Reparaturen und Instandhaltungen** plant man nach Erfahrungswerten oder in Abhängigkeit der Anfälligkeit des Maschinenparks. Bei anlagenintensiven Unternehmen ist dieser Kostenart mehr Gewicht beizumessen. Die Planung könnte auch in Zusammenhang mit der Abschreibungsplanung erfolgen.

Die Kostenarten **Porto, Telefon, Bürobedarf, Zeitschriften und Bücher** sind relativ gut auf Basis der Vergangenheitswerte abzuschätzen.

EDV-Kosten beinhalten Kosten für Softwareanschaffungen unterhalb der Aktivierungsgrenze, Service, Wartung und EDV-Schulung. Je nach Branche und Unternehmenstyp können diese Kosten einen hohen Anteil am Kostenblock ausmachen. Der Bereich wird recht kostenintensiv, wenn aufwendige CAD-Systeme, zum Beispiel im Werkzeugbau, eingesetzt werden.

Besonderheiten einzelner Kostenarten

Rechts- und Beratungskosten beinhalten Kosten für Rechtsanwälte, Steuerberater, Unternehmensberater, Notare, etc. Hier ist es meistens sinnvoll, differenziert aufzustellen, welche Rechtsrisiken oder Beratungsprojekte anstehen.

Abschluss- und Prüfungskosten beinhalten die Kosten von Steuerberatern und Wirtschaftsprüfern für Erstellung und Prüfung von Jahresabschlüssen und Steuererklärungen. Hier kann sich an den Vorjahreskosten orientieren, es sei denn, es stehen außerplanmäßige Prüfungen oder dergleichen an.

Mieten für Einrichtungen können Leasingaufwendungen und Mieten für Anlagegüter enthalten. Eine Auflistung der einzelnen Leasing- und Mietverträge mit Raten, Laufzeiten usw. ist empfehlenswert

Nebenkosten des Geldverkehrs beinhalten Gebühren für Kredite, Darlehen und Kontoführung.

Werkzeuge und Kleingeräte werden für den Leitungserstellungsprozess benötigt.

Die **Zinsaufwendungen** werden aus der Finanzierungsübersicht übernommen.

Sonstige betriebliche Erträge beinhalten Erträge, die nicht direkt mit der Leistungserstellung zusammenhängen.

Der Rohertrag abzüglich der Gesamtkosten abzüglich der Zinsen zuzüglich sonstiger Erträge ergibt das **Betriebsergebnis.**

Danach werden **außerordentliche Aufwendungen und Erträge** verrechnet. Dies können aperiodische oder besondere, nicht unmittelbar mit dem Leistungserstellungsprozess zusammenhängende Aufwendungen und Erträge sein.

Steuern beinhalten alle betrieblichen Steuern, angefangen mit Grundsteuern, Kfz-Steuern und Körperschaftsteuern. Bei Personengesellschaften erfolgt die GuV-Planung der Ertragssteuern im privaten Bereich. Nach Verrechnung aller Kosten wird das **Planergebnis** ausgewiesen. Die Summe der Monate ergibt das Jahresplanergebnis.

3.3.8   Forecast (Vorschau, Hochrechnung)

Sobald unterjährig absehbar ist, dass es gravierende Abweichungen vom Budget gibt, sollte die Planung überarbeitet werden. Dies nennen wir Forecast (s. Abb. 30). Auf Basis der vorliegenden Ist-Werte wird eine Hochrechnung sämtlicher Positionen der GuV vorgenommen. Heraus kommt ein neues Planergebnis.

Überarbeitung des Budgets

Forecast Jahr n						in T€	
	Ist Jahr n-1	%	Jan.- Sept. IST	Okt. Plan	Nov. Plan	Dez. Plan	Summe Forecast	%
Bruttoumsatz	8.103,7		4.893,5	440,6	488,6	610,8	6.433,5	
Skonto	63,2		0,0	0,0	0,0	0,0	0,0	
Nettoumsatz	8.040,5		4.893,5	440,6	488,6	610,8	6.433,5	
Bestandsveränderungen	0,0		0,0	0,0	0,0	0,0	0,0	
Gesamtleistung	8.040,5	100,0	4.893,5	440,6	488,6	610,8	6.433,5	100,0
Material	3.289,9	40,9	2.087,8	206,2	228,7	228,7	2.751,4	42,8
Fremdleistungen	67,2	0,8	62,5	9,4	9,8	9,8	91,5	1,4
Summe Materialaufwand	3.357,1	41,8	2.150,3	215,6	238,5	238,5	2.842,9	44,2
Rohertrag	4.683,4	58,2	2.743,2	225,1	250,1	372,3	3.590,6	55,8
Personalkosten	2.130,7	26,5	1.736,6	130,2	190,8	130,2	2.187,8	34,0
Abschreibungen	592,6	7,4	278,8	24,3	24,3	24,3	351,7	5,5
Raumkosten	643,1	8,0	366,3	45,8	45,8	45,8	503,6	7,8
Vers./Beiträge	65,9	0,8	35,0	2,8	2,8	2,8	43,4	0,7
Kfz-Kosten	353,8	4,4	286,5	29,0	29,0	29,0	373,6	5,8
Werbung/Reisekosten	25,4	0,0	17,6	2,0	2,0	2,0	23,6	0,0
Kosten Warenabgabe	60,3	0,0	23,4	3,9	4,2	4,2	35,7	0,0
Reparatur/Instandhaltung	42,9	0,0	16,1	1,7	1,7	1,7	21,3	0,0
Porto	5,2	0,0	3,6	0,4	0,4	0,4	4,8	0,0
Telefon	18,9	0,3	1,1	0,4	0,4	0,4	2,3	0,3
Bürobedarf	8,2	0,1	0,9	0,1	0,1	0,1	1,3	0,0
EDV Kosten	0,0	0,0	1,7	0,2	0,2	0,2	2,4	0,0
Zeitschriften, Bücher	0,0	0,0	0,6	0,1	0,1	0,1	0,9	0,0
Rechts-/Beratungskosten	83,1	1,0	9,7	1,4	1,4	1,4	13,9	0,2
Abschluss- und Prüfungsk.	17,2	0,2	0,0	0,0	0,0	4,5	4,5	0,1
Buchführungskosten	0,0	0,0	6,2	1,1	1,1	1,1	9,5	0,1
Mieten für Einrichtungen	208,7	2,6	5,7	0,6	0,6	0,6	7,6	0,1
Nebenkost. d. Geldverkehrs	8,2	0,1	4,8	0,5	0,5	0,5	6,2	0,1
Sonstige Kosten	19,7	0,2	6,0	1,0	1,0	1,0	9,0	0,1
Werkzeuge und Kleingeräte	7,3	0,1	5,6	0,4	0,4	0,4	6,8	0,1
EWB / PWB / AV / UV	0,0	0,0	0,0	0,0	0,0	0,0	0,0	0,0
Kosten Gesamt	4.291,2	53,4	2.806,3	246,0	306,9	250,8	3.610,0	56,1
Zinsen kurzfristig	65,6	0,8	46,4	4,8	4,8	4,8	60,8	0,9
Zinsen langfristig	87,0	1,1	4,4	1,2	1,2	1,2	8,1	0,1
Summe Zinsen	152,6	1,9	50,8	6,0	6,0	6,0	68,8	1,1
Zinserträge	0,0	0,0	0,0	0,0	0,0	0,0	0,0	0,0
Sonst. betr. Erträge	11,5	0,1	123,9	13,7	13,7	13,7	165,0	2,6
Summe Sonst. Erträge	11,5	0,1	124,0	13,7	13,7	13,7	165,1	2,6
Betriebsergebnis	251,1	3,1	10,1	-13,3	-49,1	129,1	76,9	1,2
A.o. Aufwand	0,6	0,0	2,2	0,0	0,0	0,0	2,2	0,0
A.o. Ertrag	28,3	0,4	13,2	0,0	0,0	0,0	13,2	0,2
Ergebnis vor Steuern	278,9	3,5	21,1	-13,3	-49,1	129,1	87,9	1,4
Steuern	14,3	0,2	0,0	0,0	0,0	0,0	0,0	0,0
Ergebnis nach Steuern	264,6	3,3	21,1	-13,3	-49,1	129,1	87,9	1,4

Abb. 30: Beispiel für Forecast

3.4   Finanzplanung

Zahlungsfähigkeit
erhalten

Die Aufrechterhaltung des finanziellen Gleichgewichts und damit die **Erhaltung der Zahlungsfähigkeit** eines Unternehmens hat existenzielle Bedeutung. Ein Unternehmen muss jederzeit in der Lage sein, seinen bestehenden finanziellen Verpflichtungen nachzukommen. Die Liquidität eines Unternehmens sollte geplant werden, um drohenden Zahlungsengpässen oder gar einer drohenden Zahlungsunfähigkeit vorzubeugen. Nach dem neuen Insolvenzrecht besteht bei Zahlungsunfähigkeit und bereits bei drohender Zahlungsunfähigkeit für die Geschäftsleitung die Verpflichtung, Insolvenz anzumelden.

Finanzplan kurz-
fristig anpassen

Die Daten des **Finanzplans** ändern sich relativ kurzfristig. Deshalb ist es auch notwendig, diese in kürzeren Zeiträumen, beispielsweise wöchentlich oder in Dekaden (ein Drittel des Monats) zu aktualisieren. Je kürzer die Perioden sind, desto aussagefähiger wird der Finanzplan. Beispielsweise werden die Löhne und Gehälter, Sozialabgaben und Lohn- und Umsatzsteuer zu einem bestimmten Zeitpunkt fällig. Nehmen wir an, die Löhne und Gehälter werden am 1. des Monats bezahlt, so muss zu diesem Zeitpunkt ausreichend Liquidität zur Verfügung stehen. Es entsteht eine Beanspruchungsspitze zum Monatswechsel.

Im Finanzplan werden Zahlungsströme dargestellt. Dazu ist es notwendig, folgende Begriffe abzugrenzen:

Einzahlungen
und Auszahlungen

● **Einzahlungen** sind der wirkliche Zufluss an Zahlungsmitteln.
● **Einnahmen** sind die in einer Periode vermarkteten Leistungen, unabhängig davon, wann sie erstellt wurden (Forderungen werden berücksichtigt).
● **Ertrag** ist der einer wirtschaftlichen Einheit zurechenbare Wertzuwachs einer Periode (Bestandsveränderungen werden berücksichtigt).

Bestände und ihre Komponenten	Bestandserhöhung	Bestandsminderung
Kasse + Bankguthaben = Zahlungsmittelbestand	Einzahlung	Auszahlung
Zahlungsmittelbestand + Forderungen - Verbindlichkeiten = Geldvermögen	Einnahme	Ausgabe
Geldvermögen + Sachvermögen = Reinvermögen	Ertrag	Aufwand

Abb. 31: Abgrenzung der Begriffe (s. Wöhe 1984, S. 884)

- **Auszahlungen** sind die wirklichen Abflüsse an Zahlungsmitteln.
- **Ausgaben** sind die in einer Periode entgegengenommenen Leistungen und Güter, unabhängig davon, wann sie verbraucht werden (Verbindlichkeiten werden berücksichtigt).
- **Aufwand** ist der einer wirtschaftlichen Einheit zugerechnete Wertverzehr einer Periode (Bestandsveränderungen werden berücksichtigt).

In Abb. 31 wird dieser Zusammenhang nochmals schematisch dargestellt. Für die Aufstellung des Finanzplans ist dabei wichtig, dass nicht alle Umsätze (Einnahmen) unmittelbar zu Einzahlungen führen (meistens werden Zahlungsziele gewährt), es andererseits auch Einzahlungen geben kann, die mit dem Umsatz nichts zu tun haben (z. B. Steuerrückzahlungen oder Versicherungsentschädigungen).

Auf der Ausgabenseite sind beispielsweise in den Budgets die Abschreibungen als Aufwand eingeplant. Diese werden aber nicht ausbezahlt, führen also nicht unmittelbar zu einem Zahlungsmittel-

AfA und Tilgungen

		Finanzplan					in T€			
1	**Monat**	Jan.	Febr.	März	Apr.	—	Okt.	Nov.	Dez.	**Summe**
2	Anfangsbestand KK	36,4	./. 30,9	./. 69,8	./. 163,5	—	74,1	./. 48,6	./. 186,3	
3	E i n z a h l u n g e n					—				
4	Zahlungseingang aus Planumsatz	0,0	254,8	501,2	658,7	—	420,8	571,3	730,6	6778,3
5	Zahlungseingang bestehende Forderungen	402,0	201,2			—				643,2
6	Zahlungsziele in %					—				
7	0 % 14 T 50 % 30 T					—				
8	30 % 60 T 20 % 90 T					—				
9	Umsatzsteuer	0,0	40,8	80,2	105,4	—	98,2	107,4	116,9	1084,5
10	Erträge aus Anlagenabgang					—				
12	Sonstige Einzahlungen					—				0,0
13	**Summe Einzahlungen**	**402,0**	**496,8**	**581,4**	**764,1**	—	**519,0**	**678,7**	**847,5**	**8506,1**
14	A u s z a h l u n g e n					—				
15	Materialzahlungen für Lieferungen	0,0	109,6	257,3	295,1	—	238,1	315,4	315,4	2946,7
16	Zahlung bestehende Kreditoren	167,9	83,9			—				251,8
17	Zahlungsziele in %					—				
18	0 % 14 T 50 % 30 T					—				
19	50 % 60 T 0 % 90 T					—				
20	Vorsteuer (aus Material u. 80 % sonst. Aufw.)	16,1	33,6	57,3	63,3	—	54,2	66,6	66,6	664,5
21	Personalkosten	100,4	100,4	100,4	100,4	—	100,4	100,4	100,4	1205,1
22	Urlaubs- / Weihnachtsgeldzahlung					—		60,3		110,5
23	Sozialversicherung	23,1	23,1	23,1	23,1	—	23,1	37,0	23,1	302,6
24	Lohnsteuer	30,1	30,1	30,1	30,1	—	30,1	48,2	30,1	394,7
25	Umsatzsteuer (Ust-Vorsteuer)	./. 16,1	7,2	22,9	42,1	—	44,0	40,9	50,3	420,0
26	Körpersch.- u. Gewerbesteuer			4,0		—			4,0	16,0
27	Summe betriebliche Aufwendungen (ohne AfA)	125,7	125,7	125,7	125,7	—	125,7	125,7	125,7	1508,1
28	A.o. Aufwand					—				0,0
29	Investitionen			25,0		—	4,0	0,0	0,0	42,8
30	Zinsen kurzfristig			7,2		—			7,2	28,8
31	Zins und Tilgung langfristig	22,1	22,1	22,1	22,1	—	22,1	22,1	22,1	265,2
32	**SUMME AUSZAHLUNGEN**	**469,3**	**535,7**	**675,1**	**702,0**	—	**641,7**	**816,5**	**745,0**	**8170,6**
33	Einzahlung ./. Auszahlung	./. 67,3	./. 38,9	./. 93,7	62,2	—	./. 122,7	./. 137,7	102,5	./. 120,2
34	**Endbestand Kontokorrent**	./. 30,9	./. 69,8	./. 163,5	./. 101,3	—	./. 48,6	./. 186,3	./. 83,8	
35	**Kreditlinie**	./. 153,4	./. 153,4	./. 153,4	./. 153,4	—	./. 153,4	./. 153,4	./. 153,4	
36	**Über-/Unterdeckung**	122,5	83,6	./. 10,1	52,1	—	104,8	./.32,9	69,6	

Abb. 32: Finanzplan

abfluss. Allerdings sind die meisten Investitionen fremdfinanziert. Neben den Zinsen für die Kredite, die Aufwand sind, müssen die Tilgungen berücksichtigt werden, die nur Auszahlung sind.

Bei der Aufstellung des Finanzplans (s. Abb. 32) gilt es also, sich immer wieder zu fragen, welche Vorgänge im Unternehmen wann zu Zahlungsmittelzu- und -abflüssen führen. Da viele Zahlungen in größeren zeitlichen Abständen (z. B. jährlich), ganz unregelmäßig oder auch nur einmalig vorkommen, ist hier besondere Sorgfalt geboten.

Finanzplan nach Dekaden

Um eine Feinabstimmung der Liquiditätsbetrachtung zu bekommen, kann es sinnvoll sein, die Planungsschritte auf kürzere Zeiträume zu projizieren. Beispielsweise könnten die Zeiteinheiten Dekaden sein. In diesem Fall würden die Planungseinheiten beispielsweise **Jan. I, Jan II, Jan. III, Febr. I, Febr. II, Febr. III** usw. heißen.

In dieser Differenzierung werden innerhalb eines Monats die Zahlungen an Löhnen und Gehältern von der Zahlung der sozialen Abgaben und der Abführung der Steuern getrennt.

Ausgangspunkt für die Planung des Liquiditätsstromes ist die Summe der bestehenden Salden der Kontokorrentkonten. Diese steht in der Zeile 2 links.

Zusammenspiel Erfolgs- und Finanzplan

In Zeile 4 kommt die Planung der **Zahlungseingänge aus dem Umsatz**. Zu Beginn des Planungszeitraumes bestehen Forderungen aus Lieferungen und Leistungen. Der Zahlungseingang dieser Forderungen wird zunächst möglichst realistisch prognostiziert. Aus der Finanzbuchhaltung lassen sich die Forderungen nach Fälligkeitsterminen auswerten. Diese werden in den Finanzplan übernommen. Die Forderungen ab dem Planungszeitraum kommen aus der Umsatz-

Monat	Januar	Februar	März	April	Mai	Juni
Umsatz	100.000	120.000	130.000	120.000		
Einzahlung Umsatz Januar		50.000	30.000	20.000		
Einzahlung Umsatz Februar			60.000	36.000	24.000	
Einzahlung Umsatz März				65.000	40.000	25.000
Einzahlung Umsatz April					60.000	36.000
Summe Einzahlungen	0	50.000	90.000	121.000	124.000	61.000

Abb. 33: Zahlungseingang des Planumsatzes

planung. Es wird definiert, in welchen Zeiträumen die Kunden bezahlen. Hinweise über das Zahlungsverhalten erhält man z.B. über die Analyse des Zahlungsverhaltens der Hauptkunden oder über den Skontoaufwand in der Vergangenheit.

In unserem Beispiel wurde angenommen, dass die Umsätze im Durchschnitt zu 50% nach 30 Tagen, zu 30% nach 60 Tagen und zu 20% nach 90 Tagen eingehen.

Geplant wird grundsätzlich mit Nettoumsätzen. Die Umsatzsteuer wird getrennt dargestellt. Sofern das Unternehmen Exportumsätze hat, sollten diese separat ausgewiesen werden, da auf diese Umsätze keine Umsatzsteuer zu entrichten ist.

Einzahlungen, die nicht aus Umsätzen kommen, sollten separat ausgewiesen werden. Dies können beispielsweise Einzahlungen aus Anlageabgängen, aus Vermietung und Verpachtung, aus Schadenersatzansprüchen oder die Auszahlung von neuen Darlehen sein.

Sonstige Einzahlungen

Anschließend wird in Zeile 13 des Finanzplans die Summe der Einzahlungen gebildet.

Die **Auszahlungen für Material und Fremdleistungen** werden analog den Zahlungseingängen aus Umsätzen geplant. Aus der Buchhaltung kommen die aktuellen Lieferantenverbindlichkeiten, sortiert nach Fälligkeit. Aus der Erfolgsplanung werden die Materialzahlungen je nach Zahlungsziel herangezogen. In unserem Modell werden 50% der Materialaufwendungen nach 30 Tagen und 50% nach 60 Tagen bezahlt werden.

Zahlungen für Material und Fremdleistungen

Aus den Materialaufwendungen und aus den sonstigen Aufwendungen wird die **Vorsteuer** errechnet. Bezieht das Unternehmen aus dem Ausland, so muss der Materialaufwand entsprechend aufgesplittet werden. Da bei den sonstigen Aufwendungen auch Aufwendungen enthalten sind, die keiner oder geringerer Umsatzsteuer (beispielsweise Gebühren an öffentliche Leistungsträger, Bücher, teilweise Fortbildung, etc.) unterliegen, sollte dies berücksichtigt werden. Wir tun dies, indem wir einen Prozentsatz hinterlegen, im Beispiel 80%. Um Umsatzsteuer und Vorsteuer exakt zu errechnen, muss auf die Fristen geachtet werden. Maßgeblich sind normalerweise die Umsätze und Materialaufwendungen des letzten oder des vorletzten Monats.

Berechnung der Vorsteuer

Die Umsatzsteuer abzüglich der Vorsteuer ergibt die Zahllast beim Finanzamt. Hier sollte berücksichtigt werden, ob das Unternehmen eine Dauerfristverlängerung für die Umsatzsteuer beantragt hat, was bedeutet, dass die Umsatzsteuer später an das Finanzamt zu entrichten wäre.

Umsatzsteuer und Finanzamt

Die **Personalkosten** kommen aus der Erfolgsplanung bzw. aus dem Personalkostenplan. Periodisch nur punktuell anfallende Zahlungen wie Urlaubsgeld, Weihnachtsgeld, Prämien und Erfolgsbeteiligungen sollten gemäß ihrem Anfall eingeplant werden. Sofern der Finanzplan in kürzeren Perioden als monatlich erstellt wird, ist es auch sinnvoll, Lohnsteuer, Sozialversicherungsbeiträge, etc. separat darzustellen.

Steuerzahlungen   **Steuerzahlungen** können zu den unterschiedlichsten Terminen anfallen. Normalerweise wird dies durch entsprechende Steuerbescheide festgesetzt. Besonders wichtig ist es, die Steuerzahlungen beispielsweise beim Wechsel von ertragsschwachen zu ertragsstarken Jahren im Auge zu behalten. Nach unserer Erfahrung sind schon viele Unternehmer von enormen Steuernachzahlungen überrascht worden. Am sichersten ist es, Liquiditätsrücklagen für diese Zahlungen zu bilden.

Die **übrigen Aufwendungen** der Erfolgsplanung (= Summe Aufwendungen abzüglich Personalkosten und Abschreibungen) wurden in unserem Beispiel zusammengefasst dargestellt. Diese Position wird aus dem laufenden Planungsmonat der Erfolgsplanung errechnet.

Der außerordentliche Aufwand wird ebenfalls aus der Erfolgsplanung übernommen.

Investitionen   Die Auszahlungen für **Investitionen** sind dann einzuplanen, wenn Investitionen nicht separat, sondern aus dem laufenden Geschäft finanziert werden. Sofern die Investition über ein Bankdarlehen finanziert wird, kann sie als Zahlungsausgang und das Darlehen als Zahlungszugang eingeplant werden. Nach unseren Erfahrungen werden oft auch kleinere Investitionen aus dem laufenden Kontokorrent bezahlt. Jede aus dem Kontokorrent bezahlte Investition ist sehr teuer finanziert und schränkt den Liquiditätsspielraum ein. Deshalb empfehlen wir, Investitionen ab einer gewissen Größenordnung separat zu finanzieren.

Zinsen und Tilgung   **Zinsen und Tilgungsbeiträge** werden aus der Finanzierungsübersicht übernommen. Diese können periodisch zu unterschiedlichen Zeitpunkten (monatlich, vierteljährlich, halbjährlich, jährlich) fällig sein.

Sonstige Auszahlungen könnten Sondertilgungen von Gesellschafterdarlehen, Gewährung von Darlehen oder ähnliche Vorgänge sein.

Die Auszahlungen werden in der Zeile 32 des Finanzplans addiert. In der Zeile 33 werden Einzahlungen und Auszahlungen saldiert. In Zeile 34 wird der Kontokorrentsaldo fortgeschrieben (Zeile 2 + Zeile 33 = Zeile 34). Die Kreditlinie wird in Zeile 35 fortgeschrieben.

Fortschreibung der Salden   Die Liquiditätsüber- und -unterdeckung wird in der letzten Zeile errechnet. Bei Liquiditätsengpässen würde der Spielraum der freien Kreditlinie gegen Null oder gar in den negativen Bereich gehen.

Mit diesem monatlichen Finanzplan stellt man drohende Liquiditäts-
engpässe frühzeitig fest. Auch saisonale Schwankungen des Geschäfts sind gut erkennbar.

Ein Finanzplan ist ein notwendiges Führungs- und Controlling-Instrument. Aktualisieren Sie den Finanzplan mindestens 14-tägig. Er bringt Ihnen Klarheit und Sicherheit in Ihrer finanziellen Entwicklung.	**Tipp**

3.5 Bilanzplanung

3.5.1 Die Planung der Bilanz

In der Bilanzplanung werden **Aktiva und Passiva** der Bilanz fortgeschrieben. Die Bilanzplanung baut auf Erfolgs- und Finanzplanung
auf. Sie dient vor allem auch mittel- bis langfristig der Steuerung
des finanziellen Gleichgewichts. Über die Erfolgsplanung wird die
Entwicklung von Anlagevermögen, Umlaufvermögen, Eigenkapital,
Rückstellungen und Verbindlichkeiten beeinflusst. Dieses Planungs-
instrument/-werkzeug (tool) bietet einen hervorragenden Überblick
über die Entwicklung der Struktur von Vermögen und Schulden.

Ableitung der
Planbilanz aus
Erfolgsplanung
und Finanzplan

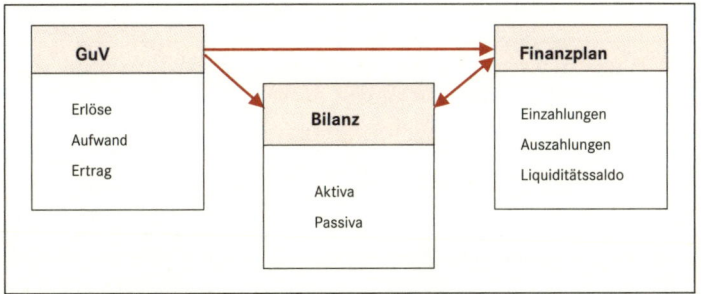

Abb. 34: Integrierte Planung von GuV, Finanzplan und Bilanz

In der Anlagenbuchhaltung werden die Abschreibungen fortgeschrieben. Die Fortschreibung des **Anlagevermögens** ist Ergebnis
aus AfA-Planung und Investitionsplan. Sonstige Positionen wie An-
zahlungen und Finanzanlagen werden auf Basis der Vergangenheitswerte fortgeschrieben.

Die **Roh-, Hilfs- und Betriebsstoffe und Kaufteile** werden nach
Erfahrungswerten oder nach angestrebten Zielen fortgeschrieben.
Zum Beispiel kann die Zielsetzung sein, die Bestände sukzessive zu
senken, um die Kapitalbindung im Vorratsvermögen zu verringern.

Vorräte

Die **Bestände an Unfertig- und Fertigerzeugnissen** werden nach Erfahrungswerten prognostiziert. Oft ist die Entwicklung dieser Bestände stichtagsbezogen sehr unterschiedlich.

Auch die Entwicklung der **Forderungen aus Lieferungen und Leistungen** kann stichtagsbezogen stark variieren. Insofern wird man einen durchschnittlichen normalen Bestand für die Zukunft annehmen. Dieser könnte beispielsweise bei zwei Monatsumsätzen liegen. Die **weiteren Positionen des Umlaufvermögens** werden in Abstimmung mit dem planerischen Umfeld hochgerechnet.

Eigenkapital

Die Fortschreibung des **Eigenkapitals** ergibt sich aus den geplanten Erträgen der Erfolgsplanung. Die Übersicht über die Entwicklung des Eigenkapitals ist eine wesentliche Erkenntnis aus der Planung der Bilanz. Zeichnet sich beispielsweise ab, dass das Eigenkapital gegen Null geht, können früh genug Gegenmaßnahmen er-

Bilanzentwicklung Musterfirma									in T€	
	Ist Jahr n - 2	%	Ist Jahr n - 1	%	Vorläufig Jahr n	%	Plan Jahr n + 1	%	Plan Jahr n + 2	%
AKTIVA										
A. Anlagevermögen										
Immaterielle Vermögensgegenst.	0,0	0,0	6,7	0,9	6,7	0,8	6,7	0,7	6,7	0,7
Sachanlagen										
Einbauten und Maschinen	0,0	0,0	0,0	0,0	0,0	0,0	0,0	0,0	0,0	0,0
Grundstücke	0,0	0,0	0,0	0,0	0,0	0,0	0,0	0,0	0,0	0,0
Betriebs- und Geschäftsausstattung	101,1	20,2	96,2	13,1	88,0	10,2	264,0	26,4	244,5	24,4
Finanzanlagen	0,0	0,0	21,7	3,0	21,7	2,5	21,7	2,2	21,7	2,2
B. Umlaufvermögen										
Vorräte – Warenbestand	78,2	15,7	117,4	16,0	58,7	6,8	58,7	5,9	58,7	5,9
Forderungen aus Lief. u. Leist.	274,7	55,0	460,0	62,7	659,6	76,3	618,0	61,8	639,3	63,8
Sonstige Vermögensgegenstände	35,8	7,2	22,6	3,1	23,5	2,7	23,7	2,4	23,5	2,3
Schecks, Kasse, Guthaben	0,5	0,1	1,4	0,2	1,0	0,1	1,0	0,1	2,4	0,2
Rechnungsabgrenzung	7,9	1,6	6,1	0,8	5,9	0,7	5,9	0,6	5,9	0,6
sonstige Aktiva	1,3	0,3	1,5	0,2	0,0	0,0	0,0	0,0	0,0	0,0
Bilanzsumme	499,6	100,0	733,4	100,0	865,0	100,0	999,6	100,0	1.002,5	100,0
PASSIVA										
A. Eigenkapital										
Eigenkapital	48,9	9,8	48,9	6,7	48,9	5,7	48,9	4,9	48,9	4,9
Gewinnvortrag	7,3	1,5	15,4	2,1	18,9	2,2	30,2	3,0	89,9	9,0
Jahresfehlbetrag/-überschuss	6,0	1,2	3,6	0,5	11,3	1,3	59,7	6,0	114,7	11,4
Eigenkapital	62,2	12,4	67,8	9,2	79,1	9,1	138,8	13,9	253,5	25,3
B. Rückstellungen										
Steuerfrei Rücklagen	0,0	0,0	0,0	0,0	0,0	0,0	0,0	0,0	0,0	0,0
Steuerrückstellungen	2,8	0,6	4,0	0,5	3,9	0,5	3,9	0,4	3,9	0,4
Sonst. Rückstellungen	7,8	1,6	9,8	1,3	11,7	1,4	11,7	1,2	11,7	1,2
C. Verbindlichkeiten										
Langfristige Verbindlichkeiten Darlehen	82,0	16,4	56,9	7,8	18,6	2,1	181,3	18,1	166,9	16,7
Kurzfristige Verbindlichkeiten Bank	150,7	30,2	215,0	29,3	326,3	37,7	248,0	24,8	101,7	10,1
Verb. aus Lieferungen und Leist.	14,8	3,0	213,2	29,1	312,1	36,1	306,7	30,7	328,9	32,8
Umsatzsteuerverbindlichkeiten	22,7	4,5	16,7	2,3	19,6	2,3	19,6	2,0	19,6	2,0
Sonst. Verbindlichkeiten	156,6	31,3	150,1	20,5	93,7	10,8	89,6	9,0	116,3	11,6
Bilanzsumme	499,6	100,0	733,4	100,0	865,0	100,0	999,6	100,0	1.002,5	100,0

Abb. 35: Bilanzentwicklung

griffen werden, um eine eventuell drohende Überschuldung abzuwenden.

Die **Rückstellungen** werden auf Basis von Erfahrungswerten und bekannten künftigen Faktoren fortgeschrieben.

Die **langfristigen Bankverbindlichkeiten** resultieren aus der Fortschreibung der Finanzierung, die **kurzfristigen Bankverbindlichkeiten** aus dem Finanzplan. Der Saldo des Finanzplans sollte mit dem der kurzfristigen Verbindlichkeiten übereinstimmen.

Die **Verbindlichkeiten aus Lieferungen und Leistungen** können auf Basis der Materialeinkäufe und der durchschnittlichen Zahlungsziele hochgerechnet werden.

Verbindlichkeiten aus Lieferungen und Leistungen

Die **sonstigen Verbindlichkeiten** beinhalten Positionen wie Verbindlichkeiten an Finanzamt und Krankenkassen oder teilweise auch Gesellschafter-Darlehen.

Das Unternehmen, dessen Bilanzentwicklung in Abb. 35 dargestellt wird, plant z. B. für das nächste Jahr eine Investition in weitere Ausstattung von 176 T€. Dies lässt sich an der Position »Betriebs- und Geschäftsausstattung« erkennen. Die Finanzierung der Investition erhöht die Position »Langfristige Verbindlichkeiten Darlehen«. Da das Unternehmen für das nächste Jahr einen Gewinn von 59,7 T€ eingeplant hat, verschlechtert sich die Eigenkapitalquote trotz der Investition und der damit einhergehenden Erhöhung der Bilanzsumme nicht, sondern steigt von 9,1 % auf 13,1 %.

3.5.2 Bewegungsbilanz und Kapitalflussrechnung

Die Bewegungsbilanz – auch als Zeitraumbilanz, Beständedifferenzbilanz, Veränderungsbilanz oder Saldenbilanz bezeichnet – zeigt die Veränderungen der Bilanzpositionen in zwei Perioden (s. Abb. 36). Sie führt links auf, wofür die Mittel in einer Periode verwendet wurden, und rechts, woher die Mittel kommen.

Mittelverwendung	Mittelherkunft
Zunahme Anlagevermögen	Abnahme Anlagevermögen
Zunahme Umlaufvermögen	Abnahme Umlaufvermögen
Abnahme Eigenmittel	Zunahme Eigenmittel
Abnahme langfristiges Fremdkapital	Zunahme langfristiges Fremdkapital
Abnahme kurzfristiges Fremdkapital	Zunahme kurzfristiges Fremdkapital
Gesamtsumme	Gesamtsumme

Abb. 36: Mittelverwendung und Mittelherkunft (s. C. Riebell, S. 75)

Für die in Abb. 36 aufgezeigte Bilanzentwicklung sieht die Bewegungsbilanz folgendermaßen aus:

Bewegungsbilanz									in T€	
		Musterfirma								
		Jahr n - 2		Jahr n - 1		Jahr n		Jahr n + 1		Jahr n + 2
Bewegungsbilanz										
Mittelverwendung										
Zugang Anlagevermögen		0,0		23,5		0,0		176,0		0,0
Zunahme Vorräte		78,2		39,1		0,0		0,0		0,0
Zunahme Forderungen aus Lief. und Leist.		64,4		185,2		199,7		0,0		21,3
Zunahme Sonst. Forderungen		0,0		0,0		0,9		0,2		0,0
Zunahme Schecks, Kasse, Guthaben		0,0		0,9		0,0		0,0		1,4
Zunahme Rechnungsabgrenzung		0,0		0,0		0,0		0,0		0,0
Zunahme sonstige Aktiva		1,1		0,2		0,0		0,0		0,0
Reduzierung Eigenkapital		0,0		0,0		0,0		0,0		0,0
Abbau Rückstellungen		0,0		0,0		0,0		0,0		0,0
Abbau langfr. Verbindlichkeiten Darlehen		24,4		25,1		38,3		0,0		14,3
Abbau kurzfr. Verbindlichkeiten Bank		0,0		0,0		0,0		78,3		146,4
Abbau Verbindlich. a. Lief. und Leist.		1,3		0,0		0,0		5,4		0,0
Abbau Verbindlichk. Anzahlungen		0,0		6,0		0,0		0,0		0,0
Abbau Sonst. Verbindlichkeiten		0,0		6,5		56,5		4,1		0,0
Kapitalbedarf Gesamt		169,5		286,5		295,3		264,0		183,3
Mittelherkunft										
Abnahme Vorräte-Warenbestand		0,0		0,0		58,7		0,0		0,0
Abnahme Forderungen a. L. + L.		0,0		0,0		0,0		41,6		0,0
Abnahme Sonst. Forderungen		14,3		13,2		0,0		0,0		0,2
Abnahme Schecks, Kasse, Guthaben		0,3		0,0		0,4		0,0		0,0
Abnahme Rechnungsabgrenzung		1,8		1,8		0,2		0,0		0,0
Abnahme sonstige Aktiva		0,0		0,0		1,5		0,0		0,0
Erhöhung Eigenkapital		5,5		5,6		11,3		59,7		114,7
Erhöhung Rückstellungen		4,2		3,2		1,9		0,0		0,0
Erhöhung langfr. Verbindlichkeiten/Darlehen		0,0		0,0		0,0		162,7		0,0
Erhöhung kurzfr. Verbindlichkeiten Bank		73,3		64,3		111,4		0,0		0,0
Erhöhung Verbindlich. a. Lief. und Leist.		0,0		198,4		98,9		0,0		22,2
Erhöhung Verbindlichk. Anzahlungen		2,3		0,0		2,9		0,0		0,0
Erhöhung Sonst. Verbindlichkeiten		66,9		0,0		0,0		0,0		26,7
Kapitalbedarf Gesamt		169,5		286,5		295,3		264,0		183,3

Absplitterung der Finanzblöcke

Um zu einer größeren Aussagefähigkeit zu kommen, ist jedoch eine Aufgliederung der Bilanzblöcke und die Angabe von Brutto-Veränderungen, vor allem in dem wichtigen Bereich der Investitionen und ihrer Finanzierung notwendig. Darüber hinaus sollte ersichtlich sein, welchen Beitrag der Cash-Flow zur laufenden Unternehmensfinanzierung leistet. Einen guten Eindruck vermittelt die nachfolgend dargestellte Abb. 37:

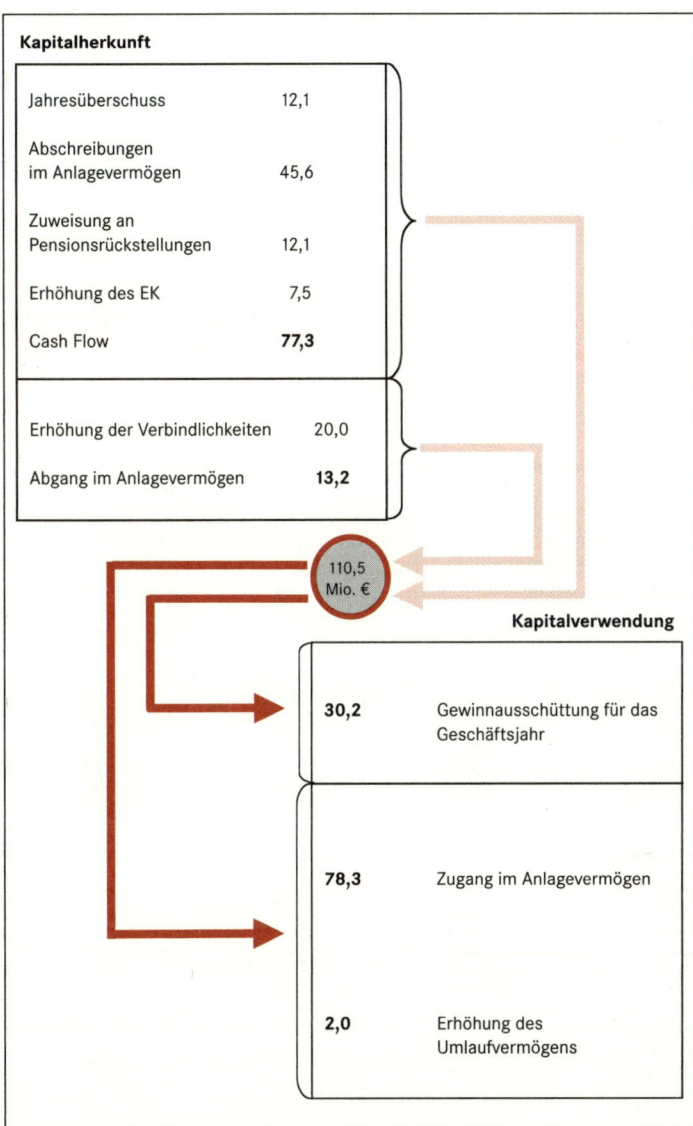

Kapitalherkunft

Jahresüberschuss	12,1
Abschreibungen im Anlagevermögen	45,6
Zuweisung an Pensionsrückstellungen	12,1
Erhöhung des EK	7,5
Cash Flow	**77,3**
Erhöhung der Verbindlichkeiten	20,0
Abgang im Anlagevermögen	**13,2**

110,5 Mio. €

Kapitalverwendung

30,2	Gewinnausschüttung für das Geschäftsjahr
78,3	Zugang im Anlagevermögen
2,0	Erhöhung des Umlaufvermögens

Abb. 37: Vermögensbewegung (s. C. Riebell, S. 76)

3.6   Maßnahmenplanung

Wer tut was bis wann?

Alle Maßnahmen, die in Zusammenhang mit einem Planungsprozess festgelegt werden, sollten präzise definiert und mit Benennung des dafür **Verantwortlichen** sowie einer **Fristsetzung im Maßnahmenplan** (s. Abb. 38) oder in mehreren Maßnahmenplänen nach Bereichen aufgegliedert festgehalten werden.

Maßnahmenplan						
Lfd. Nr.	Be-reich	Was?	Wer?	Wann?	Auswirkung	Status per 14.01.03
1.	Umsatz	Verstärkung der Vertriebsaktivitäten, insbesondere im Produktbereich A, damit Steigerung des Umsatzes im Bereich A und sukzessive Reduzierung der Abhängigkeit vom Produktbereich B. Neukundengewinnung im Segment A.	GF	Sofort	Verringerung der Abhängigkeit vom Produkt-bereich B	
2.	Umsatz	Vertragliche Absicherung der Auslieferungen des Lieferspektrums an Kunde 1. Werkvertrag mit Kunde 2.	GF	15.12.04	Sicherung des Umsatzes	Eine unverbindliche Zusage des Kunden 1 liegt vor. Der Werkvertrag Kunde 2 liegt ebenfalls vor.
3.	Umsatz	Neuentwicklung von Produkt A5 im Produktbereich A	GF	1.Quart. 2004	Ausbau des Umsatzes in Bereich A	der erste Prototyp existiert
4.	Material	Mit den Großlieferanten wird über günstigere Einkaufspreise verhandelt, um den Materialeinsatz deutlich zu senken. Künftig werden auch Alternativlieferanten gesucht.	GF	Sofort		
5.	Personal	Personalkosten: Herr Arbeiter (Bereich B) geht ab Juli 2004 in Rente (63 Jahre) Weiterer Ausbau der Akkordentlohnung in Produktionsbereich A und B	GF	01.07.04 30.01.04	23,6 T€ p.a.	
6.	Kfz-Kosten	1 LKW an Leasinggesellschaft zurückgeben (ist dafür ein Aufpreis zu zahlen?). Verkauf eines Aufliegers (Erlös ca. 5 T€)	GF	31.01.04	Kostenein-sparung 9 T€ p.a.	
7.	Rechnungswesen	Erhöhung der Transparenz im Rechnungswesen. Materialeinkauf Produktionsbereich A und B trennen: Separate Konten anlegen, Deckungsbeitragsrechnung nach Sparten. Monatliche Fortschreibung der Unfertigerzeugnisse und der Lagerbestände.	GF	01.01.04		
8.	Controlling	Zusätzliche Controlling-Instrumente aufbauen: tägliche Statistik über gefertigte Produkte aus Bereich A und B. Dokumentation und monatliche Auswertung. Maßnahmen zur Produktionssteigerung erarbeiten.	GF	Sofort	Einhaltung der Ziele, tägliche Steuerung	die Statistik wird geführt

Abb. 38: Maßnahmenplan

Rollierende Fortschreibung

Maßnahmenpläne sollten rollierend fortgeschrieben werden. Die inneren und äußeren Bedingungen eines Unternehmens verändern sich permanent. Dem muss durch eine permanente Fortschreibung Rechnung getragen werden. Hilfreich in diesem Zusammenhang sind regelmäßige Überarbeitungen der Maßnahmenpläne mit den verantwortlichen Mitarbeitern im Unternehmen.

3.7   Zusammenfassung

Unternehmen, welche ihre Zukunft planen, sind nachweislich erfolgreicher als solche, die dieses nicht tun. Wer sich mit seiner Zukunft beschäftigt, denkt und agiert im Unternehmensalltag anders. Ein Unternehmer sollte wissen, was er erreichen will. Die dafür erforderliche Planung sollte schriftlich erfolgen. Vor allem bei starken Veränderungen in der Zukunft ist es wichtig, die Folgen der Veränderung durchzuspielen. Dies ist essentiell notwendig bei größeren Investitionen.

Ein wesentliches Augenmerk sollten Sie auf die Positionen

Tipp

- Umsatz,
- Material/Fremdleistungen,
- Personal und
- Investitionen

legen. Diese Faktoren entscheiden über den Erfolg oder Misserfolg Ihres Unternehmens. Planen Sie diese Positionen deshalb möglichst differenziert und exakt. Sobald Sie merken, dass Sie größere Abweichungen in den Ist-Zahlen bekommen, raten wir Ihnen, eine neue Vorschau (Forecast) auf das Geschäftsjahresende zu erstellen.

Mit folgender Checkliste können Sie prüfen, wo Sie mit Ihrer Unternehmensplanung stehen:

Hauptmerkmale der Unternehmensplanung	Ja	Ja teilweise	Nein	Begründung
Wird von der Geschäftsleitung das System aktiv genutzt?				
Wird das Planungsbewußtsein in Ihrem Unternehmen gefördert?				
Gibt es einen entsprechenden Arbeitskreis zum Thema Planung in Ihrem Unternehmen?				
Liegen bei Ihnen Planungsrichtlinien oder ein Planungshandbuch vor?				
Ist Planung in Ihrem Unternehmen eine ganzjährige Aktivität?				
Deckt sich der Planungshorizont mit dem Branchen-Konjunkturzyklus?				
Liegt eine umfassende Unternehmensanalyse vor?				
Stellt die Produktprogrammanalyse die Basis Ihrer Unternehmensanalyse dar?				
Die Konkurrenzanalyse wird in Ihrer Unternehmensplanung als zentraler Punkt behandelt?				
Sie kennen die Stärken und Schwächen Ihres Unternehmens?				
Werden die Unternehmensgrundsätze verabschiedet?				
Dient die Umfeldprognose der Zukunftsorientierung?				
Ist Energie-Sicherung bei Ihrer Unternehmensplanung eine Hauptfrage?				
Wird bei Ihnen die Faktenvorlage jährlich kritisch geprüft?				
Liegt ein abgestimmter Zielkatalog vor?				
Werden die Zielprioritäten bei Ihnen jährlich kritisch geprüft?				
Sind die künftigen Strategien für Produkte/Märkte bekannt?				
Kann der Absatzplan als Basis für andere operative Teilpläne eingesetzt werden?				
Können Teilpläne zum Basisplan werden?				
Gibt es in Ihrem Planungssystem Raum für Alternativen/Krisenpläne?				
Werden Planabweichungen bei Ihnen regelmäßig ermittelt?				
Werden die Abweichungsursachen systematisch bei Ihnen ergründet?				
Werden Ihre Mitarbeiter für die Planungsarbeiten geschult?				
Werden in der Planung EDV-Leistungen verwendedt?				
Liegt ein computergestütztes Planungsmodell vor?				
Werden aus dem Unternehmensplan bei Ihnen monatliche Budgets ermittelt?				
Ist der Grad der Budgeteinhaltung das Hauptelement der Finanzplanung?				

4 Ausrichtung des Rechnungswesens

Ein funktionierendes und aussagefähiges Rechnungswesen ist eine der **Grundvoraussetzungen** für ein wirkungsvolles Controlling. Ohne korrekte **Daten der Buchhaltung und der Kostenrechung** ist ein funktionierendes Controlling nicht möglich. Die Controlling-Daten können nur so gut sein wie die Basis-Daten.

Qualität der Basisdaten

Um ein effektives Controlling zu gewährleisten, muss das Rechnungswesen auf das Controlling ausgerichtet werden. Die Daten sollten so erfasst und organisiert sein, dass sie unmittelbar für das Controlling verwendet werden können. Wir empfehlen deshalb, sich von der traditionellen Vorgehensweise, in der die Struktur von Planung und Controlling an die Struktur der Buchhaltung angelehnt wird, zu lösen.

Beispielsweise kann es sinnvoll sein, die Erlöskonten sowie die Materialeinkaufskonten zielgerichtet auf einen definierten Controllingprozess auszurichten. Ausgehend von einer detaillierten Umsatzplanung kann dann mittels einer entsprechenden Aufschlüsselung der Buchhaltungskonten eine Deckungsbeitragsrechnung nach Sparten abgeleitet werden. Bedingung ist, dass die Aufwendungen für einzelne Erlösgruppen diesen auch direkt zugeordnet werden können.

4.1 Systematik des Rechnungswesens

4.1.1 Definition und Systematik

Das betriebliche Rechnungswesen ist ein System zur quantifizierten Erfassung und Darstellung der unternehmerischen Aktivitäten (s. Abb. 39). Man unterscheidet zwischen **internem** und **externem Rechnungswesen**.

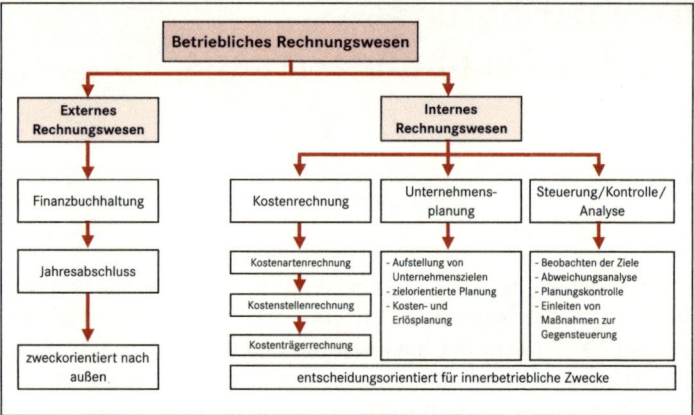

Abb. 39: Übersicht betriebliches Rechnungswesen

4.1.2 Externes Rechnungswesen

Das externe Rechnungswesen hat die Aufgabe, alle Vorgänge finanzieller Art, die sich zwischen dem Unternehmen und seiner Umwelt abspielen, lückenlos aufzuzeichnen. Zur Umwelt des Unternehmens zählen:

- Lieferanten und Dienstleister, deren Geschäftsvorfälle in der Kreditorenbuchhaltung abgebildet werden;
- die Arbeitskräfte, welche in der Personalbuchhaltung geführt werden;
- Kapitalgeber;
- Eigner;
- die Kunden, die in der Debitorenbuchhaltung erfasst werden.

In diesen Bereichen liegen den verbuchten Geschäftsvorfällen immer **Leistungen** (Güterströme) zugrunde, die dann im Unternehmen Geldzu- oder -abflüsse auslösen. Man spricht deshalb hier auch von der leistungswirtschaftlichen Sphäre.

Daneben gibt es die finanzwirtschaftliche Sphäre, zu der die Kapitalgeber und der Staat gehören. Hier liegen den Buchungen keine Güterströme, sondern **nur Geldströme** zu Grunde.

Jahresabschluss

Aus dem zusammengefassten Ergebnis aller Geschäftsvorfälle in einem Geschäftsjahr entsteht der **Jahresabschluss**, der aus der **Bilanz** (Gegenüberstellung aller Bestandskonten) und der **Gewinn- und Verlustrechnung** (Gegenüberstellung aller Bewegungskonten) und bei Kapitalgesellschaften und Personenhandelsgesellschaften im Sinne von § 264c HGB aus dem dazugehörigen Anhang besteht.

Adressaten dieser Informationen sind externe Informationsempfänger wie die Banken, Anteilseigner, Gläubiger, etc., die sonst keine weiteren Einblickmöglichkeiten in das Unternehmen haben. Aus dieser Tatsache leitet sich auch der Begriff »externes Rechnungswesen« ab. Um diesen Kreis an Informationsempfängern davor zu schützen, durch fehlerhafte oder unkorrekte Jahresabschlüsse getäuscht zu werden, existieren für die Aufstellung des Jahresabschlusses umfangreiche gesetzliche Regelungen, die aber auch gewisse Spielräume enthalten. Diese Spielräume können z. B. dazu genutzt werden,

- bei schlechter Ertragslage ein besseres Bilanzergebnis, als es wirklich ist, auszuweisen, um Gläubiger und Banken nicht zu beunruhigen, oder
- bei einer guten Ertragslage zu versuchen, das Ergebnis zu drücken, um die Steuerbelastung zu minimieren.

Bilanzierungs-spielräume

4.1.3   Internes Rechnungswesen

Das interne Rechnungswesen hat die Aufgabe, alle wirtschaftlich bedeutsamen Vorgänge, die innerhalb des Unternehmens ablaufen, wertmäßig abzubilden. Dabei steht die Aufzeichnung des Verzehrs an Produktionsfaktoren und die damit erzielte Entstehung von Produkten im Vordergrund, um die Wirtschaftlichkeit der Leistungserstellung im Unternehmen zu bewerten. Beispielsweise will unser Palettenproduzent wissen, wie viel ihn die Fertigung einer bestimmten Menge an Paletten kostet und ob sich die Produktion für bestimmte Kunden lohnt. Da diese Informationen nicht veröffentlicht werden, sondern ausschließlich zur Information von Betriebsangehörigen – meist in leitenden Positionen – dienen, die sie zur Planung, Steuerung und Kontrolle des Unternehmens benötigen, wird dieser Bereich des Rechnungswesens auch »internes Rechnungswesen« genannt. Wesentlicher Bestandteil des internen Rechnungswesens ist die **Kosten- und Leistungsrechnung**. Hinzu kommen Teilbereiche wie die Unternehmensplanung, Investitionsrechnung und alle Arten von internen Unternehmens-Statistiken. Im Gegensatz zum externen Rechnungswesen gibt es – entsprechend der unterschiedlichen Aufgabenstellung – für die Ausgestaltung des internen Rechnungswesens kaum gesetzliche Vorschriften. Sowohl die Vielzahl unterschiedlicher Produktionsprozesse in den Unternehmen als auch das unterschiedliche Informationsbedürfnis haben zu einer großen Vielfalt im internen Rechnungswesen geführt.

Kostenrechnung

Das externe Rechnungswesen beschäftigt sich mit der Aufarbeitung und Darstellung der Unternehmensvergangenheit, während das interne Rechnungswesen die Steuerung des Unternehmens hinsichtlich seiner gegenwärtigen und zukünftigen Wirtschaftlichkeit zum Ziel hat.

4.2   Buchhaltung

Basisdaten für die Kostenrechnung

Die Buchhaltung ist die Basis sowohl für die externe wie auch für die interne Rechnungslegung. Sie erfasst, dokumentiert und bewertet sämtliche finanzwirtschaftlichen Vorgänge des Unternehmens. Darüber hinaus dient sie als Basis für alle weitergehenden betriebswirtschaftlichen Analysen und Berechnungen.

Die Buchhaltung liefert die Basisdaten für Kostenrechung und Kalkulation und ist Grundlage für die Berechnung von betriebswirtschaftlichen Kennziffern. Außerdem ist die Buchhaltung das vorgeschriebene Instrumentarium, um rechtlich gültige Aussagen bei Streitfragen zu allen innerbetrieblichen Vorgängen machen zu können. Die Zusammenhänge innerhalb der Buchhaltung verdeutlicht Abb. 40:

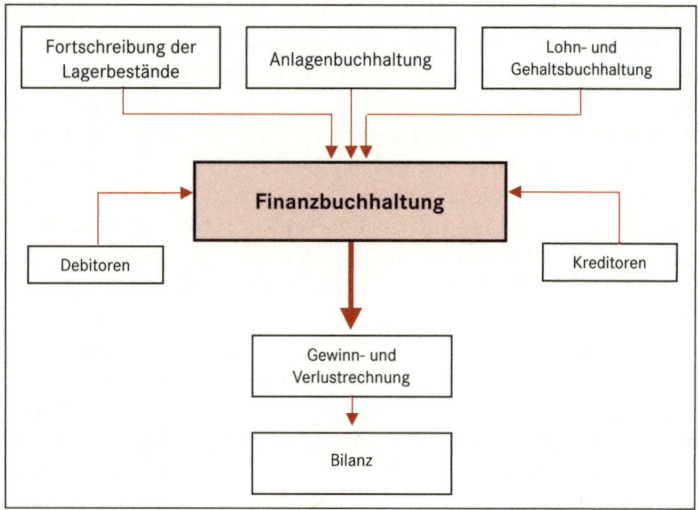

Abb. 40: Zusammenhänge der Buchhaltung

Teilbereiche der Buchhaltung

Weiter untergliedern lässt sich die Buchhaltung in die Bereiche Anlagenbuchhaltung, Bestandsbuchhaltung (Materialwirtschaft), Lohn- und Gehaltsbuchhaltung, Finanzbuchhaltung sowie die Debitoren- und Kreditorenbuchhaltung. Die Inhalte und Aufgaben der einzelnen Buchhaltungssysteme sowie die Relevanz für das Controlling werden im Folgenden beschrieben.

4.2.1   Anlagenbuchhaltung

Die Anlagenbuchhaltung verwaltet und dokumentiert das Anlagevermögen des Unternehmens. Es werden Vermögenspositionen wie

Grundstücke, Gebäude, Maschinen, Fahrzeuge, Betriebs- und Geschäftsausstattungen usw. einzeln mit ihren Anschaffungs- bzw. Herstellungskosten erfasst. Für die gesetzlich vorgesehene Nutzungsdauer werden die **Abschreibungen** der Anlagegüter pro Jahr berechnet und die Rest-(Buch-)werte fortgeschrieben.

Die Daten der Anlagenbuchhaltung werden in die Finanzbuchhaltung übernommen. Sie sind eine der Voraussetzungen zur Erstellung eines Jahresabschlusses. Für die Unternehmensplanung kann normalerweise auf Basis des vorhandenen Anlagevermögens eine AfA-Planung für die kommenden Jahre erstellt werden.

Planung der Abschreibungen

Außerdem weist der Anlagenspiegel (s. Abbildung 41) das Alter der jeweiligen Anlagegüter aus. Dieses wird benötigt, um Kennzahlen über das Alter der Ausstattung im Unternehmen zu ermitteln. Sind einzelne wichtige Maschinen und Anlagegüter als Kostenstellen angelegt und werden diesen Kostenstellen z. B. die Reparaturkosten pro Periode zugerechnet, lassen sich durch eine Analyse von Maschinenalter, Abschreibung und Reparaturkosten Aussagen zum günstigsten Zeitpunkt einer Ersatzinvestition machen.

\multicolumn{7}{c}{**Entwicklung Anlagevermögen in €**}						
Konto	**Bezeichnung**	**Anschaffungswert**	**Stand 01.01.03**	**Zugang/ Abgang**	**Abschreibung**	**Endbestand 31.12.03**
25	Software	5.733	2.292		1.147	1.145
210	Geräte und Maschinen	2.984.627	1.282.840		480.647	802.193
320	PKW	32.343	1			1
350	LKW	164.081	61.049	6.950	13.599	54.400
420	Büroausstattung	61.170	16.104		5.643	10.461
480	GWG	40.776	12.414	3.425	6.305	9.534
690	Werkzeuge	35.872	7.308	3.200	4.338	6.168
	Summe	3.324.602	1.382.008	13.575	511.679	883.902

Abb. 41: Beispiel Anlagenspiegel

4.2.2   Bestandsbuchhaltung

Um eine aussagefähige kurzfristige Erfolgsrechung zu ermöglichen, ist eine Ermittlung der Bestandswerte an **Roh-, Hilfs- und Betriebsstoffen** sowie an **Unfertig-** und **Fertigerzeugnissen** zum jeweiligen Periodenende notwendig. Im System der doppelten Buchführung nach dem **Gesamtkostenverfahren** werden beispielsweise eingehende Waren als Aufwand verbucht, auch wenn sie noch nicht verbraucht sind. Kauft ein Unternehmen in einer Periode sehr viel Material ein, ohne es in der Periode zu verbrauchen bzw. zu verkaufen, wäre ohne Berücksichtigung der höheren Bestände der Materialaufwand in dieser Periode besonders hoch und das Gesamtergebnis dadurch schlechter als bei richtiger Bewertung der Materialien.

Monatlich Bestände bewerten

Ermittlung Materialaufwand

	Materialeinkauf
+	Bestandsminderung (RHB, Kaufteile)
./.	Bestandserhöhung (RHB, Kaufteile)
=	**Materialaufwand**

Deshalb ist es auch unterjährig wichtig, die Differenz zwischen Anfangsbestand und Endbestand als Bestandsveränderung für die jeweilige Periode zu errechnen.

Ermittlung Gesamtleistung

	Umsatz
+	Bestandserhöhung (FE, UFE)
./.	Bestandsminderung (FE, UFE)
=	**Gesamtleistung**

Die Bestandsveränderungen werden ergebniswirksam in die Finanzbuchhaltung übernommen. Erst dadurch erhält ein Unternehmen ein realistisches Bild der aktuellen Ertragslage.

Fehlerquelle Bestandsveränderung

In vielen mittelständischen Betrieben wird eine monatliche Bestandsfortschreibung leider nicht durchgeführt. Je nach Branche oder Unternehmenstyp – bei Handelsunternehmen oder Saisonbetrieben sind die unterjährigen Bestandsveränderungen besonders gravierend – können sich erhebliche Ertragsverschiebungen ergeben. Werden die Bestände nicht geführt, ist eine korrekte Ergebnisermittlung nicht möglich. **Das heißt, die Geschäftsleitung ist nicht informiert über die Ertragssituation** und kann diese Informationen auch nicht zur Steuerung des Ergebnisses einsetzen.

Es ist dringend zu empfehlen, monatlich die Bestände sowohl an Roh-, Hilfs- und Betriebsstoffen wie auch an unfertigen und fertigen Erzeugnissen zu ermitteln und fortzuschreiben (s. Abb. 42).

Neben den reinen Bestandswerten liefert die Materialwirtschaft auch Daten über das Alter einzelner Positionen und über die Altersstruktur des gesamten Lagerbestandes. Die Analyse dieser Zahlen kann wichtig sein für die Planung gezielter Abverkaufs-Aktionen oder das aktive Controlling des Lagerbestandes.

Erkenntnisse über Umschlagshäufigkeit und wiederkehrende saisonale Schwankungen liefern Basisdaten für die Liquiditätsplanung.

Position \ Jahr	n -3	n -2	n -1	Jan.	Febr.	März	——	Dez.
Vorratsentwicklung in €								
				Jahr n				
Vorräte RHB	65.999	101.035	118.819	110.666	90.895	63.254	——	75.346
Bestandsveränderung sel.				-8.153	-19.771	-27.641	——	
Bestandsveränderung kum.	13.086	35.036	17.784	-8.153	-27.924	-55.565	——	-43.473
Vorräte UFE / FE	12.150	65.149	71.946	65.995	30.587	54.032	——	44.897
Bestandsveränderung sel.				-5.951	-35.408	23.445	——	
Bestandsveränderung kum.	-2.172	52.999	6.797	-5.951	-41.359	-17.914	——	-27.049
Gesamtsumme Bestände	78.149	166.184	190.765	176.661	121.482	117.286	——	120.243

Abb. 42: Vorratsentwicklung

4.2.2.1   Roh-, Hilfs- und Betriebsstoffe, Kaufteile

Idealerweise erfolgt die Fortschreibung der Bestände an RHB und Kaufteilen per EDV im Rahmen der Materialwirtschaft. Konkret heißt dies, alle Bewegungen der Lagerbestände werden per EDV erfasst und die Bestände aller Artikel sind aktuell abrufbar. Dies dient zum einen der Disposition und zum anderen der Wertermittlung der Bestände für die Erfolgsrechnung.

Wenn dies nicht möglich ist, sollten zumindest die wichtigsten Positionen monatlich erfasst werden. Oft kann hier eine 80/20 Regel angewendet werden.

80/20 Regel

20 % der eingekauften Materialien machen danach ca. 80 % des gesamten Materialaufwands aus. Diese Artikel sollten entweder monatlich gezählt und bewertet werden, oder, besser noch, die Bestände sollten permanent fortgeschrieben werden.

Die anderen 80 % der gekauften Artikel machen ca. 20 % Materialaufwand aus. Oft sind dies Kleinteile, die zu einem relativ konstanten Warenwert vorhanden sind. Hier wird der Anfangsbestand als Festwert unverändert übernommen. Eine monatliche Inventur ist oft nicht notwendig.

Ungeeignet ist diese Vorgehensweise aber bei Unternehmen ohne Materialwirtschaft, die ein breiter gefächertes und wertmäßig gleichmäßiger verteiltes Einkaufsvolumen haben, so zum Beispiel der Einzelhandel im Textilbereich. Doch gerade hier ist es besonders wichtig, die monatlichen Bestände zu ermitteln, da oft große Mengen in einzelnen Monaten eingekauft werden, die dann über eine ganze Saison (meist sechs Monate) verkauft werden. Der Monat des starken Einkaufs wäre im Ergebnis extrem belastet, während die folgenden Monate deutlich zu gut dargestellt würden. Hier hat sich eine andere Vorgehensweise bewährt: Wir können für den Einzelhandel oft einen über das gesamte Sortiment nahezu identischen Kalkulationsaufschlag ermitteln, der nur durch Sonderverkäufe – und dies we-

Hilfsrechnung im Einzelhandel

niger stark, als zunächst vermutet – beeinflusst wird. Nimmt man diesen Aufschlag für eine Periode als konstant an, kann man über die erzielten Umsätze aus Warenverkäufen zurückrechnen, wie viel Einsatzwaren notwendig waren, um den Periodenumsatz zu erzielen. Die Differenz zwischen diesem errechneten Wareneinsatz und den gebuchten Wareneinkäufen ist mit der Bestandsveränderung der Periode gleichzusetzen.

Beispiel:

	Januar	Februar	März
Umsatz in €	120.000	100.000	150.000
Materialeinkauf	50.000	95.000	40.000
Materialeinsatz bei 50 %	60.000	50.000	75.000
errechnete Bestandsveränderung	10.000	./. 45.000	35.000
Rohertrag	60.000	50.000	75.000
Kosten	52.000	45.000	65.000
Perioden-Ergebnis	8.000	5.000	10.000
Perioden-Ergebnis ohne Bestandsrechnung	18.000	./. 40.000	45.000

4.2.2.2   Unfertige und fertige Erzeugnisse

Bewertung
laufender Aufträge

Gleiches wie für die Bestandsveränderungen bei Roh-, Hilfs- und Betriebsstoffen gilt in abgewandelter Weise für unfertige und fertige Erzeugnisse. Insbesondere bei Unternehmen mit starken Umsatzschwankungen aber konstanter Leistungserbringung können erhebliche Schwankungen in diesem Bestandsbereich entstehen. Bestes Beispiel ist der Großanlagenbau. Möglicherweise arbeitet ein großer Teil des Unternehmens über Monate an einem Projekt. In diesen Monaten wird hierfür kein Umsatz gebucht. Über die bewerteten Bestände an halbfertigen Leistungen fließt diese Leistung in die Ergebnisrechnung ein. Eine sinnvolle Ergebnisrechnung ist nur dann möglich, wenn für die laufenden Aufträge gebuchtes bzw. eingekauftes Material und für den Auftrag erbrachte Leistungen bzw. Stunden ermittelt werden. Entsprechend bewertet ergibt sich für alle im Unternehmen laufenden oder fertig gestellten, aber noch nicht abgerechneten Aufträge der Bestand an Halbfertig- und Fertigerzeugnissen, deren Veränderung in Bezug zur Vorperiode ergebniswirksam ist.

4.2.3 Lohn- und Gehaltsbuchhaltung

Die Lohn- und Gehaltsbuchhaltung erfasst alle finanzwirschaftlichen Daten, die mit dem **Personal** eines Unternehmens zusammenhängen.

In diesem Bereich der Buchhaltung werden sämtliche Stammdaten der Mitarbeiter, alle Mengen an Stunden, Urlaubstagen, Betriebszugehörigkeit und bspw. Krankheitstage verwaltet und dokumentiert. Die verschiedenen Lohn- und Gehaltsbestandteile werden über einzelne Lohnarten abgebildet. Um möglichst viel Transparenz zu schaffen, differenziert man in unterschiedliche Lohnkonten. Beispielsweise werden Gehälter, Löhne, Zulagen, Urlaubsgeld, Weihnachtsgratifikation, soziale Zulagen, Fahrtkosten, etc. auf unterschiedliche Konten gebucht. Diese Aufteilung wird auch in der Kostenrechnung benötigt. Für die Kostenrechnung ist es wichtig, alle Personalkosten möglichst **einzelnen Kostenstellen und Kostenträgern** zuordnen zu können. So wird eine aktive Steuerung von Produktivitätskennzahlen ermöglicht. Details werden unter dem Punkt Kostenträgerrechnung beschrieben.

Für planerische Aufgaben empfiehlt es sich, eine gesonderte **Personalkostenplanung** differenziert nach Mitarbeitern und Gehaltsbestandteilen zu erstellen. Neben der Zuordnung der Mitarbeiter zu bestimmten Kostenstellen spielt für planerische Aufgaben auch die zeitliche Abgrenzung nicht regelmäßiger Zahlungen, im Personalbereich insbesondere ein dreizehntes Monatsgehalt, eine wichtige Rolle. Für alle ergebnisorientierten Planungen sollte das Weihnachtsgeld auf alle Monate verteilt werden. Für die Liquiditätsplanung ist der Auszahlungszeitpunkt entscheidend (siehe hierzu Kapitel 3.3.3).

Personal-kostenplanung

4.2.4 Debitoren- und Kreditorenbuchhaltung

In der Debitoren- und Kreditorenbuchhaltung werden alle **Forderungen und Verbindlichkeiten** aus Lieferungen und Leistungen des Unternehmens geführt. Die möglichst aktuelle tägliche Übersicht über alle Forderungen und Verbindlichkeiten ist ein wichtiges Element der Liquiditätssteuerung. Besonders in schwierigen Zeiten sinkt oft die Zahlungsmoral der Kunden, so dass die Übersicht über die ausstehenden Forderungen und ein entsprechendes Mahnwesen als Teil der Debitorenbuchhaltung an Bedeutung gewinnen. Gerade im Mittelstand scheuen sich heute noch viele Unternehmer, ihre Kunden an die vereinbarten Zahlungsziele zu erinnern. Aber das oberste Ziel muss hier die Sicherung der eigenen Zahlungsfähigkeit sein. Wer eine Leistung erbracht hat, dem steht auch die Gegenleistung in Form einer Zahlung zu. Nach der letzten Novellierung des Insolvenzrechts sind jetzt auch Personengesellschaften schon dann insolvenzantragspflichtig, wenn Zahlungsunfähigkeit droht. Dies

Mahnwesen sollte vorhanden sein

kann bei Zahlungsverzug größerer Kunden schneller eintreten, als
es sich die meisten vorstellen.

Tipp

Ein automatisiertes und geregeltes Mahnwesen zeichnet Sie als gut
organisiertes und professionell arbeitendes Unternehmen aus, denn

»Wer nicht mahnt, bekommt als Letzter sein Geld!«

Wenn Sie Ihren Kunden zu große Zahlungsspielräume gewähren,
gefährden Sie Ihr eigenes Unternehmen mit allen Arbeitsplätzen und
Ihre Fähigkeit, Ihrer Aufgabe als Lieferant für Ihre anderen Kunden
nachkommen zu können.

Denken Sie bei den ausstehenden Forderungen nicht nur an die
dadurch entstehende Liquiditätsbelastung und die daraus resultie-
renden Zinsen, sondern in erster Linie an das Ausfallrisiko. Je länger
die Zahlungsziele und die Überschreitungen sind, desto größer ist das
Risiko. Viele Unternehmen sind schon an hohen Forderungsausfällen
gescheitert.

**Forderungen
versichern**

Mindern kann man dieses Risiko durch den Abschluss einer Forde-
rungsausfallversicherung. Der Versicherer übernimmt den gesamten
Forderungsbestand ab einer Antragsgrenze (z.B. Kunden ab einem Saldo von 10.000 €). Einzelrisiken können i.d.R. nicht versichert werden.
Die Versicherungsprämie ist umsatzabhängig. Üblich ist eine Selbstbe-
teiligung von 20% der eventuellen Ausfallsumme. Erfahrungsgemäß
ist eine solche Ausfallversicherung mit hohen Kosten verbunden.

4.2.5   Finanzbuchhaltung

In der Finanzbuchhaltung werden alle finanzwirtschaftlichen Vorgänge im Unternehmen zusammengefasst, die aus den bereits beschriebenen Teilbereichen der Buchhaltung übernommen werden.
Sie sollte möglichst tagesgenau geführt werden. Dadurch ist es möglich, sämtliche relevanten Unternehmensdaten aktuell abzurufen.

Die Finanzbuchhaltung wird in der **Betriebswirtschaftlichen
Auswertung** (BWA), zu einer kurzfristigen Erfolgsrechnung verdichtet. Dies bedeutet, dass einzelne Konten zu einer Summe zusammengefasst werden, z.B. alle Umsatzkonten in eine Umsatzsumme,
alle Wareneinkäufe zu einem Materialaufwandskonto; die Personalkosten werden in einer Zeile als »Personalaufwand« zusammengefasst. Nach Abschluss aller Buchungen zum Monatsende sollte eine
BWA erstellt werden. Die meisten Buchhaltungsprogramme haben
eine entsprechende Anwendungsmöglichkeit vorgesehen.

An dieser Stelle möchten wir nochmals darauf hinweisen, dass es notwendig ist, die Bestandsveränderung an RHB, Kaufteilen, UFE und FE zu ermitteln und zu buchen. Zur detaillierten Vorgehensweise s. Kapitel 4.2.2. Ferner ist es notwendig, monatliche Abgrenzungen wie Abschreibungen, Zinsen, Urlaubs- und Weihnachtsgeld vorzunehmen, um ein korrektes Monatsergebnis auszuweisen.

Abgrenzungen für die BWA bilden

Die BWA stellt einen **monatlichen Statusbericht** über die Situation des Unternehmens dar. Die Gegenüberstellung von Ist-Zahlen und Planzahlen und der zusätzliche Vergleich mit Vorjahreszahlen stellt ein wichtiges Controlling-Instrument dar (s. Kapitel 5).

4.3   Kostenrechnung

Um über die Finanzbuchhaltung hinausgehende Erkenntnisse über die Vorgänge im Unternehmen zu erhalten, müssen die **Aufwendungen und Erlöse** differenzierter erfasst und einzelnen **Kostenstellen oder Kostenträger** im Unternehmen zugeordnet werden. Dies erfolgt innerhalb des innerbetrieblichen Rechnungswesens in der Kostenrechnung. Damit ist die Kostenrechnung der zentrale Bestandteil des Rechnungswesens. Mit ihr werden die Kosten für die Erstellung einzelner Leistungen (z. B. eines Produkts) oder eines Bereiches, z. B. eines Profit Centers, ermittelt bzw. ausgewertet. Des Weiteren sorgt die Kostenrechnung für Transparenz in Ihrem Unternehmen. Durch die Verteilung **direkter und indirekter Kosten** auf Kostenstellen und Kostenträger erhalten Sie wichtige Informationen über die Wirtschaftlichkeit der einzelnen Geschäftsbereiche bzw. einzelner Produkte.

Bedeutung der Kostenrechnung

Die Kostenrechnung dient dabei sowohl der Planung zukünftiger Entscheidungssituationen als auch der Kontrolle bereits laufender unternehmerischer Prozesse.

Entsprechend den Fragen

- Welche Kosten? – Kostenartenrechnung,
- Wo? – Kostenstellenrechnung,
- Wofür? – Kostenträgerrechnung

lässt sich die Kostenrechnung in die Stufen Kostenartenrechnung – Kostenstellenrechnung – Kostenträgerrechnung (s. Abb. 43) aufteilen.

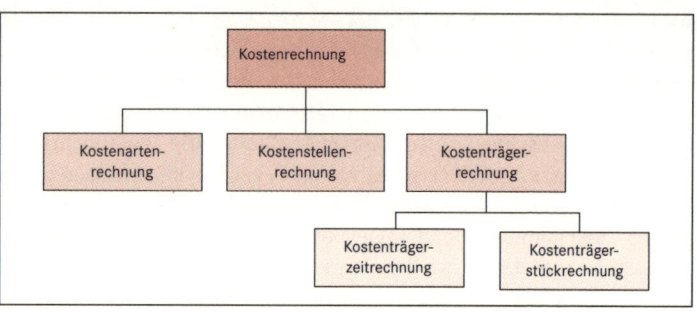

Abb. 43: Stufen der Kostenrechnung

Leistungsrechnung

Werden nicht nur die Kosten, sondern auch die Leistungen der einzelnen Betrachtungsobjekte ermittelt, so spricht man nicht mehr nur von der Kostenrechnung, sondern von der Kosten- und **Leistungsrechnung**. Dabei werden durch Gegenüberstellung des Wertes der erzeugten Leistungen und des Wertes der verbrauchten Produktionsfaktoren die kalkulatorischen Erfolge der Produkte ermittelt. Auch aus der Kosten- und Leistungsrechnung lässt sich durch Zusammenfassung aller Einzelerfolge eine Erfolgsrechnung für das gesamte Unternehmen aufbauen.

Insgesamt ist die Kostenrechnung mit all ihren Teilrechnungen der wesentliche Datenlieferant für das Controlling. Die Abgrenzung zwischen differenzierter und detaillierter Kostenrechnung und dem Begriff Controlling ist dabei fließend. So kann eine gut ausgebaute Kostenstellenrechnung mit differenzierter Abweichungsanalyse und entsprechender Leistungsbeurteilung der einzelnen Kostenstellen im einen Betrieb dem Bereich Kostenrechnung zugerechnet werden, während der andere in diesem Zusammenhang bereits von einem Teil des Controlling spricht.

Ziel der Kostenrechnung

Wichtig ist es, das primäre Ziel im Auge zu behalten. Die Kostenrechnung liefert eine Fülle von Daten und Zahlen, die wir durch geeignete Instrumente (Instrumente der Kostenrechnung oder Controllinginstrumente) aufbereiten müssen, um daraus Erkenntnisse für die gegenwärtige Situation und die Möglichkeiten der zukünftigen Verbesserung für unser Unternehmen zu gewinnen.

4.3.1 Kostenartenrechnung

Erste Stufe der Kostenrechnung ist die Kostenartenrechnung, in der alle während einer Abrechnungsperiode im Betrieb anfallenden Kosten **vollständig, eindeutig und überschneidungsfrei** erfasst und nach Kategorien gegliedert werden. Die einzelnen Kostenkategorien (Löhne, Gehälter, Raumkosten, Provision, etc.) nennt man dabei Kostenarten. In den meisten Fällen sind auch die Konten der Finanzbuchhaltung nach Kostenarten gegliedert, aus der auch die meisten Daten für die Kostenartenrechnung übernommen werden. In der Praxis der KMU sind die Kostenartenrechnung und die Kostenerfassung in der Buchhaltung deshalb kaum zu trennen.

Die Daten der Buchhaltung sollten um **kalkulatorische Kosten** (kalkulatorische Abschreibungen, Zinsen, Unternehmerlohn, etc.) ergänzt werden, die teilweise aus der Anlagenbuchhaltung oder aus der Finanzierungsübersicht abgeleitet werden. In vielen kleinen und mittleren Betrieben, in denen es keine eingeführte Kostenstellen- und Kostenträgerrechnung gibt, ist die Kostenartenrechnung auf Basis der Kosten- und Erlöserfassung – meist in der Gliederungsform der BWA – der einzige Ansatzpunkt für eine Kostenplanung und für Kontrollen und Analysen im Sinne eines Kostencontrollings. Zeitvergleiche über mehrere Perioden und daraus ermittelte Abweichungen bei einzelnen Kostenarten können erste Hinweise auf mögliche Unwirtschaftlichkeiten geben. Der relative Anteil einzelner Kostenarten an den Gesamtkosten lässt sich gut nutzen für Betriebsvergleiche.

Kalkulatorische Kosten

In größeren Unternehmen dient die Kostenartenrechnung ausschließlich dazu, alle anfallenden Kosten zu sammeln, nach Kostenarten zu gliedern und an die nachgelagerten Kostenstellen bzw. Kostenträger weiter zu verrechnen.

Kosten sammeln und zuordnen

Die Kostenarten können dabei, stark vereinfacht, nach verschiedenen Kriterien untergliedert werden:

- Nach der Art der **verbrauchten Produktionsfaktoren** kann man z. B. Personal-, Sach-, Kapital-, Dienstleistungskosten und Kosten für Steuern, Gebühren und Beiträge unterscheiden.
- Nach **Funktionen**, z. B. in Beschaffung, Lager, Fertigung, Verwaltung und Vertrieb.
- **Primäre Kosten** entstehen für Güter und Leistungen, die ein Unternehmen von außen bezieht, zum Beispiel Löhne und Materialkosten.
- **Sekundäre Kosten** entstehen durch den Wiedereinsatz von im Betrieb erstellten Gütern und Leistungen, zum Beispiel selbst ausgeführte Reparaturen oder weiterberechnete Verwaltungsaufwendungen.
- **Direkte Kosten** oder Einzelkosten sind den Kostenträgern (Produkten) direkt zuordenbare Kosten und werden, wenn möglich, auch auf den Kostenträger gebucht. Dies sind zum Beispiel direkt zuordenbare Material- und Fremdleistungskosten.
- **Indirekte Kosten** oder Gemeinkosten sind den Kostenträgern nicht direkt zuordenbar und werden auf Gemeinkostenkonten gebucht, z. B. die Stromrechnung oder in den meisten Fällen auch die Personalkosten.

- **Variable Kosten** entstehen in Abhängigkeit von der Ausbringungsmenge der erstellten Leistungen, zum Beispiel Materialkosten, Löhne und Energiekosten für Maschinen.
- **Fixe Kosten** fallen unabhängig von der Ausbringungsmenge immer in gleicher Höhe an. Hierzu zählen Mieten, Gebühren und ein Großteil der Verwaltungskosten.

Kostenarten sinnvoll zusammenfassen

Für das spätere Controlling der Kosten- und Erlösarten ist es wichtig, dass Kosten und Erlöse, die geplant werden, später in der Buchhaltung und damit auch in der Kostenartenrechnung eindeutig und problemlos erfasst werden können. Anders gesagt macht es keinen Sinn, eine Kostenart detailliert zu planen, wenn später die Istwerte nicht genauso detailliert erfasst werden können. Außerdem sollte man darauf achten, dass sowohl bei der Kostenplanung als auch beim Aufbau des Kontenrahmens der Buchhaltung kleinere Kostenarten sinnvoll zusammengefasst werden, da sonst die Übersichtlichkeit schnell verloren geht. Müssen Daten manuell von der Buchhaltung in einen Soll-Ist-Vergleich übertragen werden, ist eine zu starke Aufteilung auch mit einem zu großen Arbeitsaufwand verbunden.

Betriebsabrechnungsbogen

Treten Fehlbuchungen oder die fehlerhafte Zuordnung von Kosten zu Kostenarten bei späteren Soll-Ist-Vergleichen zu Tage, ist die Fehlersuche oft sehr zeitintensiv ist. Eine fehlerfreie und genaue Kontierung in der Buchhaltung ist daher unerlässlich für einen reibungsfreien und zeitnahen Controlling-Prozess.

4.3.2   Kostenstellenrechnung

Die Kostenstellenrechnung hat im Anschluss an die Kostenartenrechnung zunächst die Aufgabe, festzustellen, wo die Kosten im Unternehmen angefallen sind. In der Praxis wird dies mit dem **Betriebsabrechnungsbogen** (s. Abb. 44 und 45) ermittelt. Dabei werden direkte und indirekte Kosten auf die **Orte ihrer Verursachung** verteilt. Ab einer bestimmten Betriebsgröße reicht die Erkenntnis, dass z.B. die Personalkosten insgesamt übermäßig stark gestiegen sind, nicht mehr aus, sondern es stellt sich die Anschlussfrage, wo im Unternehmen diese Steigerung im Einzelnen stattgefunden hat.

Dies setzt natürlich voraus, dass im Unternehmen entsprechende Kostenstellen gebildet worden sind, auf die die in der Kostenartenrechnung gesammelten Kosten zweifelsfrei und vollständig weiterverrechnet werden können. Geschieht dies nicht nur für die Ist-Werte der Vergangenheit, sondern wird auch im Voraus eine Kostenplanung für alle Kostenstellen erarbeitet, ist es besonders wichtig, dass die Kostenstellen mit den Verantwortungsbereichen des Unternehmens deckungsgleich sind. Erst dann lassen sich sinnvolle Wirtschaftlichkeitsbetrachtungen und Soll-Ist-Vergleiche anstellen.

Aber auch bei der Bildung von Kostenstellen sollte die Übersichtlichkeit erhalten bleiben. Eine zu feine Gliederung des Unternehmens ist eher kontraproduktiv.

Bei allen Kostenstellen, die direkt mit der Leistungserstellung der Produkte des Unternehmens in Verbindung stehen, ist darauf zu achten, dass eine eindeutige proportionale Beziehung zwischen den Kosten der Kostenstelle und den erstellten Leistungen besteht. Zweite wichtige Aufgabe der Kostenstellenrechnung ist die Ermittlung von Zuschlags- und Verrechnungssätzen, um zu bewerten, mit welchen Kosten die Kostenstelle an der Erstellung der Leistungen (Kostenträger) beteiligt ist. In diesem Zusammenhang wird die Kostenstellenrechnung auch oft als Bindeglied zwischen der Kostenartenrechnung und der Kostenträgerrechnung bezeichnet.

Beziehung zwischen Kosten und Leistungen

Für das spätere Controlling der Kostenstellen ist es wichtig, dass die Struktur der Kostenstellen, und vor allem die Verrechnungsprinzipien der innerbetrieblichen Leistungsverrechnung, möglichst lange konstant gehalten werden. Es ist offensichtlich, dass sowohl Zeitvergleiche als auch Soll-Ist-Vergleiche nach einer Umgestaltung der Kostenstellenstruktur oder Änderung der Verrechnungsprinzipien nur noch mit aufwendigen Hilfsrechnungen möglich sind. Änderungen sollten somit gut überlegt und, sofern notwendig, nur zum Ende bzw. Beginn einer Planungsperiode (Geschäftsjahre) durchgeführt werden.

Der Betriebsabrechnungsbogen

Den Betriebsabrechnungsbogen, der die eigentliche Rechenoperation der Kostenstellenrechnung darstellt, kann man sich als eine Art Kosten-Sammelbogen vorstellen, bei dem in der Vertikalen die Kostenarten und in der Horizontalen die Kostenstellen abgebildet werden. Ziel der Betriebsabrechnung ist es, möglichst alle Kosten im so genannten **Stufenleiterverfahren** auf diejenigen Kostenstellen zu verteilen, die direkt mit dem Leistungserstellungsprozess verbunden sind. Diese Kostenstellen nennt man auch **Hauptkostenstellen bzw. Endkostenstellen.** Von links beginnend werden die Kosten der allgemeinen Kostenstellen und der Hilfskostenstellen mit Hilfe von geeigneten Schlüsseln (Bezugsgrößen), die nach Möglichkeit dem Prinzip der Kostenverursachung Rechnung tragen sollen, auf die weiter rechts stehenden Fertigungskostenstellen verteilt. Dadurch wird jede Kostenstelle mit dem Anteil jeder Kostenart bzw. den Kosten einer vorgelagerten Kostenstelle belastet, die sie auch verursacht hat. Beispielsweise sind die Raumkosten in den Kostenarten Miete, Reinigungskosten und Instandhaltung für Gebäude gesammelt. Kennt man die Quadratmeterfläche, die von den einzelnen Fertigungskostenstellen genutzt wird, kann man die Raumkosten über

Weiterverteilung der Kosten

den Schlüssel »genutzte Fläche« im Verhältnis zur »Gesamtfläche« den einzelnen Kostenstellen zuordnen.

Kostenstellen / Kostenarten		Hilfskostenstellen	Hauptkostenstellen
1. Primäre (Stellen-) Kosten	Stelleneinzel-kosten	Verteilung der primären Gemeinkosten auf die Kostenstellen	
	Stellengemein-kosten		
2. Sekundäre (Stellen-)Kosten		Durchführung der innerbetrieblichen Leistungsverrechnung	
			3. Ermittlung von Kalkulationssätzen
			4. Kostenkontrolle

Abb. 44: Formaler Aufbau des Betriebsabrechnungsbogens
(s. W. Eisele, 6. Auflage 1999, S. 661)

Hat man als Basis für die Kalkulation der Produkte nicht die Ist-Werte der Vergangenheit, sondern die Plankosten aus der Kostenplanung gewählt, wird natürlich auch die Aufstellung des Betriebsabrechnungsbogens mit den zur Verfügung stehenden Plankosten durchgeführt.

Die **Einzelkosten** der Kostenstellen werden direkt für die Kostenstellen erfasst. Aus Übersichtsgründen kann man aber auch die Einzelkosten im BAB mitführen, da auch sie Grundlage für die Errechnung der Zuschlagssätze sind.

Aufbau des BAB

Die Erstellung des BAB lässt sich konkret in vier Schritte gliedern (s. auch Abb. 44):
1. Die Kosten aus der Kostenartenrechnung werden auf die Kostenstellen verteilt (Primärkostenrechnung).
2. Daran anschließend werden die Kosten der Hilfskostenstellen auf die Hauptkostenstellen umgelegt. Das Ergebnis dieser innerbetrieblichen Leistungsverrechnung stellt die sekundären Gemeinkosten je Kostenstelle dar. Um die Summe der Gemeinkosten pro

Hauptkostenstelle zu erhalten, müssen die jeweiligen primären und sekundären Gemeinkosten addiert werden.

3. Im dritten Schritt werden Kalkulationssätze ermittelt. Dies können beispielsweise Maschinenstundensätze sein oder Zuschlagsätze bezogen auf eine bestimmte Basis (Materialkosten, Fertigungskosten, etc.).

4. Der letzte Schritt dient der Kostenkontrolle durch das Gegenüberstellen der tatsächlich entstandenen Ist-Kosten und der verrechneten Normal- oder Plankosten.

Nach dem Aufbau der Struktur des BAB und der Definition der Kostenstellen sieht die Vorgehensweise in der Praxis wie folgt aus (die einzelnen Schritte sind in der Abb. 45 gekennzeichnet):

1. Übernahme der Plan-GuV für ein Geschäftsjahr in den BAB;

2. Materialaufwendungen werden der Materialkostenstelle zugeordnet.

3. Die Löhne und Gehälter werden auf die einzelnen Kostenstellen verteilt. Dies geschieht am besten im Modul Personalkostenplanung. Manche Personen arbeiten in verschiedenen Bereichen. Diese Kosten werden dann anteilig zugeordnet.

4. Verteilung der übrigen Kosten auf die Kostenstellen anhand unterschiedlicher Verteilungsschlüssel, z. B. nach Fläche für die Raumkosten oder nach realem Kostenanfall für die Leasingaufwendungen.

5. Umlage der Hilfskostenstellen wie Fuhrpark und Lager auf die Hauptkostenstellen.

Aus den so ermittelten Gesamtkosten der Kostenstellen (letzte Zeile) können dann je nach Kalkulationsmethode die **Stunden-** und **Zuschlagssätze** errechnet werden.

Da der Betriebsabrechnungsbogen wichtige Grundlage für die Kostenträgerrechnung und damit für die Kalkulation der Produkte ist, hat das Controlling hier die Aufgabe, ständig zu überwachen, ob die gewählten Bezugsgrößen und Verrechnungsmodalitäten den tatsächlichen Güter- und Leistungsverbrauch der Kostenstellen darstellen. Oft erleben wir, dass die Bezugsgrößen und Verrechnungsprinzipien, einmal eingeführt, über Jahre nicht angepasst werden und dann mit Stunden- und/oder Zuschlagssätzen kalkuliert wird, die vollkommen veraltet sind und die Realitäten im Unternehmen nicht mehr abbilden.

Bezugsgrößen und Verrechnungsmethoden aktualisieren

Kostenstelle, Beiträge in €	Plan-kosten ①	Material ②	Fertigung I	Fertigung II	Fuhrpark	Verw.	Vertrieb	Summe
RHB, bez. Waren		50.967						50.967
Anzahl Mitarbeiter			5,6	6,4	1,7		1	4
Fertigungsstunden (Jahr/MA)			1.450	1.450	1.450			4.350
Kalk. Unternehmerlohn						0		0
Gehälter ③	109.451					100.659	8.792	109.451
Löhne ③	459.879		236.996	166.708	56.174			459.879
Sonstige Personalkosten								0
Summe	569.330	50.967	236.996	166.708	56.174	100.659	8.792	620.297
Abschreibungen ④	40.440		4.044	4.044	6.470	25.882	0	40.440
Raumkosten	125.907		54.140	54.140	1.889	15.738	0	125.907
Vers./Beiträge	8.338		0	0	0	8.338	0	8.338
Besondere Kosten	0		0	0	0	0	0	0
Kfz-Kosten	82.284		8.228	8.229	49.370	16.457	0	82.284
Werbung/Reisekosten	5.903		0	0	0	0	5.903	5.903
Kosten Warenabgabe	0		0	0	0	0	0	0
Reparatur/Instandhaltung	6.535		2.661	2.662	0	1.212	0	6.535
Porto	3.049		0	0	0	3.049	0	3.049
Telefon	1.511		0	0	0	1.511	0	1.511
Bürobedarf	0		0	0	0	0	0	0
EDV-Kosten	6		0	0	0	6	0	6
Zeitschriften, Bücher	19.321		0	0	0	19.321	0	19.321
Rechts-/Beratungskosten	2.500		0	0	0	2.500	0	2.500
Abschluss- und Prüfungsk.	0		0	0	0	0	0	0
Buchführungskosten	0		0	0	0	0	0	0
Mieten für Einrichtungen	20.626		4.768	14.303	0	1.555	0	20.626
Nebenkost. d. Geldverkehrs	2.258		0	0	0	2.258	0	2.258
Sonstige Kosten	0		0	0	0	0	0	0
Werkzeuge und Kleingeräte	1.691		845	846	0	0	0	1.691
Mietleasing	0		0	0	0	0	0	0
EWB/PWB/AV/UV								
Zinsen	17.276		6.910	6.911	0	0	3.455	17.276
Summe Aufwendungen	337.645		81.596	91.135	57.729	97.827	9.358	337.645
Summe direkte Kosten	906.975	50.967	318.592	257.843	113.903	198.486	18.150	957.942
Umlagen ⑤								0
Fuhrpark	113.903	→ 0	101.374	12.529	(113.903)	0	0	0
Verwaltung	198.486	→ 0	138.940	59.546	0	(198.485)	0	0
Vertrieb	18.150	→ 0	18.150	0	0	0	(18.150)	0
Summe Umlagekosten	330.539	0	258.464	72.075	0	(198.485)	(18.150)	0
Gesamtkosten der KSt		50.967	577.056	329.918	0	0	0	957.942

Abb. 45: Beispiel Betriebsabrechnungsbogen

4.3.3   Kostenträgerrechnung

Aufgabe der Kostenträgerrechnung ist es, alle mit der Produktion und dem Absatz der Erzeugnisse in Verbindung stehenden Kosten je Produkteinheit oder für Gruppen von Produkteinheiten zu ermitteln.

Dabei baut die Kostenträgerrechnung auf der Kostenarten- und der Kostenstellenrechnung auf (s. Abb. 46).

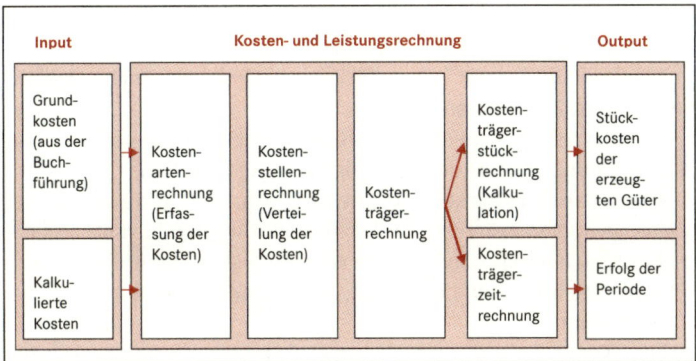

Abb. 46: Sektoren der Kosten- und Leistungsrechnung (s. W. Eisele, 6. Auflage 1999, S. 627)

Davon ausgehend, dass ein Produkt immer ein Kostenträger ist und die Erstellung eines Produktes immer durch einen Auftrag ausgelöst wird, kann vereinfacht angenommen werden, dass die Kostenträgerrechnung (s. Abb. 47) nichts anderes als die Kalkulation der Produkte bzw. der Aufträge (Fertigungsaufträge) ist.

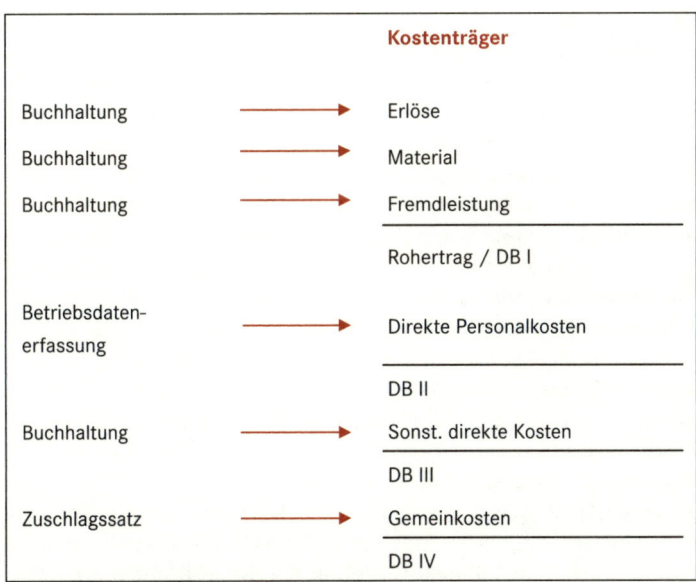

Abb. 47: Schema der Kostenträgerrechnung

Ziel der Auftragskalkulation und Auftragsergebnisrechnung ist zunächst die Ermittlung und Aufstellung aller in einen Auftrag einfließenden Einsatzgüter und deren Bewertung. Die so erhaltenen Kosten des Auftrages werden dann in der Auftragsergebnisrechnung dem vereinbarten bzw. erzielten Verkaufspreis gegenübergestellt.

Die Kostenträgerrechnung insgesamt lässt sich nach verschiedenen Kriterien gliedern.

Differenzierung der Kostenträgerrechnung

Eine erste Unterscheidung wird zwischen der Kostenträgerstückrechnung und der Kostenträgerzeitrechnung getroffen.

1. Die **Kostenträgerstückrechnung** ermittelt die Kosten der betrieblichen Leistung. Dazu werden die Einzelkosten aus der Kostenartenrechnung und die Gemeinkosten, die in der Kostenstellenrechnung den einzelnen Produkten zugerechnet wurden, übernommen.

2. Die **Kostenträgerzeitrechnung** (Betriebsergebnisrechnung) hingegen berechnet den betrieblichen Periodenerfolg. Da die Perioden (meist Monate), in denen die Kostenträgerzeitrechnung durchgeführt wird, kürzer sind als die Abschlussintervalle im externen Rechnungswesen (meist nur einmal pro Jahr), wird sie auch als kurzfristige Erfolgsrechnung bezeichnet.

Vor- und Nachkalkulation

Zeitlich kann vor und/oder nach dem Produktionsprozess kalkuliert werden. Entsprechend wird von Vor- und Nachkalkulation gesprochen. Die **Vorkalkulation** dient in erster Linie dazu, die notwendigen Verkaufspreise für die zu erstellenden Produkte zu ermitteln. Die **Nachkalkulation** ermittelt die tatsächlich angefallenen Kosten. Im Vergleich zu den erzielten Umsatzerlösen dient sie der Erfolgsrechnung. Der Vergleich von Vor- und Nachkalkulation lässt Aussagen über die Wirtschaftlichkeit der Fertigungs- und Vertriebsprozesse zu. Wann, zu welchem Zweck und in welcher Genauigkeit im Unternehmen kalkuliert wird, hängt sehr vom Unternehmen und der Branche ab, in der das Unternehmen tätig ist. Bei Einzel- oder Serienfertigung, bei der Angebote verbindlich sind, spielt die genaue Vorkalkulation eine große Rolle. Die Nachkalkulation dient dann nur noch intern der Wirtschaftlichkeitskontrolle und liefert Hinweise für Verbesserungen bei zukünftigen Aufträgen. Hat das Angebot jedoch eher unverbindlichen Charakter und wird nach tatsächlichem Aufwand abgerechnet, ist die lückenlose Nachkalkulation das entscheidende Instrument.

Zur Durchführung der eigentlichen Kalkulation gibt es im Prinzip zwei relevante Kalkulationsverfahren:

Kalkulationsmethoden

1. Vereinfacht gesagt werden bei der **Divisionskalkulation** alle innerhalb einer Abrechnungsperiode für die Erstellung eines Produktes angefallenen Kosten durch die während dieses Zeitraums insgesamt ausgebrachte Menge dividiert.

2. Bei der **Zuschlagskalkulation** – dem am häufigsten angewandten Kalkulationsverfahren – werden kostenträgerbezogene Einzel- und Gemeinkosten unterschieden. Als Einzelkosten werden Material-, Fertigungs- und Vertriebseinzelkosten unmittelbar für die einzeln zu kalkulierenden Kostenträger erfasst. Die Gemeinkosten werden mit Hilfe prozentualer Zuschlagsätze separat hinzugerechnet. Die Materialgemeinkosten werden ins Verhältnis zur Summe der Materialeinzelkosten gesetzt, woraus sich der Materialgemeinkostenzuschlag errechnet.

Bei der Zuschlagskalkulation kann weiter unterschieden werden, ob auf Vollkosten- oder auf Teilkostenbasis kalkuliert wird. Bei der Vollkostenrechnung wird im Gegensatz zur Teilkostenrechnung bei den Gemeinkosten nicht zwischen variablen – also von der Produktionsmenge abhängigen – und fixen – also von der Produktionsmenge unabhängigen – Gemeinkosten unterschieden. Die folgenden Abschnitte beziehen sich überwiegend auf die Vorgehensweise der Vollkostenrechnung. Die Teilkostenrechnung wird im Abschnitt »Deckungsbeitragsrechnung« näher erläutert.

4.3.3.1 Divisionskalkulation

Die einstufige Divisionskalkulation als ältestes und einfachstes Kalkulationsverfahren ist ursprünglich für Betriebe konzipiert worden, die nur ein Produkt in gleich bleibender Fertigungsweise herstellen. In der einfachsten Form werden alle in einer Periode angefallenen Kosten durch die produzierte Menge dividiert.

Kosten pro Stück

$$\frac{\text{Gesamtkosten der Periode}}{\text{Produktionsmenge}} = \text{Kosten pro Stück}$$

Daraus ergeben sich die Kosten pro Stück. Eine Trennung in Kostenträgereinzel- und Kostenträgergemeinkosten sowie in fixe und variable Kosten ist bei diesem Verfahren nicht notwendig. Auf die der Kostenträgerrechnung vorgeschalteten Systeme der Kostenarten- und Kostenstellenrechnung kann verzichtet werden. Als Beispiel für Unternehmen, die so einfach kalkulieren können, wird immer wieder die Energieerzeugung genannt.

Einstufig

Grenzen findet dieses einfache Kalkulationsverfahren aber schon dann, wenn die Beschaffungs-, Produktions- und Absatzmengen einer Periode nicht übereinstimmend sind, wenn also ein Fertigwarenlager zwischengeschaltet ist oder wenn Rohstoffe über Lager genommen werden.

Mehrstufig

Dann müssen im Rahmen einer mehrstufigen Divisionskalkulation die Bereiche Beschaffung, Fertigung und Vertrieb rechnerisch auseinander gehalten werden. Es kommt zu einer einfachen Art der Kostenstellenbildung, um die Kosten dieser Bereiche getrennt erfassen zu können. Die Kosten der Beschaffung werden dann durch die Beschaffungsmenge, die Kosten der Fertigung durch die Fertigungsmenge und die Vertriebskosten durch die abgesetzte Menge dividiert. Die Einzelwerte werden zu den Stückkosten addiert.

$$\frac{\text{Beschaffungskosten}}{\text{Beschaffte Menge}} + \frac{\text{Produktionskosten}}{\text{Produzierte Menge}} + \frac{\text{Vertriebskosten}}{\text{Verkaufte Menge}} = \text{Kosten pro Stück}$$

Diese Systematik lässt sich natürlich weiter ausdehnen. So können z.B. auch mehrere nacheinander durchlaufene Fertigungsprozesse kalkuliert werden.

Äquivalenzziffern-rechnung

Die am weitesten entwickelte Form der Divisionskalkulation ist die sog. **Äquivalenzziffernrechnung**. Sie kommt in Betrieben zum Einsatz, in denen zwar nur ein Produkt, aber in verschiedenen Sorten (Qualitäten, Abmessungen oder Größen) hergestellt wird. Die Sorten müssen in einer festen Kostenrelation zueinander stehen (Beispiel: Blechwalzwerke oder auch Brauereien). Das Kostenverhältnis der verschiedenen Sorten untereinander (die Äquivalenzziffer) wird durch Beobachtung und, wo möglich, durch Messung ermittelt.

Die Rechenweise der Äquivalenzziffernrechnung lässt sich am besten an einem einfachen Beispiel darstellen. Denken wir an eine Brauerei, die drei verschiedene Biersorten herstellt (s. folgende Tabelle).

Produkt	Äqui-Ziffer.	Menge in hl	Recheneinheiten (ÄZ x Menge)	Kosten je RE	Kosten pro hl (ÄZ x Kosten RE)	Kosten je Sorte
Biersorte A	0,8	20.000	16.000	15	12	240.000 €
Biersorte B	1,0	40.000	40.000	15	15	600.000 €
Biersorte C	1,5	16.000	24.000	15	22,5	360.000 €
SUMME		**76.000**	**80.000**			**1.200.000 €**

$$\frac{\text{Gesamtkosten}}{\text{Summe der RE}} \quad \frac{1.200.000}{80.000} \qquad = 15 \text{ € pro RE}$$

Bei einfacher Divisionskalkulation hätte sich ergeben:

$$\frac{\text{Gesamtkosten}}{\text{Menge in hl}} \quad \frac{1.200.000}{76.000} \qquad = 15,78 \text{ € pro hl egal welcher Sorte}$$

4.3.3.2 Zuschlagskalkulation

Im Gegensatz zu den einfachen Systemen der Divisionskalkulation werden bei der Zuschlagskalkulation die Kosten in so genannte **Einzelkosten**, die dem Kostenträger direkt zugerechnet werden, und so genannte **Gemeinkosten**, die indirekt mit Hilfe von Bezugsgrößen und Zuschlägen verrechnet werden, aufgeteilt. Die Zuschlagskalkulation kommt immer dann zum Einsatz, wenn verschiedene Arten von Produkten in mehrstufigen Produktionsprozessen gefertigt werden. Dies trifft auf die meisten Unternehmen zu, in denen in Serien- oder Einzelfertigung produziert wird.

Um dem Ziel gerecht zu werden, dass jedem Produkt die Kosten zugeordnet werden, die es auch tatsächlich verursacht hat, ist es notwendig, möglichst viele Kosten als Einzelkosten zu erfassen, da die Verrechnung aller nicht direkt verrechenbaren Einzelkosten über die Schlüsselung als zu verrechnende Gemeinkosten gewisse Ungenauigkeiten mit sich bringt. Je höher die zu verrechnenden Gemeinkosten im Vergleich zu den Einzelkosten sind, desto höher werden die Zuschlagsätze und damit die Ungenauigkeiten.

Besonders wichtig ist in diesem Zusammenhang die **Wahl der richtigen Bezugsgröße**. In einer hoch automatisieren Fertigung mit teuren Maschinen macht es beispielsweise heute keinen Sinn mehr, wie früher die Fertigungslöhne als Bezugsbasis zu wählen und die Maschinenkosten (Abschreibungen, Energiekosten, Betriebsstoffe, etc.) über Zuschläge hinzuzurechnen. Bei diesem Vorgehen können Zuschläge von weit über 1.000 % entstehen, die zu einem hohen Risiko an Ungenauigkeit führen. Es ist dann sinnvoll, Maschinenstundensätze zu ermitteln und die untergeordneten Lohnkosten für die Bedienung der Maschinen über Zuschlagssätze zuzurechnen.

In der Praxis wird man mehrere Gruppen von Gemeinkosten innerhalb der Kostenarten- und Kostenstellenrechnung bilden (s. Abb. 48), die im Verlauf des Leistungserstellungsprozesses verschiedenen Zwischensummen der Kostenträgereinzelkosten zugeschlagen werden.

Die Kosten des Rohstofflagers (Raumkosten, Lagerarbeiter, Gabelstapler) eines Jahres werden beispielsweise ins Verhältnis zur Summe der Materialeinkaufsaufwendungen eines Jahres gesetzt. Der so ermittelte Prozentsatz wird als Materialgemeinkostenzuschlag den Materialeinzelkosten bei jedem Auftrag hinzuaddiert, woraus sich die Summe der Materialkosten für einen Auftrag ergibt.

Kosten verursachungsgerecht zuordnen

Wahl der richtigen Bezugsgröße

Gemeinkostengruppe	Abkürzung	Bezugsgröße	Beispiele von Kostenarten
Materialgemeinkosten	MGK	Materialeinzelkosten	Raumkosten des Lagers, Lagerarbeiter, Gabelstapler
Fertigungsgemeinkosten	FGK	Fertigungseinzelkosten	Energie, Wartung und Instandhaltung, Kleinwerkzeuge
Verwaltungsgemeinkosten	VwGK	Herstellkosten	Raumkosten der Verwaltung, EDV, Telefon, externe Buchhaltung, Abschlusskosten
Vertriebsgemeinkosten	VtGK	Herstellkosten	Werbung und Reisekosten, Fahrzeugkosten

Abb. 48: Gemeinkostengruppen

Die Ermittlung der Zuschlagssätze kann dabei aufgrund von Vorjahreswerten oder besser aufgrund der erstellten Budgetplanung des betreffenden Jahres erfolgen. Die Zuschläge sind so festzusetzen, dass eine Kostendeckung dieser Kostenstellen gewährleistet wird. Die Zuschlagskalkulation für einen Auftrag oder ein Produkt folgt dann nachstehendem Schema:

Die Ermittlung der Selbstkosten und im Weiteren des Angebotspreises beginnt mit dem bewerteten Verbrauch von Materialien, die als Kostenträgereinzelkosten aus der Materialwirtschaft übernommen werden. Hinzugerechnet werden die Materialgemeinkosten. Danach kommen gegebenenfalls die Fremdleistungen oder Fremdarbeitskosten aus entsprechenden Angeboten der Lieferanten hinzu. Als Summe ergeben sich die **Materialkosten**. Als Nächstes werden die mit den Verrechnungssätzen (meist Stundensätzen) der Fertigungskostenstellen bewerteten Leistungen der Fertigung den Aufträgen zugerechnet, ergänzt um die **Fertigungsgemeinkosten**. Summe sind die Fertigungskosten. Abschließend kommen **Versand- und Vertriebskosten** hinzu, bevor man zu den **Selbstkosten** eines Auftrages gelangt.

Der **Angebotspreis** für ein Produkt oder für einen Auftrag setzt sich schließlich aus den Selbstkosten, den zu erwartenden Erlösschmälerungen und dem Gewinnzuschlag zusammen. Dieser Preis dient in einer marktwirtschaftlich orientierten Wirtschaftsordnung als Preisuntergrenze und somit als Orientierungshilfe bei der Preisverhandlung mit dem Kunden. Zu differenzieren ist hierbei, ob in der Kalkulation mit Vollkosten oder im Sinne einer Deckungsbeitragsrechnung mit Teilkosten kalkuliert wurde.

Beispiel:

Vereinfacht lässt sich der Produktionsprozess des betrachteten Unternehmens in zwei Teilbereiche untergliedern. Falls erforderlich, werden in einem ersten Schritt aus Rohstoffen verschiedene Lösungen und Gemische hergestellt. Im zweiten Schritt werden diese Produkte in verschiedenste Verpackungsarten abgepackt.

Die Materialkosten können differenziert aus der vorhandenen EDV ermittelt werden. Ebenso stehen Zeitaufschriebe und Vorgabezeiten für die einzelnen Produktions- und Abfüllschritte zur Verfügung.

In Gesprächen und Besichtigungen wurden der Auftragsdurchgang nachvollzogen und Kostenstellen definiert:

- *Lager,*
- *Fertigungsstufe 1,*
- *Fertigungsstufe 2,*
- *Verwaltung.*

Es bestand Einigkeit darin, ein möglichst einfach zu handhabendes Modell zu erstellen, durch welches die Hauptbereiche der Kostenentstehung abgebildet und mit verursachungsgerechten Zuschlagsätzen auf die Kostenträger (hier die einzelnen Fertigungsaufträge) weiterverrechnet werden können.

Erster Schritt war der Aufbau eines einfachen BAB.

Es wurden jährlich zur Verfügung stehende Produktionsstunden und Rüstzeiten ermittelt. Aufgrund einer Kostenplanung wurden die Personalkosten den einzelnen Bereichen zugeordnet und unter Berücksichtigung eines Auslastungskoeffizienten Stundensätze errechnet.

Für die Verwaltung wurde ein Festbetrag pro Auftrag ermittelt, indem der Verwaltungsaufwand der Auftragsabwicklung für ein Jahr geplant und durch die Anzahl der Aufträge dividiert wurde.

Alle weiteren Kostenarten (Plankosten) wurden den Bereichen Material, Fertigung und Verwaltung durch geeignete Schlüssel zugeordnet. Es bietet sich zum Beispiel an, die Raumkosten einer Kostenstelle über die von der Kostenstelle genutzte Fläche zu errechnen (siehe unteren Teil der Rechnung).

Preisfindung *(Randnotiz)*

Hauptbereiche der Kostenentstehung *(Randnotiz)*

Personalkosten	€	Std./Aufträge	Auslastung	€ pro Std./Stück
Produktion (Fertigung)	100.000	6615	85%	17,78
Rüsten, AV (Fertigung)	35.000	1890	90%	20,58
Lagerarbeiter	5.000			
Verwaltung	30.000	1100	100%	27,27
Summe	170.000			

	€			€
Material-EK	1.000.000	**Gesamtkosten ohne Verwaltung**		1.330.000
Raumkosten	40.000			
Lohnkosten Lagerarb.	5.000	**Verwaltung und Vertrieb**		€
sonstige Kosten	5.000	Raumkosten		5.000
Summe MGK	50.000	Versicherung		8.000
MGK-Satz (MGK / MEK)	**5,00%**	KFZ		9.000
		Werbung		8.000
Fertigungs-EK	135.000	Sonst		10.000
Raumkosten	25.000	Zinsen		20.000
Instandhaltung	5.000	Summe Verw. und Vertrieb		70.000
Abschreibung	10.000	**VGK-Satz (Summe Vu.V / Ges.)**		**5,26%**
Summe FGK	40.000			
FGK-Satz (FGK / FEK)	**29,63%**	**Gesamtkosten XY GmbH**		1.400.000

Flächenkosten XY GmbH	€			50,00 €/qm
Miete	45.000		Flächen in qm	€
Energie	10.000	Produktion	500	25.000
Versicherung	10.000	Lager	800	40.000
Reinigung	5.000	Verwaltung	100	5.000
Summe	70.000		1400	

Ermittlung des Materialgemeinkostenzuschlags

Nehmen wir als Beispiel das Lager, in dem in erster Linie Rohstoffe eingelagert sind. In der Kostenstelle Lager fallen direkt nur die Kosten des Lagerarbeiters an, der als Aushilfe 5.000 € pro Jahr an Aufwand verursacht. Für die Raumkosten kann ein Quadratmeterpreis für jede einzelne Kostenstelle ermittelt werden, indem die gesamten Raumkosten des Unternehmens durch die zur Verfügung stehende Fläche geteilt werden. Für den genutzten Gabelstapler fallen Energie- und Reparaturkosten und eventuell Abschreibungen an. Auch die Lagerregale werden abgeschrieben. Die gesamten Kosten des Lagers für ein Jahr können so Stück für Stück ermittelt werden. Geteilt durch die Summe der Materialkosten für ein Jahr ergibt sich ein Materialgemeinkostenzuschlag, der in jeder Auftragskalkulation auf die Materialeinzelkosten des Auftrags zugeschlagen wird und über die Summe aller Aufträge dann wiederum die gesamten Kosten des Lagers abdecken sollte.

KALKULATION	Stück	Inhalt in Liter	Materialmenge
Menge Angebot	**5000**	**3,000**	**15.000,00**
Stück pro Stunde und MA	**50**		

	Anzahl/Std.	€ Kosten/Stück	€ Kosten/Auftrag
Material-EK pro Stück		**1,25**	6.250,00
Verpackung		**0,50**	2.500,00
MGK		0,063	312,5 0
Materialkosten ges.		**1,81**	**9.062,50**
Rüstzeit	**6,00**	0,03	150,01
Auf-/Abladen + Verpacken	**8,00**	0,03	143,98
Fertigungszeit	100,00	0,36	1.799,71
Fertigungszuschlag		0,12	620,35
Fertigungskosten ges.		0,5 4	**2.714,05**
Herstellkosten		2,36	**11.776,55**
Sonderkosten Verwaltung		0,02	**100,00**
Festbetrag Verwaltung	1	0,01	30,00
VGK + Allg. GK		0,12	619,82
Verwaltungskosten ges.		**0,15**	**749,82**
Selbstkosten		2,51	**12.526,36**
Gewinnzuschlag in Prozent	**10,00%**	0,25	1.252,64
Angebotspreis ab Werk		**2,76**	**13.779,00**
Verpackung + Fracht		0,08	400,00
Angebotspreis frei Haus		**2,84**	**14.179,00**

Nach ähnlicher Vorgehensweise wird ein Fertigungsgemeinkostensatz ermittelt, der den Kosten jeder Fertigungsstunde zugeschlagen wird. Die Verwaltungsgemeinkosten und Vertriebsgemeinkosten werden zum Planumsatz in Relation gesetzt. Die so ermittelten Stundensätze und Zuschlagssätze wurden in ein Kalkulationsschema übernommen.

Ergänzt wird das Kalkulationsschema durch eine vereinfachte und kurz gefasste Deckungsbeitragsrechnung.

Dabei wird so vorgegangen, dass vom erzielten Verkaufspreis, der in die Tabelle einzugeben ist, zunächst alle auftragsvariablen Kosten abgezogen werden. Dabei kann man sich vorstellen, dass dies alle Kosten sind, die nicht entstanden wären, wenn das Unternehmen diesen Auftrag nicht angenommen hätte. Vom verbleibenden Deckungsbeitrag I werden der Festbetrag für die Verwaltung (Zwischensumme DB II), die Verwaltungs- und die zugeschlagenen Gemeinkosten abgezogen. Es verbleibt der Deckungsbeitrag III, der eine Über- oder Unter-Deckung unter Vollkostengesichtspunkten ausweist.

DECKUNGSBEITRÄGE	pro Stück	Auftrag	in %
Verkaufspreis	**2,750**	13.750,00	100,00%
./. Materialkosten	./. 1,250	./. 6.250,00	
./. Verpackung	./. 0,500	./. 2.500,00	
./. Rüstzeit	./. 0,030	./. 150,00	
./. Auf-/Abladen + Verpacken	./. 0,029	./. 143,98	
./. Fertigungszeit	./. 0,360	./. 1.799,71	
./. Sonderkosten Verwaltung	./. 0,020	./. 100,00	
./. Verpackung + Fracht	./. 0,080	./. 400,00	
Deckungsbeitrag I	**0,481**	**2.406,31**	17,50%
./. Festbetrag Verwaltung	./. 0,006	./. 30,00	
Deckungsbeitrag II	**0,475**	**2.376,31**	17,28%
./. Materialgemeinkosten	./. 0,063	./. 312,50	
./. Fertigungszuschlag	./. 0,124	./. 620,35	
./. VGK + Allg. GK	./. 0,124	./. 619,82	
Deckungsbeitrag III	**0,165**	**823,64**	5,99%

Preisspielräume

Insbesondere in Zeiten der Unterauslastung oder bei der Bewertung von um Produktionskapazitäten konkurrierenden Aufträgen kann die **Deckungsbeitragsrechnung** Hinweise liefern, ob ein Auftrag auch unterhalb der Vollkostendeckung noch sinnvoll abgewickelt werden kann. Im Bereich zwischen Angebotspreis und Kalkulationspreis wird der geplante Gewinn – aus vollkostenrechnerischer Sicht die positive Differenz zwischen Verkaufspreis abzüglich Kosten – bis auf 0 verringert. Im nächsten Intervall, zwischen Kalkulationspreis und der Summe aller proportionalen Kosten, ergibt sich aus teilkostenrechnerischer Sicht ein weiterer Spielraum, in dem sich der Deckungsbeitrag bis auf null reduziert. Fällt der Verkaufspreis in diesen Bereich, ist die Entscheidung über die Annahme des Auftrags von der Beschäftigungslage des Unternehmens abhängig. Bei Unterbeschäftigung wird man prinzipiell alle Aufträge annehmen, die einen positiven Deckungsbeitrag erzielen. Auf lange Sicht muss allerdings zusätzlich sichergestellt sein, dass die Summe der Deckungsbeiträge mindestens so hoch ist wie die Summe der nicht direkt zugerechneten fixen Kosten.

Im Falle der Voll- oder Überbeschäftigung ist nicht mehr nur die Frage zu stellen, ob ein Auftrag anzunehmen ist oder nicht, sondern

welcher der möglichen Aufträge der profitabelste ist. Dazu kann der
engpassbezogene Deckungsbeitrag der zu betrachtenden Aufträge
herangezogen werden. In der Fertigung wäre dies zum Beispiel der
pro Fertigungsstunde erzielbare Deckungsbeitrag.

Fällt der erzielbare Verkaufspreis so weit, dass ein negativer De- absolute
ckungsbeitrag entsteht, so ist der Auftrag grundsätzlich abzulehnen, Preisuntergrenze
da noch nicht einmal die proportionalen Herstellkosten abgedeckt
sind. Insgesamt spielen aber noch andere Faktoren bei der Entscheidung über die Annahme eines Auftrages eine Rolle, so dass die hier
gezeigte Eingrenzung keinesfalls isoliert betrachtet werden darf.
Insbesondere eine zu starke Orientierung am Deckungsbeitrag kann
die Gefahr einer langfristig zu nachgiebigen Preispolitik in sich tragen. Auf den Aufbau einer Deckungsbeitragsrechung wird später
noch genauer eingegangen.

4.3.3.3 Kostenträgerzeitrechnung/Erfolgsrechnung

Fasst man mehrere oder alle Auftrags- oder Produktkalkulationen
des Unternehmens zusammen, so lässt sich die Kostenträgerstückrechnung zu einer Kostenträgerzeitrechnung, und damit zu einer
Ergebnisrechnung, ausbauen. Je nachdem, wie die Aufträge zusammengefasst werden, kann dabei die Wirtschaftlichkeit von Produkten oder Produktfamilien, aber auch die Leistungsfähigkeit einzelner Kostenstellen, die von den Aufträgen durchlaufen werden,
aufgezeigt werden. Die Summe der Erfolge aller Kostenträger in einer Periode muss rechnerisch gleich sein mit dem in der GuV für
diese Periode ermittelten Erfolg.

Abb. 49 verdeutlicht nochmals die Herkunft der für die Kostenträgerrechnung benötigten Daten und die Vorgehensweise zur Ermittlung des einzelnen Kostenträgererfolgs.

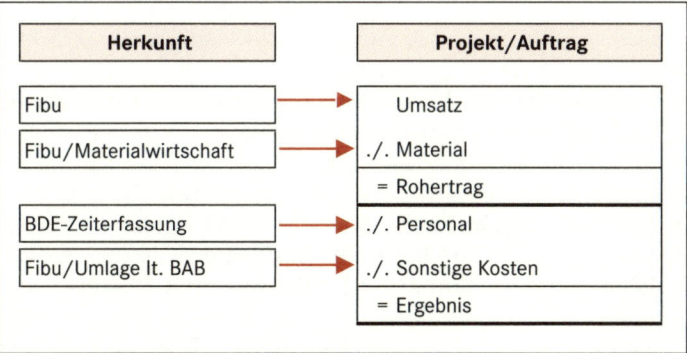

Abb. 49: Datenfluss Kostenträgerrechnung

4.3.3.4 Nachkalkulation

Die Auftrags- oder Produktkalkulation dient nicht nur der Ermittlung von Angebotspreisen, sondern auch der Beurteilung der Leistungsfähigkeit des Unternehmens. Geht man davon aus, dass in die Vorkalkulation der planerische Sollzustand des Unternehmens einfließt und bewertet wird, so bietet eine durchgeführte Nachkalkulation ein Abbild des tatsächlich Erreichten.

Abweichungs-
analyse als Basis
für Verbesserungen

Dabei stehen unter Controlling-Gesichtspunkten bei der Nachkalkulation nicht die Dokumentation der Abweichungen, sondern die Rückschlüsse aus der **Abweichungsanalyse** und die Einleitung entsprechender Verbesserungen im Vordergrund.

Für eine aussagefähige Abweichungsanalyse ist es notwendig, jedem Auftrag oder Produkt, in der gleichen Systematik wie in der Vorkalkulation, den **tatsächlichen Verbrauch** zuzuordnen.

Die Materialwirtschaft liefert die eingesetzten Materialmengen und die tatsächlich erzielten Einkaufspreise, die Zeiterfassung in der Fertigung (BDE) die tatsächlichen Fertigungszeiten. Gemeinkosten werden in gleicher Weise verrechnet wie in der Vorkalkulation.

Zwischen Vor- und Nachkalkulation können verschiedene Abweichungen ermittelt werden. In einer Druckerei beispielsweise können Abweichungen durch Änderung der Ausbringungsmenge (Auflagenhöhe), Änderung des Druckverfahrens (Anstatt 2 x 2 Farben 1 x 4 Farben), Schwankungen bei den Papierpreisen oder in der Leistung der Druckmaschine an sich (Druckgeschwindigkeit musste verändert werden) liegen.

Die kostenrechnerisch fundierte Abweichungsanalyse ist ein wichtiger Bestandteil des Controllings. Deshalb ist der Aufbau einer modernen Kostenrechnung mit Kostenarten-, Kostenstellen- und Kostenträgerrechnung im Wesentlichen darauf ausgerichtet, die Wirtschaftlichkeit der Produktionsprozesse ständig zu überprüfen und mit den vorgegebenen Zielen zu vergleichen.

Abweichungen lassen sich feststellen als:

- **Preisabweichung**; höherer oder niedrigerer Einkaufspreis der Einsatzgüter (Istmaterialeinsatz x (Planpreis ./. Istpreis);
- **Mengenabweichung**; Mehr- oder Minderverbrauch an Einsatzgütern infolge von Mehr- oder Minderproduktion;
- **Verbrauchsabweichung**; Mehr- oder Minderverbrauch infolge von Verbrauchsabweichungen im Leistungserstellungsprozess;

Arten der
Abweichungen

- **Leistungsabweichung für Fertigungs- und Rüstprozesse**; zeitlicher Mehr- oder Minderaufwand für die einzelnen Arbeitsgänge, bewertet mit den Maschinenstundensätzen für »Fertigen« bzw. »Rüsten«;

● **Verfahrensabweichungen**; Abweichungen, die durch den nicht geplanten Wechsel des Fertigungsverfahrens entstehen (Ist-Zeit x Plan-Maschinenstundensatz ./. Sollzeit x Maschinenstundensatz für »Fertigen« bzw. »Rüsten«);

● **Losgrößenabweichung**; Mehr- oder Minderkosten bedingt durch Abweichungen von der kalkulierten Losgröße;

● **Abweichungen der Sondereinzelkosten**; Abweichungen bei Vorrichtungen, die speziell für dieses Produkt angefertigt wurden und beispielsweise vorher nicht geplant wurden.

Abb. 50 zeigt eine umfassende Übersicht über die Kostenbestimmungsfaktoren, Abweichungsarten und Verantwortlichkeiten:

Kostenbestim-mungsfaktoren	Kontrollbereich	Abweichungsart	Verantwortlichkeit
Materialpreise	Materialpreisrechnung im Rahmen der Finanzbuchhaltung oder Materialabrechnung	Preisabweichungen	Einkauf
Kostensätze (für variable und fixe Kosten)	Kostenstellen-rechnung	Tarifabweichungen	Geschäftsleitung
		Verbrauchs-abweichungen	Kostenstellenleiter
		Beschäftigungs-abweichungen	Geschäftsleitung
Materialmengen	Kostenträgerrechnung	Materialmengen-abweichungen	Konstruktion, Arbeitsvorbereitung, Kostenstellenleiter, Betriebsleiter
Bezugsgrößen-mengen	Kostenträger-rechnung	Bezugsgrößenab-weichungen	
		Losgrößenabweichungen	
		Verfahrensabweichungen	
		Ausschußabweichungen	
Verkaufspreise Erlös-schmälerungen	Deckungsbeitrags-rechnung	Preisabweichungen	Vertrieb
Verkaufsmengen - absolut - relativ	Deckungsbeitrags-rechnung	Mengenabweichungen Sales-Mix-Abweichungen	Vertrieb

Abb. 50: Einflussfaktoren und Verantwortlichkeiten (s. Männel 1992, S. 723)

In der Praxis empfiehlt es sich, den Vergleich von Vor- und Nachkalkulation so aufzubauen, dass die für das Unternehmen relevanten Abweichungen auf einem Übersichtsblatt pro Auftrag/Fertigungsauftrag ersichtlich sind. Lassen sich die Abweichungsanalysen über verschiedene Betrachtungsobjekte verdichten (z. B. alle Aufträge auf

Erkennen von Unwirtschaftlichkeiten

einer Maschine oder alle Aufträge aus einer Produktreihe), können die Abweichungen aufzeigen, ob immer wieder an der gleichen Stelle oder beim gleichen Produkt Unwirtschaftlichkeiten entstehen und ob an dieser Stelle Handlungsbedarf besteht. Ähnlich wie die Nachkalkulation eines Auftrages kann auch eine Abweichungsanalyse (s. Abb. 51) für jede Kostenstelle – ein so genannter Kostenstellenbericht – erstellt werden, der für eine bestimmte Periode die Plankosten und Planleistungen den Ist-Kosten und Ist-Leistungen der Kostenstelle gegenüberstellt.

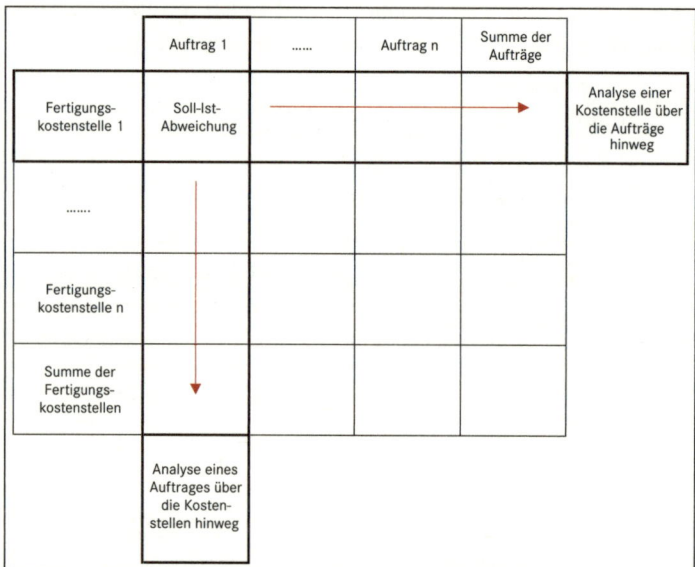

Abb. 51: Abweichungsanalyse für Kostenstellen und Kostenträger
(s. Oeser 1991, S. 25)

Am Beispiel der in Kapitel 4.3.3.2 erstellten Kalkulation sollen im Folgenden (s. Abb. 52) die wichtigsten Abweichungen erläutert werden. Zur Übersicht wurden der ursprünglichen Plankalkulation in der folgenden Abbildung die erfassten Ist-Werte gegenübergestellt.

	VORKALKULATION			NACHKALKULATION		
	Stück	Inhalt in Liter	Materialmenge	Stück	Inhalt in Liter	Materialmenge
Menge Angebot	**5000**	**3,000**	15.000,00	**6000**	**3,000**	18.000,00
Stück pro Stunde und MA	**50**			**40**		
	Anz./Std.	**€** **Kost./Stück**	**€** **Kost./Auftrag**	**Anz./Std.**	**€** **Kost./Stück**	**€** **Kost./Auftrag**
Material-EK pro Stück		1,25	6.250,00		1,15	6.900,00
Verpackung		0,50	2.500,00		0,50	3.000,00
MGK		0,063	312,50		0,058	345,00
Materialkosten ges.		**1,81**	**9.062,50**		**1,71**	**10.245,00**
Rüstzeit	**6,00**	0,03	150,00	**6,00**	0,03	150,00
Auf-/Abladen + Verpacken	**8,00**	0,03	144,00	**14,00**	0,04	252,00
Fertigungszeit	100,00	0,36	1.800,00	150,00	0,45	2.700,00
Fertigungszuschlag		0,12	620,44		0 ,15	919,11
Fertigungskosten ges.		**0,54**	**2.714,44**		**0,67**	**4.021,11**
Herstellkosten		**2,36**	**11.776,94**		**2,38**	**14.266,11**
Sonderkosten Verwaltung		0,02	**100,00**		0,02	**100,00**
Festbetrag Verwaltung	1	0,01	**30,00**	1	0,01	**30,00**
VGK + Allg. GK		0,12	619,84		0,13	750,85
Verwaltungskosten ges.		**0,15**	**749,84**		**0,15**	**880,85**
Selbstkosten	**2**	**,51**	**12.526,78**		**2,52**	**15.146,96**
Gewinnzuschlag in Prozent	**10,00%**	0,25	1.252,68	**10,00%**	0,25	1.514,70
Angebotspreis ab Werk		**2,76**	**13.779,46**		**2,78**	**16.661,65**
Verpackung + Fracht		0,08	400,00		0,07	400,00
Angebotspreis frei Haus		**2,84**	**14.179,46**		**2,84**	**17.061,65**

Abb. 52: Gegenüberstellung von Vor- und Nachkalkulation der XY GmbH

Auf den ersten Blick scheint die Planung mit dem Ist recht gut übereinzustimmen. Die Angebotspreise von Vor- und Nachkalkulation sind nahezu gleich. Es wurden aber, nachdem der Kunde kurzfristig angerufen hatte, 1000 Stück mehr gefertigt und auch zum gleichen Preis mitverkauft. Bei genauerer Analyse zeigt sich aber, dass das Material günstiger eingekauft werden konnte (1,15 € gegenüber 1,25 €), in der Produktion aber andererseits weniger Stück pro Stunde gefertigt werden konnten (40 Stück anstatt 50 Stück). Es ist nicht selten der Fall, dass sich solche gegenläufigen Effekte kompensieren und zu unauffälligen Ergebnissen führen, obwohl sich in Teilbereichen deutliche Abweichungen ergeben haben. Es ist deshalb notwendig, die für das Unternehmen relevanten Abweichungen zu definieren und getrennt zu ermitteln. Im Beispiel müssten die Preisabweichung im Einkauf und die Leistungsabweichung in der Produktion separiert werden.

Für die Leistungsabweichung muss zunächst die Sollzeit für die größere Produktionsmenge ermittelt werden. Bei 50 Stück pro Stunde wären dies für 6000 Stück 120 Stunden gewesen. Tatsächlich sank die Produktivität aber auf 40 Stück pro Stunde, so dass

Leistungsabweichung

150 Stunden benötigt wurden. Die Leistungsabweichung beträgt also 30 Stunden bewertet zum Stundensatz von 18 €, gesamt also 540 € oder 0,09 € pro Stück.

Gründe für Preisabweichungen suchen

Die Preisabweichung für das eingekaufte Material erschließt sich direkt aus dem Vergleich von Vor- und Nachkalkulation. Es mussten 0,10 € weniger pro Stück bezahlt werden. Für zukünftige Kalkulationen muss nun hinterfragt werden, ob die Leistungsabweichung in der Produktion ein einmaliger Ausrutscher war oder dauerhaft schlechter bleibt als geplant. Im zweiten Fall sollte nach Gründen für die Abweichung gesucht und es sollten Maßnahmen erarbeitet werden, um die Produktivität wieder auf das geplante Niveau anzuheben.

Bei größeren Unternehmen, in denen Produkte über verschiedene Fertigungsstufen produziert werden, müssen dann diese einzelnen Fertigungsstufen analysiert werden. Dazu wird eine entsprechende Kostenstellenstruktur benötigt.

Im Kostenstellenbericht werden alle Aufträge/Fertigungsaufträge zusammengefasst, die die Kostenstelle durchlaufen haben. Der Vergleich der Vor- und Nachkalkulationen der Aufträge zeigt auf, ob sich z. B. das Leistungsniveau einzelner Kostenstellen verändert hat. Auch in diesem Fall sind die Gründe zu hinterfragen und Maßnahmen einzuleiten.

Zusammengefasst hier noch einmal Fragen, die durch die Nachkalkulation beantwortet werden können:

- Welche Gesamtkosten errechnen sich z. B. bei einer geringeren Ist-Beschäftigung gegenüber der Planbeschäftigung?

Antworten der Nachkalkulation

- Was sind die Ursachen für Abweichungen der Ist-Kosten von den Soll-Kosten? Z. B. Veränderung der Beschäftigung, des Verbrauchs oder des Preises?
- Bei welchen Kostenarten ergeben sich welche Abweichungen?
- Wer ist für welche Abweichungen verantwortlich?
- Können die negativen Abweichungen durch entsprechende Gegenmaßnahmen ausgeglichen werden? Sind es einmalige Ausreißer oder Planungs- bzw. Buchungsfehler?
- Gibt es Wechselwirkungen zwischen Abweichungen unterschiedlicher Kostenarten? Etwa der Zusammenhang zwischen geringeren Materialkosten und höheren Fertigungskosten, da sich das billigere Material schlechter verarbeiten ließ.

4.3.4 Deckungsbeitragsrechnung

In der Vollkostenrechnung werden die gesamten Kosten auf die Kostenstellen und die Kostenträger umgelegt. Dabei werden die Gemeinkosten mit einem Verteilungsschlüssel auf die einzelnen Kostenträger verteilt. Durch diese Art der Verrechnung kann es leicht zu einer Verfälschung der Kostentransparenz kommen, was wiederum zu falschen Entscheidungen bei der Produktionsplanung (Engpässe), bei der Preisfindung (Preisuntergrenze) oder bei der Entscheidung über Eigenfertigung oder Fremdbezug führen kann. Um dies zu vermeiden, wird in der Praxis sehr häufig ein Verfahren der **Teilkostenrechnung oder Deckungsbeitragsrechnung** (s. Abb. 53) angewandt, von denen sich in der Vergangenheit mehrere Modelle etabliert haben. Allen Modellen ist gemeinsam, dass sie nur diejenigen Kosten den Kostenträgern direkt zurechnen und deren Umsatzerlösen gegenüberstellen, die ihnen auch direkt zurechenbar sind. Alle übrigen nicht direkt zurechenbaren Kosten werden gesammelt und dem Betriebsergebnis in Summe oder auf **verschiedenen Stufen** zugerechnet.

Checkliste zur Deckungsbeitragsrechnung:

✔ Wie viele Produkte muss ich verkaufen, um meine fixen Kosten zu decken?

✔ Soll ich einen Auftrag zu einem bestimmten Preis annehmen oder ablehnen?

✔ Soll ich einen Zusatzauftrag annehmen oder ablehnen?

✔ Ich erstelle ein Angebot. Ab welcher Preisuntergrenze muss ich das Geschäft ablehnen?

✔ Lässt sich bei Kapazitätsengpässen das Produktprogramm optimieren?

✔ Rentiert sich für mich ein Outsourcing?

✔ Wann kaufe ich ein und wann fertige ich selber?

✔ Was ist mein Schlüsselkunde wirklich wert?

Checkliste

Deckungsbeitragsrechnung	
	Nettoerlöse
./.	variable Kosten
=	**Deckungsbeitrag**
./.	fixe Kosten
=	**Erfolg**

Abb. 53: Grundschema der Deckungsbeitragsrechnung

Folgende Aufgaben lassen sich mit der Deckungsbeitragsrechnung besser erfüllen:

- Erfolgsanalyse,
- Gewinnplanung,
- Kostenkontrolle,
- absatzpolitische Entscheidungen,
- Ermittlung von Preisuntergrenzen.

Einstufige Deckungsbeitragsrechnung

Variable und fixe Kosten

Die einstufige Deckungsbeitragsrechnung stellt sozusagen die Grundform des Verfahrens dar. Sie findet Anwendung als kurzfristige Erfolgsrechnung und dient dabei der unterjährigen, kurzfristigen Steuerung des Unternehmens.

Bei der einstufigen Deckungsbeitragsrechnung wird zwischen **variablen und fixen Kosten** unterschieden. Es wird davon ausgegangen, dass nur die variablen Kosten verursachungsgerecht zugeordnet werden. Dabei ergibt die Differenz zwischen Erlösen und variablen Kosten den Deckungsbeitrag. Die Bezeichnung der einstufigen Deckungsbeitragsrechnung ist darauf zurückzuführen, dass sie einen Beitrag zur Deckung des Fixkostenblocks und zur Erzielung des Betriebsergebnisses leistet.

Mehrstufige Deckungsbeitragsrechnung (s. Abb. 54)

Aufspaltung der Fixkosten

Im Gegensatz zur einstufigen Deckungsbeitragsrechnung werden bei der mehrstufigen Deckungsbeitragsrechnung die Fixkosten aufgespalten und schrittweise den Produkten nach dem Verursachungsprinzip zugeordnet. Die Deckungsbeiträge werden zur Verbesserung der Übersicht durchnummeriert (DB I, DB II, DB III usw.).

Deckungsbeitragsrechnung	Beispiel
Brutto-Erlös	
./. Erlösschmälerung	→ Rabatte, Nachlässe
= Netto-Erlöse	
./. variable Kosten	→ Fertigungsmaterial, Fertigungslöhne
= **Deckungsbeitrag I**	
./. Produktfixkosten	→ Kosten Patentgebühren, Spezialwerkzeug
= **Deckungsbeitrag II**	
./. Abteilungsfixkosten	→ Gehalt des Abteilungsleiters, Raumkosten der Abteilung
= **Deckungsbeitrag III**	
./. Unternehmensfixkosten	→ restliche Fixkosten wie z.B. Gehalt des Pförtners, IHK-Beitrag
= **kalkulatorisches Betriebsergebnis**	

Abb. 54: Schema einer stufenweisen Deckungsbeitragsrechnung

Dies sorgt für eine zusätzliche Transparenz bei der Kostenstruktur der Produkte nach Sparten oder der Verkaufsorganisation. So können auch für jede einzelne Deckungsbeitragsstufe bestimmte Zielvorgaben vereinbart werden. Dabei empfiehlt sich eine regelmäßige Berichterstattung, wodurch die einzelnen Stufen gut gesteuert und überwacht werden können.

Beispiel zur Zuordnung der fixen Kosten:
Die Fixkosten einer Maschine, mit der ein Produkt gefertigt wird, können diesem Produkt als Produktfixkosten zugerechnet werden. Die fixen Kosten für den Dienstwagen des Geschäftsführers können, da er für das ganze Unternehmen zuständig ist, weder den einzelnen Produkten noch den Abteilungen zugeordnet werden. Demnach sind sie als Unternehmensfixkosten zu behandeln.

Abb. 55 zeigt eine **mehrstufige Deckungsbeitragsrechnung nach Sparten**. Dies ist eine für ein mittelständisches Unternehmen wirksame und praktikable Form, um zu einer differenzierten Betrachtung des Unternehmens nach Sparten zu kommen.

Deckungs-
beitragsrechnung
nach Sparten

Deckungsbeitragsrechnung nach Sparten				in T€	
	Sparte K	%	Sparte P	%	Summe	%
Gesamtleistung	918,4	100,0	530,0	100,0	1.448,4	100,0
Material	404,1	44,0	270,0	50,9	674,1	46,5
Fremdleistung	15,5	1,7	0,0	0,0	15,5	1,1
DB I / Rohertrag	**498,8**	**54,3**	**260,0**	**49,1**	**758,8**	**52,4**
Personalkosten direkt	193,3	21,1	133,0	25,1	326,3	22,5
DB II	**305,5**	**33,3**	**127,0**	**24,0**	**432,5**	**29,9**
Sonst. Kosten lt. BAB	89,7	9,8	90,5	17,1	180,2	12,4
DB III	**215,8**	**23,5**	**36,5**	**6,9**	**252,3**	**17,4**
Fuhrpark	56,6	6,2	7,0	1,3	63,6	4,4
DB IV	**159,2**	**17,3**	**29,5**	**5,6**	**188,7**	**13,0**
Verw. und Vertrieb lt. BAB	108,0	11,8	29,4	5,5	137,4	9,5
DB V / Ergebnis	**51,2**	**5,6**	**0,1**	**0,0**	**51,3**	**3,5**

Abb. 55: Beispiel einer mehrstufigen Deckungsbeitragsrechnung aus der Praxis

Die Zahlen des Gesamtunternehmens wurden in diesem Fall aufgeteilt in zwei Sparten. Wir sehen, dass der Bereich P kaum rentabel ist, aber der Bereich K eine gute Rendite ausweist. In diesem Fall ist zu überlegen, ob es Sinn macht, den Bereich P fortzuführen. Der Bereich P trägt auf jeden Fall im Deckungsbeitrag II noch erheblich zur Fixkostenabdeckung des Gesamtunternehmens bei. Es ist jedoch wesentlich rentabler, den Umsatz des Bereichs K zu erhöhen, da der Deckungsbeitrag II erheblich höher liegt.

In diesem Fall haben wir die Gemeinkostenverteilung aus dem BAB übernommen und die Kosten des Fuhrparks nochmals separat ausgewiesen, da dies in diesem Unternehmen eine größere Position darstellte. Die Verwaltungs- und Vertriebsgemeinkosten wurden in einer weiteren Stufe dargestellt.

4.3.5   Die Break-even-Analyse

Gewinnzone

Die klassische Break-even-Analyse nach Deckungsbeitragsgesichtspunkten (s. Abb. 56) zeigt anschaulich, wann ein Produkt in die Gewinnzone kommt. Dies ist dann der Fall, wenn die Summe der erzielten Deckungsbeiträge gleich hoch ist wie der dem Produkt zugerechnete Fixkostenblock. Oder anders gesagt: erst wenn die Umsatzerlöse die variablen und die fixen Kosten übersteigen, kommt das Produkt in den Gewinnbereich.

Die fixen Kosten beziehen sich dabei auf die vorhandene Kapazität, unabhängig davon, ob produziert wird oder nicht (z. B. Raumkosten). Die variablen Kosten dagegen entstehen erst bei der Aufnahme der Produktion (z. B. Kosten für Rohmaterial). Sie verändern sich mit der hergestellten Menge.

Die Break-even-Analyse findet beispielsweise bei der Entscheidung zur Herstellung eines neuen Produkts Verwendung. So gilt die Produktion eines neuen Produkts als empfehlenswert, wenn die geplante Absatzmenge (Prognose) die Break-even-Absatzmenge überschreitet.

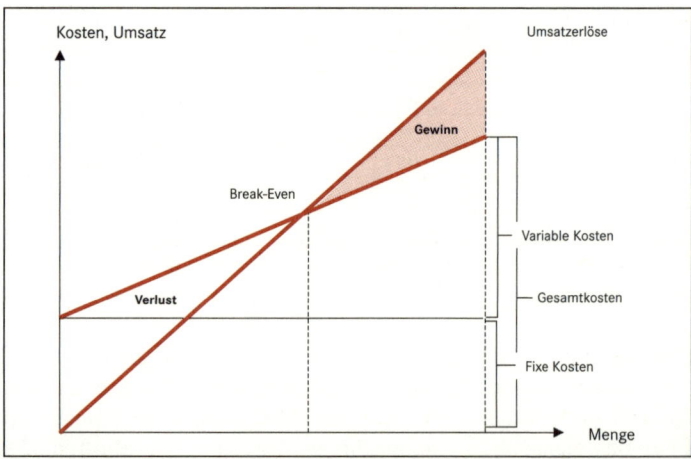

Abb. 56: Break-even-Analyse in der Deckungsbeitragsrechnung

Weitere typische Anwendungsfragen dieser Gewinnschwellenana- Gewinnschwellen-
lyse sind (vgl. Czenskowsky, Schünemann, Zdrowomyslaw »Grund- analyse
züge des Controlling«):

- Wie beeinflussen Änderungen in der Kostenstruktur den Break-
  even-Punkt?
- Wie wirken sich Verkaufspreisänderungen auf den Break-even-
  Punkt aus?
- Inwieweit beeinflussen Verkaufspreis- und Mengenänderungen
  den Gewinn?
- Ist es sinnvoll, eine ältere durch eine neuere Maschine mit
  zumeist höheren Fixkosten, aber besserer Leistung abzulösen?
- Ab welchem Punkt lohnt es sich, ein älteres Produktionsverfahren durch ein technologisch fortgeschritteneres, mit in der Regel
  höheren fixen Kosten, zu ersetzen?

Kritisch zu bewerten ist, dass bei der Break-even-Analyse eine zeitliche Einschätzung, d.h. wann die Nutzenschwelle erreicht wird,
nicht in Betracht gezogen wird. Des Weiteren beruht diese Analyse auf einigen Voraussetzungen. Es wird davon ausgegangen, dass
nur ein Produkt hergestellt wird und Kosten, Verkaufspreis und Kapazität bekannt sind. Weiterhin wird davon ausgegangen, dass produzierte und abgesetzte Menge übereinstimmen, die Lagerhaltung
wird also nicht berücksichtigt.

Zusammenfassend lässt sich sagen, dass die Break-even-Analyse
ein zwar grobes, aber leicht handhabbares und wirksames Controlling-Instrument darstellt, mit dem sich eine Vielzahl entscheidungs-
relevanter Fragestellungen beantworten lassen.

4.3.6   Prozesskostenrechnung

Anders als die bisher geschilderten klassischen Systeme der Kostenrechnung, die alle das Unternehmen in seiner Struktur aus Abteilungen und Kostenstellen abbilden, in denen bestimmte Produkte
gefertigt werden, orientiert sich die Prozesskostenrechnung an den
Aufgaben und Prozessen, die zur Leistungserstellung im Unternehmen ablaufen. Dabei wird das gesamte betriebliche Geschehen als Leistungs-
eine **Abfolge von Aktivitäten** betrachtet. Diesen Trend – weg von der erstellung als Folge
Abteilungsstruktur, hin zu Prozessbetrachtungen – finden wir auch von Prozessen
in der gesamten Organisationsentwicklung und Softwareentwick-
lung der letzen zehn Jahre, insbesondere wenn wir an die Erfolge
der SAP Software R3 denken, die prozessorientiert ausgerichtet ist.

Kostenrechnerisch kann als Hauptmotiv zur Entwicklung der
Prozesskostenrechnung der enorme Anstieg der Gemeinkosten in
vielen Unternehmen gesehen werden. Dies ist in erster Linie auf die
Zunahme der administrativen Aufgaben (Entwicklung, Planung,

Steuerung und Controlling) entlang der Wertschöpfungskette zurückzuführen. Immer weniger Kosten können den Produkten direkt zugerechnet werden. Im Extremfall lassen sich nur die Zukaufteile und das Fertigungsmaterial als variable Einzelkosten den Produkten direkt zurechnen.

Nehmen wir als Beispiel die Automobilhersteller. Die Fertigungstiefe sinkt immer weiter durch Outsourcing von Produktionsprozessen. Ähnliche Entwicklungen finden wir im Maschinenbau. Einfachere Produktionsprozesse werden zunehmend ins Ausland verlagert. Somit verändert sich das Leistungsspektrum nachhaltig.

Die Abb. 57 zeigt, wie in der Prozesskostenrechnung im BAB Aktivitäts- und Prozesskosten separat den Prozessen zugerechnet werden. Nicht über Prozesse verrechenbare Gemeinkosten werden über Gemeinkostenzuschläge wie gewohnt verrechnet.

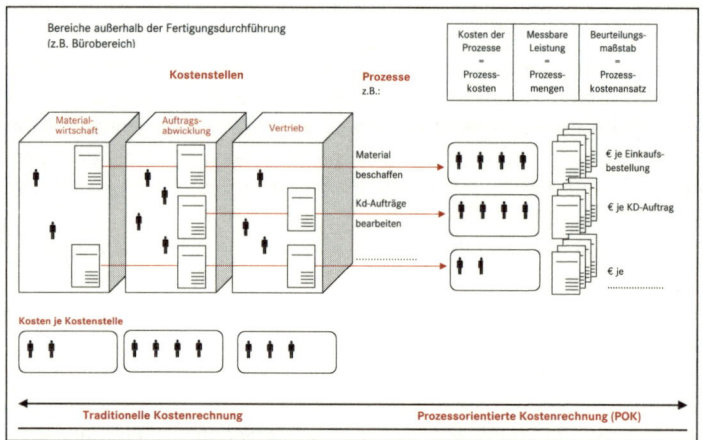

Abb. 57: Prinzipieller Aufbau einer prozessorientierten Kostenrechnung (s. Müller/Ücker/Zehbold, 2003, S. 230)

Steigende Gemeinkosten, sinkende Fertigungskosten

Der Anteil der Gemeinkosten an der betrieblichen Wertschöpfung steigt vor allem in den Bereichen Produktionsplanung und -steuerung, Qualitätssicherung und -prüfung, Auftragsabwicklung sowie auch in den typischen Gemeinkostenbereichen wie Forschung und Entwicklung, Beschaffung, Logistik, Verwaltung, Vertrieb und Service. Dagegen sinkt der Anteil der Fertigungslöhne durch fortschreitende Rationalisierung und Automatisierung. Die Kosten verlagern sich zunehmend vom produktiven auf den administrativen Bereich. Es ist ein Wandel von der Produktions- zur Dienstleistungsgesellschaft im Gange.

Diese Entwicklung bringt die betriebliche Kalkulation immer mehr in ein Dilemma:

Der zunehmende Anteil an Gemeinkosten, der gleichzeitig abnehmende Einzelkosten als Bezugsgröße bedingt, führt zu einer zunehmenden Verfälschung der Produktselbstkosten in der klassischen Zuschlagskalkulation.

Der abnehmende Anteil der den Produkten direkt zurechenbaren Teilkosten führt dazu, dass in der Deckungsbeitragsrechnung immer weniger direkte Kosten in den Produktkalkulationen entscheidungsrelevant werden.

Die Gemeinkostenbereiche sind in weiten Teilen nicht fix, sondern durchaus abhängig von der Beschäftigung. Je umfangreicher die innerbetrieblichen Leistungsverflechtungen sind, umso mehr verlagern sich Teilkosten auf Produktbereiche oder Sparten oder sogar auf die Gesamtunternehmensebene, was die Bezugsgrößenkalkulation dann für Produktentscheidungen weitgehend unbrauchbar macht.

Die Prozesskostenrechnung ordnet die Kosten, die der Verkaufsleistung oder dem Produkt nicht direkt zugerechnet werden können, möglichst innerbetrieblichen Leistungen bzw. Prozessen zu. Mit Hilfe der Prozesskosten können die Gemeinkosten entsprechend den beanspruchten Leistungen auf Produkte umgelegt werden. Bei der wirtschaftlichen Betrachtung von Produkten kann somit die Gemeinkostenwirkung berücksichtigt werden.

Nimmt beispielsweise ein Produkt besonders viel Gemeinkosten in Anspruch, wird es über die Prozesskosten verursachungsgerecht belastet. Unterschiedliche Produkte benötigen unterschiedlichen Gemeinkostenaufwand. Es ist ein Unterschied, ob für ein Produkt die Fertigungstiefe hoch ist oder nur sehr gering.

4.3.7   Target Costing

Das Target Costing (übersetzt vielleicht am besten: »Zielkostenvorgabe«) stellt im Gegensatz zu den bisher dargestellten Kalkulationsmethoden einen kompletten Paradigmenwechsel dar. Diese Kalkulationsmethode entwickelte sich in den 80er Jahren des letzten Jahrhunderts in Japan und wird seit gut zehn Jahren auch bei uns diskutiert und angewendet.

Dabei wird nicht mehr gefragt: »Was kostet die Herstellung eines Produkts unter bester Ausnutzung der gegebenen Möglichkeiten?«, sondern »Welchen Preis kann ein Produkt unter den gegebenen Marktverhältnissen erreichen und wie kann ich die Prozesse so verändern, dass ich das Produkt zu diesem **Zielpreis** anbieten kann?«.

Ausgangspunkt für die Betrachtung sind ein prognostizierter Absatzpreis bei neuen Produkten oder die bekannten Marktpreise bei

Kalkulation vom erzielbaren Preis aus

schon eingeführten Produkten. Von diesem Preis abgezogen wird zunächst der Plangewinn, woraus sich die Kostenobergrenze für das Produkt ergibt. Die Konstruktion bekommt nun nicht nur die Aufgabe gestellt, ein Produkt zu entwickeln, das die vorgegebenen technischen Eigenschaften erfüllt, sondern es wird zugleich vorgegeben, was das Produkt maximal kosten darf. Dazu sollten bei größeren Entwicklungsaufgaben die Zielkosten auf die einzelnen Teile des Produkts (Komponenten, Baugruppen, Teilprojekte) heruntergebrochen werden. Auch für die anderen Teile des Unternehmens, insbesondere den Vertrieb, werden Zielkosten festgelegt.

4.4   Zusammenfassung

Ein sinnvoll ausgebautes Rechnungswesen ist eine notwendige Voraussetzung für ein wirksames Controlling.

Basis von Steuerungsmaßnahmen ist die Buchhaltung

Die Basis aller weiteren Steuerungsmaßnahmen ist eine **aussagefähige Buchhaltung**. Die Buchhaltung sollte auf das weitere Informationsbedürfnis des Unternehmens ausgerichtet werden. Um die Finanzbuchhaltung aussagefähig zu machen, sind folgende Punkte umzusetzen:

- Monatliche Fortschreibung und Verbuchung der Lagerbestände;
- Abgrenzung der Abschreibungen;
- Abgrenzung von Urlaubs- und Weihnachtsgeld.

Um Informationen über die Rentabilität von Produkten, Leistungen und Produktgruppen zu erhalten, ist es notwendig, eine **Kostenrechnung** einzurichten. Nahezu jedes Buchhaltungssystem bietet die Möglichkeit, eine Kostenrechnung anzuhängen. Dort werden Erlöse und Kosten einzelner Aufträge erfasst. Sie bietet eine hervorragende Grundlage zu einer aktiven Steuerung des Unternehmens. Eine notwendige Voraussetzung zu diesem Schritt ist die Erfassung der aufgewendeten Zeiten für Produkte und Leistungen. Auch dieses ist machbar und eher eine Frage der Organisation und des guten Willens aller Beteiligten.

BAB einmal pro Jahr

Es ist ausreichend einen **Betriebsabrechnungsbogen** einmal pro Jahr auf Basis der aktuellen Kostenstruktur des Unternehmens zu erstellen. Dadurch erhält man eine Übersicht über aktuelle Stundensätze und Zuschlagssätze des Unternehmens. Diese Zahlen sollten eher auf Basis der Plankostenstruktur ermittelt werden, da oftmals die Vergangenheitszahlen nicht mehr der aktuellen Struktur des Unternehmens entsprechen.

Regelmäßige Nachkalkulation

Zur Steuerung des Unternehmens ist unabdingbar, einzelne Produkte, Leistungen und auch Prozesse nachzukalkulieren. Dies ist nur auf Basis der **Kostenträgerrechnung** möglich. Das Management muss wissen, mit welchen Produkten und Leistungen Gewinne erzielt werden. Diese Betrachtung sollte möglichst unter Deckungsbeitragsgesichtspunkten erfolgen. Diese Instrumente liefern Entscheidungshilfen für die Steuerung von Produktion, Profit-Centern, Vertriebsstrategien, Ermittlung von Preisuntergrenzen, etc.

Die Deckungsbeitragsrechnung nach Sparten zeigt, wie rentabel einzelne Sparten des Unternehmens sind.

Mit der **Break-even-Analyse** werden Produkte bzw. Produktgruppen gesteuert.

Die **Prozesskostenrechnung** konzentriert sich auf die laufenden Prozesse im Unternehmen. Sie ist eine moderne Form der Kostenrechnung und trägt dem Wandel hin zur Dienstleistungsgesellschaft Rechnung. Damit werden moderne Fertigungsverfahren verursachungsgerecht abgebildet.

5 Analysieren und Steuern mit Controlling

Ein gut ausgebautes Rechnungswesen und eine sorgfältig erarbeitete strategische und operative Unternehmensplanung sind die notwendige Basis, um ein Unternehmen aktiv zu steuern. Nach:

- der Definition des Controlling im Allgemeinen,
- Anleitung zum Führen mit Zielen (strategischer Ansatz),
- ausführlicher Beschreibung der Unternehmensplanung (operative Planung) und
- der notwendigen Ausrichtung des Rechnungswesens als notwendige Basis für ein wirksames Controlling

Aktive Unternehmenssteuerung

wird im folgenden Kapitel der Abgleich – das aktive Steuern eines Unternehmens mittels Controlling – beschrieben. Aus den gewonnenen Erkenntnissen werden sinnvolle Handlungsalternativen für die vorhandenen Teilbereiche des Unternehmens abgeleitet. Die optimale Steuerung der einzelnen Bereiche ist Grundlage für die Verbesserung des ganzen Unternehmens.

Dabei spielt der einfache Zeit- und Soll-Ist-Vergleich eine Rolle, der aus den Daten des extern orientierten Rechnungswesens abgeleitet werden kann. Bei diesem finanzwirtschaftlichen Ansatz dienen in erster Linie die Bilanzen, GuV, BWA und entsprechende Ergänzungsrechnungen als Datenbasis.

5.1 Controllinginstrumente für kleine Unternehmen

5.1.1 Finanzwirtschaftliche Zeitvergleiche (Ist-Ist-Vergleiche)

Künftige Unternehmensentwicklung kennen

Die Analyse der vergangenen Bilanzen mit Gewinn- und Verlustrechnungen und deren zeitlichen Vergleich als Controllinginstrument zu definieren, wird dem Begriff des Controllings sicher nur in unzureichender Weise gerecht. Die Analyse der Jahresabschlusszahlen ist der Blick in die Vergangenheit. Fügt man diesen Daten die Plandaten von GuV und Bilanz hinzu, erhält man auch einen wirksamen Überblick über die künftige Entwicklung des Unternehmens.

Meist wird der Jahresabschluss gerade in KMU mit deutlichem Zeitverzug erstellt. Er dient in erster Linie dazu, gesetzliche Rahmenbedingungen zu erfüllen. Die Zahlen der Bilanz werden selten vom Unternehmer analysiert und noch seltener werden aus Veränderungen Rückschlüsse gezogen oder gar Maßnahmen zur Veränderung abgeleitet.

Andererseits sind die Bilanzen mit Gewinn- und Verlustrechnung der vergangenen Jahre **sofort verfügbares Datenmaterial**, welches die Entwicklung des Unternehmens ohne großen Aufwand offen legt. Gerade in der mehrjährigen Übersicht lassen sich Veränderungen gut nachvollziehen und es ist möglich, auch Auswirkungen dieser Veränderungen auf den Gesamterfolg des Unternehmens zu erkennen.

Blick in die Vergangenheit

Als erster Einstieg in die bewusste Steuerung des Unternehmens ist die Analyse der Daten der Bilanz und der GuV sicher geeignet. Wichtig ist in diesem Zusammenhang aber der zeitliche Faktor. Auch ein KMU sollte darauf achten – und die Banken werden dies mit immer größerem Nachdruck fordern – dass die Bilanz im ersten Halbjahr des Folgejahres erstellt wird. Für die Analyse des Unternehmens ist es sehr nützlich, die Entwicklung der Vergangenheit und die der Zukunft in einer Zeitreihe darzustellen und auch laufend fortzuschreiben. Dies zeigt einerseits die Entwicklung in der Zeitreihe, andererseits auch die strukturellen Veränderungen über die Prozentzahlen. Beispielsweise errechnet man für die einzelnen GuV-Positionen das prozentuale Verhältnis zur Gesamtleistung und in der Bilanz das Verhältnis zur Bilanzsumme. Diese Daten sollten dem Management ständig zur Verfügung stehen (siehe Abb. 58 und 59).

Jahresabschluss frühzeitig erstellen

5.1.1.1 Bilanzentwicklung im Jahresvergleich

Die Bilanz gliedert sich in die Aktiv- und die Passivseite. Die beiden Bilanzseiten werden in einer Übersichtstabelle in jeweils einer Spalte pro Jahr untereinander dargestellt.

Auf der Aktivseite interessiert besonders die Entwicklung des Anlagevermögens, der Bestände und der Forderungen.

Die Veränderung des **Anlagevermögens** im Zeitvergleich gibt Auskunft darüber, ob und in welcher Höhe in den letzten Jahren investiert wurde. Näherungsweise können hier Hinweise über die zukünftige Höhe der Abschreibung gefunden werden. Besser ist es aber, einen Anlagenspiegel zu führen und das Alter und die Abschreibungshöhe der Anlagen hier zu berechnen.

Veränderung des Anlagevermögens

Die Entwicklung der **Vorräte und der Forderungen** aus Lieferungen und Leistungen müssen im Zusammenhang mit dem Umsatz gesehen werden. Steigen diese Positionen bei gleichem Umsatz an, so ist dies ein schlechtes Zeichen. Gleiches gilt auf der Aktivseite für die Position Verbindlichkeiten aus Lieferungen und Leistungen und kurzfristige Bankverbindlichkeiten.

Vorräte und Forderungen

Auf der **Passivseite** zeigt die Entwicklung des Eigenkapitals den kumulierten Erfolg des Unternehmens. Viele Unternehmen leiden heute unter zu wenig oder negativem Eigenkapital. Dies kann daraus resultieren, dass insgesamt mehrere Jahre Verlust erwirtschaftet wurde. Bei der Personengesellschaft kann dies aber auch – und dies ist recht häufig der Fall – durch die Gewinne übersteigende Privatentnahmen entstehen. Auch hier ist die Aneinanderreihung der Bilanzen mehrerer Jahre sehr nützlich, um die Entwicklung des Unternehmens zu analysieren.

Laufzeitgerechte Finanzierung

Beim Vergleich der Aktiv- mit der Passivseite sollte im Sinne der **fristenkongruenten Finanzierung** des Unternehmens darauf geachtet werden, dass sich die Summe aus Vorräten + Forderungen aus Lieferungen und Leistungen + Kasse ähnlich entwickelt wie die Summe aus Verbindlichkeiten aus Lieferungen und Leistungen +

	Bilanzentwicklung								in T€	
	Musterfirma									
	Ist Jahr n - 2	%	Ist Jahr n - 1	%	Vorläufig Jahr n	%	Plan Jahr n + 1	%	Plan Jahr n + 2	%
AKTIVA										
A. Anlagevermögen										
Immaterielle Vermögensgegenstände	0,0	0,0	6,7	0,9	6,7	0,8	6,7	0,7	6,7	0,7
Sachanlagen										
Einbauten und Maschinen	0,0	0,0	0,0	0,0	0,0	0,0	0,0	0,0	0,0	0,0
Grundstücke	0,0	0,0	0,0	0,0	0,0	0,0	0,0	0,0	0,0	0,0
Betriebs- und Geschäftsausstattung	101,1	20,2	96,2	13,1	88,0	10,2	264,0	26,4	244,5	24,4
Finanzanlagen	0,0	0,0	21,7	3,0	21,7	2,5	21,7	2,2	21,7	2,2
B. Umlaufvermögen										
Vorräte – Warenbestand	78,2	15,7	117,4	16,0	58,7	6,8	58,7	5,9	58,7	5,9
Forderungen aus Lief. und Leistungen	274,7	55,0	460,0	62,7	659,6	76,3	618,0	61,8	639,3	63,8
Sonstige Vermögensgegenstände	35,8	7,2	22,6	3,1	23,5	2,7	23,7	2,4	23,5	2,3
Schecks, Kasse, Guthaben	0,5	0,1	1,4	0,2	1,0	0,1	1,0	0,1	2,4	0,2
Rechnungsabgrenzung	7,9	1,6	6,1	0,8	5,9	0,7	5,9	0,6	5,9	0,6
sonstige Aktiva	1,3	0,3	1,5	0,2	0,0	0,0	0,0	0,0	0,0	0,0
Bilanzsumme	499,6	100,0	733,4	100,0	865,0	100,0	999,6	100,0	1.002,5	100,0
PASSIVA										
A. Eigenkapital										
Eigenkapital	48,9	9,8	48,9	6,7	48,9	5,7	48,9	4,9	48,9	4,9
Gewinnvortrag	7,3	1,5	15,4	2,1	18,9	2,2	30,2	3,0	89,9	9,0
Jahresfehlbetrag/-überschuss	6,0	1,2	3,6	0,5	11,3	1,3	59,7	6,0	114,7	11,4
Eigenkapital	62,2	12,4	67,8	9,2	79,1	9,1	138,8	13,9	253,5	25,3
B. Rückstellungen										
Steuerfrei Rücklagen	0,0	0,0	0,0	0,0	0,0	0,0	0,0	0,0	0,0	0,0
Steuerrückstellungen	2,8	0,6	4,0	0,5	3,9	0,5	3,9	0,4	3,9	0,4
Sonst. Rückstellungen	7,8	1,6	9,8	1,3	11,7	1,4	11,7	1,2	11,7	1,2
C. Verbindlichkeiten										
Langfristige Verbindlichkeiten Darlehen	82,0	16,4	56,9	7,8	18,6	2,1	181,3	18,1	166,9	16,7
Kurzfristige Verbindlichkeiten Bank	150,7	30,2	215,0	29,3	326,3	37,7	248,0	24,8	101,7	10,1
Verb. aus Lieferungen und Leistungen	14,8	3,0	213,2	29,1	312,1	36,1	306,7	30,7	328,9	32,8
Umsatzsteuerverbindlichkeiten	22,7	4,5	16,7	2,3	19,6	2,3	19,6	2,0	19,6	2,0
Sonst. Verbindlichkeiten	156,6	31,3	150,1	20,5	93,7	10,8	89,6	9,0	116,3	11,6
Bilanzsumme	499,6	100,0	733,4	100,0	865,0	100,0	999,6	100,0	1.002,5	100,0

Abb. 58: Bilanzentwicklung

kurzfristige Verbindlichkeiten. Im langfristigen Bereich sollte sich das Anlagevermögen (Anlagen + Gebäude) ähnlich entwickeln wie die langfristigen Bankverbindlichkeiten. Die Position Sonstige Forderungen und Sonstige Verbindlichkeiten müssen entsprechend der Laufzeiten zugeordnet werden.

5.1.1.2   Erfolgsentwicklung im Jahresvergleich

Das einfachste Instrument, um die wirtschaftliche Entwicklung eines Unternehmens nachzuvollziehen, ist der **Zeitvergleich der jährlichen Gewinn- und Verlustrechnungen**. Meistens ist es sinnvoll, die letzen drei Jahre zu betrachten. Aus einer einfachen Tabelle (siehe Abb. 59) können dann schon die ersten wichtigen Erkenntnisse gezogen werden. Dabei sollte sich der Vergleich nicht nur auf die absoluten Größen beschränken. Sicher ist interessant, wie der Umsatz in den Jahren gesteigert werden konnte, doch noch viel wichtiger ist es, wie sich das Ergebnis vor Steuern entwickelt hat und welche Einflüsse – auch welche Sondereinflüsse – dazu geführt haben. Hilfreich ist dabei eine Spalte, in der das Verhältnis der jeweiligen   Zeitvergleich
Erlös- oder Kostengröße zur Gesamtleistung dargestellt wird.

Beispielsweise können folgende Fragen beantwortet werden:
- Wie war die Umsatzentwicklung im Vergleich zu den Kosten?
- Wie hat sich die Fremdleistungsquote in den Jahren verändert?
- Warum ist sie im Jahr n so deutlich gestiegen?
- Warum sind in diesem Jahr gleichzeitig die Werbekosten so deutlich gestiegen?

Die Erklärung kann einfach sein. Der Mitarbeiterstamm ist konstant geblieben. Ein Großprojekt wurde mit einem Subunternehmen abgewickelt, das seinen Aufwand in Rechnung gestellt hat (Fremdleistungen). Der Rohertrag konnte zwar um 200 T€ gesteigert werden, die Akquisition des Großauftrages hat aber deutlich höhere Werbekosten als geplant verursacht. Die Rechts- und Beratungskosten sind ebenfalls gestiegen.

    In einem Fertigungsunternehmen kommen für den Material-   Bestands-
bereich folgende Fragen hinzu: Wie haben sich die Bestände an Roh-,   veränderungen
Hilfs- und Betriebsstoffen verändert? Eine Bestandsminderung ist   bewerten
dem tatsächlichen periodenbezogenen Materialverbrauch hinzuzurechnen, während eine Bestandserhöhung den tatsächlichen Verbrauch mindert.

Bei der Ermittlung der Gesamtleistung wird vom Umsatz ausgehend die Veränderung der Bestände an halbfertigen und Fertigwaren berücksichtigt. Eine Bestandserhöhung wird dem Umsatz hinzugerechnet, eine Minderung muss abgezogen werden.

Bei einem weiteren Vergleich der einzelnen Kostenpositionen in absoluten Zahlen und im Verhältnis zur Gesamtleistung sollten größere Unregelmäßigkeiten und Sprünge analysiert werden. Oft liegen

Erfolgsentwicklung Musterfirma									in T€
	IST Jahr n - 2	%	IST Jahr n - 1	%	Vorläufig Jahr n	%	Plan Jahr n + 1	%	Plan Jahr n + 2	%
Bruttoumsatz	1.303,1		1.810,8		2.422,1		2.629,6		2.800,1	
Skonto	0,0	0,0	0,0	0,0	0,0	0,0	0,0	0,0	0,0	0,0
Nettoumsatz	1.303,1		1.810,8		2.422,1		2.629,6		2.800,1	
Bestandsveränderungen	78,2		39,1		./. 58,67		0,0		0,0	
Gesamtleistung	1.381,3	100,0	1.849,9	100,0	2.363,5	100,0	2.629,6	100,0	2.800,1	100,0
Materialaufwand	1,2	0,1	4,9	0,3	0,0	0,0	0,0	0,0	40,1	1,4
Fremdleistungen	1,2	0,1	240,2	13,0	555,9	23,5	567,2	21,6	567,2	20,3
Summe Materialaufwand	2,5	0,2	245,1	13,2	555,9	23,5	567,2	21,6	607,3	21,7
Rohertrag	1.378,8	99,8	1.604,8	86,8	1.807,5	76,5	2.062,4	78,4	2.192,8	78,3
Personalkosten	1.051,1	76,1	1.198,3	64,8	1.246,0	52,7	1.322,3	50,3	1.361,9	48,6
Abschreibungen	27,5	2,0	37,2	2,0	46,9	2,0	66,5	2,5	66,5	2,4
Raumkosten	61,3	4,4	46,5	2,5	52,7	2,2	51,6	2,0	51,6	1,8
Vers. Beitr., Abg., Beratungskosten	3,5	0,3	7,2	0,4	30,4	1,3	17,6	0,7	18,6	0,7
sonst. betr. Aufwendungen	1,1	0,1	5,2	0,3	6,2	0,3	2,4	0,1	2,4	0,1
KFZ-Kosten inkl. Steuer	27,4	2,0	70,6	3,8	89,6	3,8	117,4	4,5	123,2	4,4
Reisekosten	19,8	1,4	28,0	1,5	25,2	1,1	46,9	1,8	46,9	1,7
Werbung	38,5	2,8	86,7	4,7	157,3	6,7	103,5	3,9	105,6	3,8
Reparatur/Instandhaltung	0,8	0,1	0,1	0,0	6,6	0,3	6,7	0,3	6,7	0,2
Fremdarbeiten	35,2	2,6	0,0	0,0	0,0	0,0	0,0	0,0	0,0	0,0
Porto	1,4	0,1	7,9	0,4	7,8	0,3	7,0	0,3	9,4	0,3
Telefon	16,3	1,2	18,4	1,0	21,6	0,9	18,8	0,7	23,5	0,8
Bürobedarf	6,6	0,5	7,7	0,4	13,5	0,6	9,4	0,4	12,7	0,5
Software	1,2	0,1	0,0	0,0	7,8	0,3	28,2	1,1	28,2	1,0
Zeitschriften, Literatur	0,5	0,0	3,0	0,2	2,0	0,1	4,7	0,2	4,7	0,2
Fortbildungskosten		0,0	3,9	0,2	0,4	0,0	7,0	0,3	7,0	0,3
Rechts-/Beratungskosten	20,2	1,5	1,7	0,1	24,1	1,0	35,2	1,3	35,2	1,3
Abschluss- und Prüfungskosten	6,5	0,5	10,5	0,6	9,8	0,4	9,8	0,4	9,8	0,3
Buchführungskosten	8,4	0,6	11,2	0,6	9,5	0,4	11,7	0,4	11,7	0,4
Nebenkosten d. Geldverkehr		0,0	0,0	0,0	0,0	0,0	0,0	0,0	0,0	0,0
Computerleasing	20,2	1,5	44,6	2,4	36,4	1,5	30,5	1,2	30,5	1,1
Sonstige Kosten	11,1	0,8	9,9	0,5	4,9	0,2	7,0	0,3	11,7	0,4
Kosten Gesamt	1.358,6	98,4	1.598,7	86,4	1.798,8	76,1	1.904,2	72,4	1.967,9	70,3
Zinsen kurzfristig	9,0	0,7	22,5	1,2	25,8	1,1	33,3	1,3	8,3	0,3
Zinsen langfristig	3,7	0,3	4,4	0,2	5,4	0,2	26,1	1,0	26,1	0,9
Summe Zinsen	12,7	0,9	26,8	1,5	31,2	1,3	59,3	2,3	34,4	1,2
Zinserträge	1,2	0,1	6,2	0,3	0,0	0,0	0,0	0,0	0,0	0,0
Sonst. betr. Erträge	6,6	0,5	23,4	1,3	35,2	1,5	0,0	0,0	0,0	0,0
Summe Sonst. Erträge	7,8	0,6	29,6	1,6	35,2	1,5	0,0	0,0	0,0	0,0
Betriebsergebnis	15,4	1,1	8,9	0,5	12,7	0,5	98,9	3,8	190,6	6,8
A.o. Aufwand	0,0	0,0	0,0	0,0	./. 0,6	0,0	./. 0,6	0,0	./. 0,6	0,0
A.o. Ertrag	0,0	0,0	0,0	0,0	0,0	0,0	0,0	0,0	0,0	0,0
Ergebnis vor Steuern	15,4	1,1	8,9	0,5	13,3	0,6	99,5	3,8	191,1	6,8
Steuern	9,4	0,7	5,4	0,3	1,9	0,1	39,8	1,5	76,5	2,7
Ergebnis nach Steuern	6,0	0,4	3,6	0,2	11,3	0,5	59,7	2,3	114,7	4,1

Abb. 59: Erfolgsentwicklung eines Dienstleistungsunternehmens

in diesen Auffälligkeiten Potenziale, die bei richtiger Interpretation und entsprechend eingeleiteten Maßnahmen zu Ergebnisverbesserungen führen können. Die Analyse der Vergangenheit kann helfen, die Zukunft so zu planen, dass bessere Ergebnisse erzielt werden.

Beispiel:
- *höherer Umsatz,*
- *gleiche Materialquote,*
- *höherer Rohertrag,*
- *höhere Personalkosten,*
- *höhere sonstige Kosten,*
- *Resultat: geringerer Gewinn.*

Hier wurde der Mehrumsatz mit Produkten erzielt, die nur zu deutlich schlechteren Preisen verkaufbar waren. Eine Überprüfung der Produktkalkulationen mit der Ermittlung der Deckungsbeiträge ist hier notwendig, um die tatsächliche Preisuntergrenze der Produkte festzulegen. Resultat kann dann z. B. sein, dass die Gewinne wieder gesteigert werden können, wenn bestimmte Produkte nicht mehr gefertigt oder bestimmte Kunden mit zu niedrigen Preisen nicht mehr beliefert werden.

Wichtig ist bei dieser Analyse auch, außerordentliche Faktoren innerhalb der GuV zu ermitteln und zu neutralisieren.

Einmalige Ereignisse können beispielsweise sein:
- Umsatz (einmaliger Großauftrag, Abverkauf von Lagerware),
- Personalkosten (Abfindung für einen ausscheidenden Mitarbeiter),
- Abschreibungen (auf nicht mehr realisierbare Forderung),
- Ansparabschreibungen und deren Auflösung,
- Einmalige Großreparatur,
- Ertrag aus dem Verkauf einer Maschine weit über Buchwert.

Werden die Erfolgsplanungen (s. Kapitel 3.3) in der gleichen Struktur wie die zur Verfügung stehenden Vergangenheitszahlen erstellt, kann in einer Übersichtstabelle die Plausibilität der Planung anhand der Vergangenheitswerte überprüft werden. Deutliche Veränderungen bei der Materialquote oder der Personalquote sind dann zu hinterfragen und zu begründen.

Überprüfung der Planung

Entscheidend für den Erfolg eines Unternehmens sind die Positionen:
- Umsatz bzw. Gesamtleistung,
- Materialaufwand,
- Fremdleistung,
- Personalkosten.

Tipp

> Betrachten Sie über einen längeren Zeitraum (z. B. zehn Jahre), wie
> sich Ihre Abschreibungen auf Anlagegüter entwickelt haben.
> Sinkende Abschreibungen haben zwar einen positiven Einfluss auf Ihr
> Ergebnis, zeigen aber andererseits, dass Sie in der jüngeren Vergan-
> genheit nicht mehr investiert haben. Fragen Sie sich dann, wie lange
> Ihre Anlagenausstattung noch wettbewerbsfähig ist. Denken Sie auch
> daran, dass die Abschreibungen Teil Ihres Cash Flows sind.
>
> Sinkende Abschreibungen reduzieren den Cash Flow und erhöhen
> den Gewinn. Dadurch wird die Steuerlast erhöht. Dies bedeutet, dass
> die zur Verfügung stehende Liquidität abnimmt.
>
> Außerdem spielen die Abschreibungen in der Berechnung der Kapital-
> dienstfähigkeit eine wichtige Rolle. Sinken die Abschreibungen, muss
> sich der Gewinn entsprechend erhöhen, um die Kapitaldienstfähigkeit
> zu halten.

Die sonstigen Positionen sollen zwar auch kritisch hinterfragt werden. Diese bilden jedoch nur einen kleinen Teil der Manövriermas-
se. Die Positionen Material + Fremdleistungen + Personalaufwand
sollten in der Summe 70 % nicht wesentlich übersteigen. Wird diese
Quote wesentlich überschritten, ist nur eine schwache Rentabilität
gegeben.

Tipp

> Vergessen Sie nicht, die Bezahlung von Steuern einzuplanen.
> Gerade bei Einzelunternehmen führen Steuernachzahlungen zu
> bösen Überraschungen bzw. Liquiditätsengpässen.

5.1.1.3   Erfolgsentwicklung im Monatsvergleich

**BWA bis zum
15. des Folgemonats**

Die Buchhaltung sollte monatlich abgegrenzt und in Form einer betriebswirtschaftlichen Auswertung (BWA) ausgewertet werden. Diese Auswertung soll monatlich zeitnah, spätestens bis zum 15. des
Folgemonats erfolgen und sowohl die **selektiven** (den Einzelmonat
betreffenden) wie auch **kumulierten** (alle Monate des Geschäftsjahres betreffenden) **Werte** ausweisen. Analysiert werden können
Strukturkennzahlen sowie Vergleiche mit den Vorjahren.

Folgende Positionen sollten in der Buchhaltung berücksichtigt sein,
um zu aussagefähigen Monatszahlen zu kommen:
- Bestandsveränderungen unfertige und fertige Erzeugnisse;
- Bestandsveränderungen RHB;
- kalkulatorisch Weihnachts- und Urlaubsgeld;
- Abschreibungen;

- Abgrenzungen der Jahreszahlungen für z. B. Beiträge/Versicherungen;
- Abgrenzung Zinsen.

Wenige KMU arbeiten mit einer DV-gestützten Warenwirtschaft oder mit monatlichen Zwischeninventuren. Jedes Unternehmen kann jedoch näherungsweise die Werte einstellen bzw. schätzen.

> Stehen Ihrem Unternehmen keine DV-gestützten Daten zur Verfügung, ist eine Schätzung der Werte immer noch besser als überhaupt keine Werte zu haben.

Tipp

Der notwendige Aufwand ist hier sehr von der Branche und vom konkreten Unternehmen abhängig. Ein Dienstleister, der seine Leistungen monatlich abrechnet, wird kaum Bestandsveränderungen zu berücksichtigen haben. Ein Sondermaschinenbauer, der über Monate an einer großen Anlage arbeitet, wird aber unbedingt den Fortschritt aufzeichnen und bewerten müssen, um zu aussagefähigen Monatsergebnissen zu gelangen. Ohne eine entsprechende Lagerwirtschaft ist es nicht möglich zu beurteilen, wie effizient mit dem eingesetzten Material umgegangen wurde, sprich, wie groß z. B. der Ausschuss/Schwund gewesen ist. Gleiches gilt für die Bestände an Halbfertig- und Fertigerzeugnissen. Ohne Bestandsführung in diesem Bereich ist es nicht möglich, aus den Umsatzzahlen heraus die tatsächliche Leistungserbringung des Monats zu bestimmen.

Lagerwirtschaft dient der Effizienzmessung

Andere Werte fallen meist in einem Monat als Summe für das ganze Jahr an, sollten aber gleichmäßig über das gesamte Jahr verteilt werden. Ein gutes Beispiel sind Versicherungen. Sie werden meist als Jahresprämie zum Jahresanfang erhoben. Sie sollten monatlich abgegrenzt werden. Ähnliches gilt für Urlaubsgeld und Weihnachtsgeld. Zinsen werden oft quartalsweise berechnet.

Abgrenzung jährlicher Zahlungen

Abschreibungen und der kalkulatorische Unternehmerlohn werden oft nur jährlich gebucht. Auch hier verbessert eine monatliche Buchung die Vergleichbarkeit.

Unsere Aussage steht im bewussten Widerspruch zur Aussage in Kapitel 3. Bei der Planung wurde Wert darauf gelegt, auch die Zahlungszeitpunkte der Ein- und Auszahlungen möglichst genau zu planen, um eine aussagefähige Liquiditätsplanung für unser Unternehmen zu erhalten. Bei den monatlichen Ergebnisvergleichen wird jedoch die zufällige Be- oder Entlastung eines Monats dadurch eliminiert und so die tatsächlichen betriebsbedingten Erfolge der Monate ermittelt. Für die Liquiditätsbetrachtung müssen diese Positionen nach realem Mittelabfluss eingeplant werden.

Wenn jedoch eine monatliche Bestandsveränderung ermittelt werden kann, so ist eine Gegenüberstellung der monatlichen Planung (Budget) mit den Ist-Zahlen aus der BWA oder ein Vergleich mehrerer Monate durchaus sinnvoll, um Einzelpositionen zu überwachen. Besonders wichtig sind dabei die Materialquote und die Personalquote. Eine höhere Materialquote kann z. B. Hinweis auf erhöhten Ausschuss sein, eine höhere Personalquote auf höhere Fehlzeiten (andere Mitarbeiter mussten dann Überstunden machen) oder allgemeine Probleme im Produktionsprozess (geringere Maschinengeschwindigkeit, Nacharbeiten, etc.).

IST-Entwicklung					selektiv				
	Jan.	Feb.	März	Apr.	Mai	Juni	...	Dez.	Summe	%
Umsatz	102,1	231,1	148,8	382,8	269,4	1.528,6	...	794,0	4.890,2	
BÄ unfertige Leistungen	109,1	189,4	296,8	155,7	-26,5	-1.068,7	...	-468,6	-413,5	
Gesamtleistung	211,3	420,5	445,6	538,6	243,0	459,9	...	325,4	4.476,7	100,0
Materialaufwand	20,0	92,4	53,0	78,3	67,0	46,2	...	51,2	740,5	
Fremdleistungen	9,4	53,7	135,6	108,7	67,1	76,1	...	71,3	814,9	
Summe Materialaufwand	29,4	146,1	188,6	187,0	134,0	122,3	...	122,4	1.555,4	34,7
Rohertrag	181,8	274,4	257,0	351,6	108,9	337,6	...	203,0	2.921,3	65,3
Personalkosten	149,4	169,3	194,2	193,6	176,1	171,9	...	189,1	2.128,9	47,6
Abschreibungen	18,5	18,5	18,5	18,8	18,5	18,5	...	12,9	216,9	4,8
Raumkosten	26,6	12,8	13,3	3,9	11,2	11,4	...	17,3	152,9	3,4
Vers./Beiträge	14,6	5,6	-0,8	12,5	8,3	0,7	...	1,8	70,0	1,6
Rep. und Instandhaltung	4,1	5,5	2,6	-5,7	0,0	0,9	...	4,9	17,3	0,4
Kfz.-Kosten	33,6	1,4	20,9	2,2	8,9	7,8	...	7,2	121,2	2,7
Werbe- und Reisekosten	6,7	3,2	1,2	3,3	0,7	1,3	...	14,1	36,2	0,8
Aufwand Schadensfälle	0,0	0,0	0,0	0,0	0,0	0,0	...	0,0	0,0	0,0
Telefon, Telefax	0,8	0,8	1,8	2,7	3,6	1,1	...	2,2	23,4	0,5
Bürobedarf	1,3	0,7	0,5	0,8	0,3	-1,1	...	0,9	6,5	0,1
Rechts- und Beratungskosten	0,9	1,4	0,3	1,4	1,9	1,0	...	0,8	9,1	0,2
Abschluss- und Prüfungskosten	0,0	0,0	0,0	1,4	6,6	9,2	...	1,0	36,3	0,8
Leasingaufwendungen	7,8	8,4	7,9	7,6	8,5	7,6	...	12,2	100,7	2,3
Wertber. Forderungen	0,0	0,0	0,0	0,0	0,0	0,0	...	0,0	0,0	0,0
Sonst. betr. Aufwendungen	8,6	3,7	1,5	13,3	4,8	10,9	...	7,3	64,4	1,4
Kosten Gesamt	273,0	231,3	261,8	256,0	249,6	241,3	...	271,8	2.983,9	66,7
Zinsen kurzfristig	0,0	0,0	6,8	1,0	0,0	6,6	...	7,0	29,1	0,7
Zinsen langfristig	5,1	4,0	7,1	6,0	5,0	4,9	...	6,6	66,5	1,5
Summe Zinsen	5,1	4,0	13,9	7,0	5,0	11,5	...	13,6	95,6	2,1
Zinserträge	0,0	0,0	0,0	0,0	0,0	0,0	...	0,0	0,1	0,0
Sonst. betr. Erträge	0,0	0,0	0,0	0,0	0,0	11,3	...	0,1	38,2	0,9
Summe Sonst. Erträge	0,0	0,0	0,0	0,0	0,0	11,3	...	0,1	38,3	0,9
Betriebsergebnis	-96,3	39,2	-18,8	88,6	-145,6	96,1	...	-82,3	-119,9	-2,7
A.o. Aufwand	0,0	0,0	0,0	0,0	0,0	0,0	...	0,0	0,0	0,0
A.o. Ertrag	0,0	0,0	4,5	4,8	2,3	-5,6	...	202,0	202,0	4,5
Ergebnis vor Steuern	-96,3	39,2	-14,2	93,5	-143,3	90,5	...	119,7	82,1	1,8
Steuern	0,0	0,0	0,0	0,0	0,0	0,0	...	0,0	6,1	0,1
Ergebnis nach Steuern	-96,3	39,2	-14,2	93,5	-143,3	90,5	...	119,7	75,9	1,7

Abb. 60: Ist-Entwicklung selektiv

Weitere Abweichungsgründe können z. B. sein:

- die Leistungsfähigkeit/Leistungsbereitschaft der Mitarbeiter;
- Fehleinschätzungen bei der Kalkulation;
- Fehleinschätzungen bei der Verfahrenswahl;
- nachträgliche Sonderwünsche des Kunden.

Auch Stromkosten, Kosten für Reparaturen und Instandhaltung und andere dem Produktionsprozess direkt zuordenbare Kosten lassen sich in ähnlicher Weise monatlich analysieren.

5.1.1.4   Monatlicher Soll-Ist-Vergleich der Erfolgszahlen

Die **Gegenüberstellung** der **Ist**- mit den **Planerfolgszahlen** stellt monatliche Erkenntnisse zur Steuerung des Unternehmens zur Verfügung. In Abb. 60 sind eine selektive und eine kumulative Betrachtung eingebaut, ebenso ein Vorjahresvergleich. So kann die Situation des Unternehmens mit wenig Zeitaufwand umfassend eingeschätzt werden. Die Aufgabe des Controllings ist es, Abweichungen möglichst schnell zu erkennen, deren Tragweite einzuschätzen und gegebenenfalls Korrekturmaßnahmen einzuleiten.

Abweichungen schnell erkennen

Abweichungen können die unterschiedlichsten Ursachen haben z. B.:

- Fehlerhaftes historisches Datenmaterial:
  z. B. Fehlbuchungen in der letzten GuV. Dadurch falsche Planungsbasis und fehlerhafte Planung (Beispiel: Reparaturkosten waren zu hoch angesetzt, weil im vergangenen Jahr ein teures Neuteil nicht aktiviert wurde, sondern in den Aufwand gebucht wurde).
- Unrealistische Planung:
  Dieses Phänomen treffen wir häufig bei der Umsatzplanung an. Nicht alle Kunden, die anfragen, kaufen auch und vor allem kaufen alle meist später und oft auch etwas weniger als geplant.
- Unerwartete externe Faktoren:
  z. B. unerwartete Preiserhöhungen bei Rohstoffen, unerwartete Tarifabschlüsse, veränderte Wettbewerbssituation.

Ursachen von Abweichungen

- Störung des Leistungsprozesses:
  Kündigungen, Maschinenbruch, oder positiv: Verbesserung des Verfahrens.
- Fehler in der Verbuchung der Istwerte.
  Der Soll/Ist-Vergleich (s. Abb. 61) ist ein zentrales Steuerungs-Element des Controllings. Jedes Unternehmen, auch das Kleinstunternehmen, sollte dieses Instrument einsetzen. Es dient dazu, Fehlentwicklungen zeitnah zu erkennen, nur dann kann entsprechend gegengesteuert werden oder es kann eine positive Entwicklung noch weiter verbessert werden.

Soll-Ist-Vergleich Monat

	Monat						Jahr								
	Plan	%	Ist	%	Abw.	%	Plan	%	Ist	%	Abw.	%	Vorj.	%
Bruttoumsatz	1.521,6		1.830,0		308,4	20,3	9.300,0		9.220,0		-80,0	-0,9	8961,2	
Skonto	7,6		6,5		1,1		62,1		16,0		46,1	-74,3	59,3	
Nettoumsatz	1.514,0		1.823,5		309,5	17,0	9.237,9		9.204,0		-33,9	-0,4	8901,9	
BÄ unfertige Leistungen	0,0		30,0		30,0		0,0		-20,0		-20,0		107,4	
Gesamtleistung	1.514,0	100,0	1.853,5	100,0	339,5	22,4	9.237,9	100,0	9.184,0	100,0	-53,9	-0,6	9009,2	100,0
RHB und bezogene Waren	1.234,0	81,5	1.464,3	79,0	-230,3	-18,7	7.528,9	81,5	7.485,0	81,5	43,9	0,6	7200,4	79,9
Fremdleistungen	7,0	0,5	35,0	1,9	-28,0	-400,0	46,2	0,5	45,0	0,5	1,2	2,6	94,5	1,0
Materialaufwand	1.241,0	82,0	1.499,3	80,9	-258,3	-20,8	7.575,1	82,0	7.530,0	82,0	45,1	0,6	7294,9	81,0
Rohertrag	273,0	18,0	354,2	19,1	81,2	29,8	1.662,8	18,0	1.654,0	18,0	-8,8	-0,5	1714,4	19,0
Personalkosten	178,2	11,8	222,2	12,0	-44,0	-24,7	1.069,2	11,6	1.204,0	13,1	-134,8	-12,6	991,9	11,0
Raumkosten	6,2	0,4	6,2	0,3	0,0	-0,2	37,1	0,4	37,1	0,4	0,0	0,1	58,8	0,7
Betr. Steuern	0,5	0,0	1,2	0,1	-0,7	-161,8	2,8	0,0	3,0	0,0	-0,3	-9,1	4,3	0,0
Vers./ Beiträge	3,0	0,2	2,5	0,1	0,5	16,1	17,9	0,2	19,0	0,2	-1,1	-6,3	9,5	0,1
—	—		—		—		—		—		—		—	
Kosten Gesamt	231,3	15,3	268,5	14,5	-37,2	-16,1	1.405,7	15,2	1.521,5	16,6	-115,7	-8,2	1628,9	18,1
Zinsen kurzfristig	5,0	0,3	6,7	0,4	-1,7	-34,0	30,0	0,3	35,0	0,4	-5,0	-16,7	32,4	0,4
Zinsen langfristig	14,0	0,9	14,0	0,8	0,0	0,0	84,0	0,9	84,0	0,9	0,0	0,0	92,1	1,0
Summe Zinsen	19,0	1,3	20,7	1,1	-1,7	-8,9	114,0	1,2	119,0	1,3	-5,0	-4,4	124,5	1,4
Zinserträge	0,5	0,0	0,9	0,0	0,4	-80,0	3,0	0,0	1,5	0,0	-1,5	50,0	1,1	0,0
Sonst. betr. Erträge	0,0	0,0	3,4	0,2	3,4		3,0	0,0	20,0	0,2	17,0		48,9	0,5
Summe sonst. Erträge	0,5	0,0	4,3	0,2	3,8	757,5	6,0	0,1	21,5	0,2	15,5	258,3	50,0	0,6
Betriebsergebnis	23,2	1,5	69,3	3,7	46,1	198,6	149,1	1,6	35,0	0,4	-114,0	-76,5	11,0	0,1
A.o. Aufwand	0,0	0,0	17,0	0,9	-17,0		0,0	0,0	17,0	0,2	-17,0		0,0	0,0
A.o. Ertrag	0,0	0,0	0,0	0,0	0,0		0,0	0,0	0,0	0,0	0,0		0,0	0,0
Ergebnis vor Steuern	23,2	1,5	52,3	2,8	29,1	125,3	149,1	1,6	18,0	0,2	-131,0	-87,9	11,0	0,1
Steuern	3,5	0,2	7,8	0,4	-4,4	125,3	22,4	0,2	2,7	0,0	19,7	-87,9	25,8	0,3
Ergebnis nach Steuern	19,7	1,3	44,5	2,4	24,7	125,3	126,7	1,4	15,3	0,2	-111,4	-87,9	-14,8	-0,2

Abb. 61: Soll-/Ist-Vergleich

Tipp

> Das Wichtigste ist, dass sich das Management mit diesen Daten aktiv auseinandersetzt. Damit verändern sich Denken und Einstellungen der Menschen. Dies ist ein wichtiger Schritt zur aktiven Unternehmenssteuerung. Damit beginnt Controlling.

5.1.2 Branchenvergleiche

Ein Vergleich des eigenen Unternehmens mit Branchendurchschnittszahlen kann wichtige Hinweise für die Unternehmenssteuerung geben. Dies gilt sowohl für Erfolgs- wie auch für Bilanz- und Liquiditätskennzahlen.

Folgende Punkte sollten beachtet werden:

- Es ist ein Unterschied, ob firmeneigene Grundstücke/Gebäude vorhanden sind oder ob sich das Unternehmen in gemieteten Räumen befindet.
- Werden eigene oder geleaste Maschinen eingesetzt?
- Handelt es sich um eine Personen- oder Kapitalgesellschaft? Bei der Personengesellschaft ist kein Unternehmerlohn berücksichtigt.

Vergleiche machen hier nur zwischen ähnlichen Unternehmen Sinn. Informationen erhält man von Banken, Verbänden oder Kammern.

Banken, z.B. die Sparkassenorganisation, liefern sehr aussagefähige Branchenvergleiche. Beispielsweise werden in der Sparkassenorganisation die Jahresabschlüsse aller Sparkassenkunden zentral zu Branchenzahlen zusammengefasst.

Ähnliche Unternehmen aussuchen

5.2   Bereichscontrolling

Unter dem Begriff Bereichscontrolling werden Controllinginstrumente für die funktionalen Bereiche

- Vertrieb,
- Konstruktion/Forschung/Entwicklung,
- Einkauf und
- Produktion

des Unternehmens verstanden. Die Reihenfolge scheint auf den ersten Blick ungewöhnlich, orientiert sich aber am klassischen mittelständischen Auftragsfertiger, der zuerst am Markt einen Auftrag holt, sich dann Gedanken über die Umsetzung macht, die entsprechenden Rohmaterialien beschafft und dann produziert.

Controlling für Unternehmens-bereiche

Der kostenrechnerische Ansatz benötigt zahlreiche Informationen der Kosten- und Leistungsrechnung. Diese Informationen werden, entsprechend aufbereitet und neu gegliedert, für das Controlling in den einzelnen Bereichen verwendet. Die Abb. 62 zeigt die Herkunft der Basisinformationen auf.

Eine weitere Möglichkeit ist es, sich an den Prozessen des Unternehmens zu orientieren. In diesem Fall wird der gesamten Wertschöpfungsprozess von »order to delivery«, also vom Auftragseingang, Entwicklung, Arbeitsplan und Stücklistenerstellung, Einkauf, Produktion, Qualitätssicherung bis zur Auslieferung eines bestimmten Produktes betrachtet. Diese Organisationsform begegnet uns aber in den KUM heute nur sehr wenig und ist auch nur dann geeignet, wenn ein leistungsfähiges Rechnungswesen und Controlling auf Bereichsebene bereits vorhanden ist.

5.2.1   Vertriebscontrolling

Das Vertriebscontrolling ist heutzutage sicher einer der wichtigsten Controllingbereiche überhaupt. **Kein anderer Teilbereich wird so stark über Ziele und Pläne gesteuert wie der Vertrieb.** Außerdem kann hier der Erfolg oder Misserfolg von Maßnahmen relativ zeitnah gemessen werden. In fast allen Branchen wird der Wettbewerb härter und nur das Unternehmen kann überleben, dass seine Produkte und Leistungen in ausreichender Menge zum auskömmlichen Preis

Steuerung über Ziele

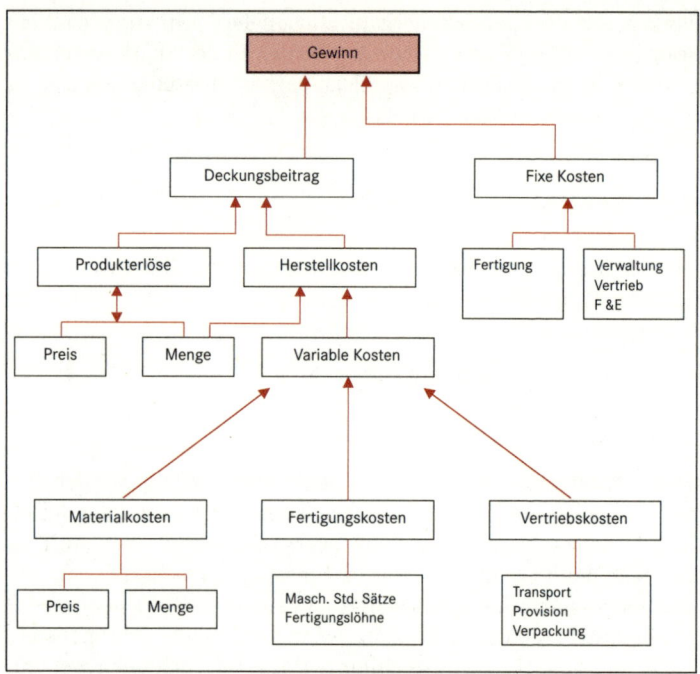

Abb. 62: Gewinneinflussfaktoren (angelehnt an Männel, S. 719)

am Markt verkauft. Produkte, die sich quasi von alleine verkaufen, gibt es kaum noch. Der Verkauf, oder genauer der Verkäufer, ist ein **zentraler Erfolgsfaktor**. Deshalb ist es seit langem in vielen Branchen üblich, den Verkäufer direkt oder indirekt an seinem Verkaufserfolg zu beteiligen, sei es über Provisionen, Gratifikationen oder Incentives.

5.2.1.1 Controlling von Werbemaßnahmen

Vertrieb fängt meistens mit Werbung an und Werbung ist meist teuer. Deshalb sollten Sie sich über den **Erfolg oder Misserfolg von Werbemaßnahmen** systematisch Gedanken machen. Haben Sie schon einmal alle Ihre Kunden angeschrieben, um ihnen ein neues Produkt vorzustellen? Wie hoch war die Rücklaufquote? Oder werben Sie über Zeitungsanzeigen? Wenn Sie beispielsweise Einzelhändler sind oder einen Fabrikverkauf haben, wissen Sie dann, welche Kunden auf welche Anzeigen reagieren? Im Allgemeinen trifft man bei kleinen und mittleren Unternehmen häufig die zwei folgenden Werbestrategien an:

1. Diese Gruppe wirbt so gut wie gar nicht. Die Unternehmen haben einen überschaubaren Kundenkreis in einem überschaubaren Vertriebsgebiet und glauben, dass es in diesem Gebiet keine weiteren

Kunden gibt und das Vertriebsgebiet nur mit unvertretbar hohem Aufwand ausgedehnt werden kann. Oft sind diese Unternehmen von einigen, wenn nicht sogar nur von einem Großkunden abhängig. Neue Kunden kommen eher zufällig hinzu, z. B. auf Grund von Bekanntschaften oder Empfehlungen. Bei rückläufigem Umsatz oder dem Wegfall eines Großkunden erinnert man sich plötzlich, dass man neue Kunden werben sollte. Dann fehlen aber geeignete Unterlagen, geeignetes Adressmaterial, einfach alles, um sinnvolle Werbung zu machen. In diesen Fällen macht natürlich ein Controllinginstrument für Werbemaßnahmen keinen Sinn. Hier beginnt die Arbeit mit der Analyse, wie groß die Abhängigkeit des Unternehmens von einzelnen Kunden ist und was passiert, wenn im schlimmsten Fall ein solcher Kunde wegbricht. Dieses Szenario wird in den meisten Fällen zu schlechten Ergebnissen führen. Wichtig wäre es dann, sich aus dieser großen Abhängigkeit zu lösen und den Umsatz des Unternehmens auf eine breitere Basis zu stellen. Hierzu sind entsprechende Werbemaßnahmen nötig, womit wir beim zweiten Typ angekommen wären.

Abhängigkeit von Großkunden

2. Das Unternehmen erstellt zahlreiche Werbeunterlagen, besucht Ausstellungen und Messen, versendet Mailings nimmt andere oft teure Werbeaktionen wahr. Der Erfolg oder Misserfolg der Maßnahmen wurde aber meistens gar nicht oder nur unzureichend dokumentiert. Kunden wurden nicht befragt, ob die ihnen zugesandten Werbeunterlagen die Informationen enthielten, die für sie notwendig sind, das Unternehmen entsprechend zu bewerten und Produkte anzufordern. Auf Messen wurden zwar zahlreiche Kontakte geknüpft, diese aber wenig gepflegt und entsprechend ist aus den wenigsten dieser Kontakte auch ein Auftrag entstanden.

Nachbearbeitung von Werbemaßnahmen

Tipp

Um eine Werbeaktion nicht verpuffen zu lassen und auf diese Weise unnötig Geld zu verlieren, empfehlen wir Ihnen folgendes Vorgehen: Setzen Sie Kennzahlen wie z. B. Rücklaufquote oder Kosten pro Kontakt ein. Anhand dieser Größen lassen sich der Erfolg oder Misserfolg der Werbung besser messen, aus den ermittelten Zahlen entsprechende Schlüsse ziehen und diese Erkenntnis dann bei der Durchführung der nächsten Werbemaßnahme umsetzen.

Beachten Sie, dass Werbung in vielen Fällen erst langfristig Erfolge zeigt. Wenn z. B. die Rücklaufquote bei der ersten Maßnahme unbefriedigend ausfällt, sollte das noch lange kein Grund sein, gleich das Handtuch zu werfen. Es ist durchaus üblich, dass sich der Erfolg oder die gewünschten Reaktionen erst nach der vierten oder fünften Maßnahme einstellen. Es ist also ein langer Atem gefragt. Dies sollten Sie auch unbedingt bei der Kostenplanung berücksichtigen, damit Ihnen nach der ersten Werbeaktion nicht das Geld ausgeht.

Folgende Kennzahlen können zum Thema Werbeerfolg eingesetzt werden:

- Rücklaufquote bei Anzeigen, Mailings, etc.,
- Absatzverhalten nach Sonderaktionen,
- Kosten-Nutzen-Relation.

Tipp

Der Erfolg von Werbemaßnahmen hängt sehr eng mit der Kundenbindung zusammen. Was wissen Sie überhaupt über Ihre Kunden? Wenn Sie genau wissen, auf welche Werbung Ihre Kunden – oder besser noch diejenigen, die Sie gerne als Kunden hätten – reagieren, können Sie auch ihre Werbemaßnahmen optimal steuern. Das beste Mittel, sich diese Informationen zu beschaffen, ist, Ihre Kunden danach zu fragen. Dabei sollten Sie sie natürlich nicht mit endlosen Fragebögen schrecken. Versuchen Sie zunächst, die wichtigsten Informationen zu bekommen. Legen Sie als Einzelhändler eine Liste neben die Kasse. Fragen Sie nur nach der Postleitzahl des Wohnortes und nach dem Werbemedium, durch das der Kunde aufmerksam wurde. Schon diese Informationen können Ihnen helfen, ökonomischer zu werben, indem Sie beispielsweise teure Zeitungsanzeigen vermeiden, wenn der Fragebogen ergeben hat, dass diese sowieso keinen Kunden zu Ihnen bringen. Ergänzen Sie die Liste mit Informationen darüber, was der Kunde gekauft hat. Falls Sie regionale Unterschiede ermitteln, können Sie ihre Werbung entsprechend gestalten. Fragen Sie Ihren Kunden dann, was die wichtigsten Kriterien für ihn waren, warum er gerade bei Ihnen kauft. Zusammen mit den Gründen der Ablehnung von Angeboten (s.u.) machen Sie damit den ersten Schritt zu einer Stärken- und Schwächen-Analyse Ihres Unternehmens.

Zufriedenheitsmessung von Kunden durch Fragebögen

Dabei ist ein Fragebogen eine gute Möglichkeit, systematisch **Schwachstellen aus Kundensicht** aufzudecken. Versuchen Sie neben der Zufriedenheit der Kunden auch nach der Wichtigkeit zu fragen, die eine bestimmte Leistung für den Kunden hat. Orientieren Sie sich also an den Bedürfnissen Ihrer Kunden und setzen Sie bei den Produkten und Leistungen Prioritäten, wo der Nutzen und die Wichtigkeit für Ihre Kunden am größten sind.

Die Abb. 63 zeigt einen Fragebogen für eine Kundenbefragung:

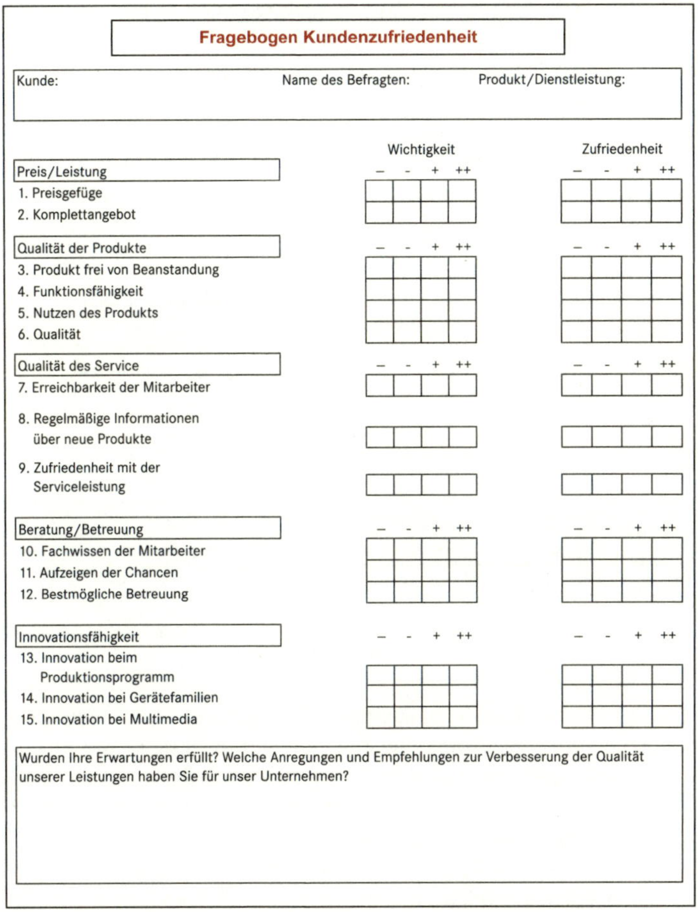

Fragebogen Kundenzufriedenheit

Kunde: Name des Befragten: Produkt/Dienstleistung:

	Wichtigkeit	Zufriedenheit
	− - + ++	− - + ++

Preis/Leistung
1. Preisgefüge
2. Komplettangebot

Qualität der Produkte
3. Produkt frei von Beanstandung
4. Funktionsfähigkeit
5. Nutzen des Produkts
6. Qualität

Qualität des Service
7. Erreichbarkeit der Mitarbeiter
8. Regelmäßige Informationen über neue Produkte
9. Zufriedenheit mit der Serviceleistung

Beratung/Betreuung
10. Fachwissen der Mitarbeiter
11. Aufzeigen der Chancen
12. Bestmögliche Betreuung

Innovationsfähigkeit
13. Innovation beim Produktionsprogramm
14. Innovation bei Gerätefamilien
15. Innovation bei Multimedia

Wurden Ihre Erwartungen erfüllt? Welche Anregungen und Empfehlungen zur Verbesserung der Qualität unserer Leistungen haben Sie für unser Unternehmen?

Abb. 63: Fragebogen Kundenzufriedenheit (s. Nagel 2001, S. 113)

Werbung und Marketing sind äußerst wichtige Bestandteile der Unternehmenssteuerung, deswegen ist ein sinnvoller Einsatz der Ressourcen, das heißt mit wenig Aufwand möglichst viel Wirkung zu erzielen für den Erfolg des Unternehmens entscheidend.

5.2.1.2 Angebotscontrolling/Trefferquote

Kunden, die Interesse am Erwerb von Produkten Ihres Unternehmens haben, fordern Sie vielleicht auf, ein Angebot abzugeben. Jedes Angebot, das Ihr Haus in Richtung Kunde verlässt, sollten Sie erfassen und genau verfolgen. Die erste Analyse, die sich aus erfolgreichen und nicht erfolgreichen Angeboten ableiten lässt, ist die so genannte **Trefferquote**.

Trefferquote

In kleineren Unternehmen ist es empfehlenswert, diese Analyse für jeden einzelnen Kunden bzw. für verschiedene Produkte durchzuführen. Bei größeren Unternehmen kann es sinnvoll sein, die Angebots-Statistik entsprechend der Vertriebsstruktur zu gliedern. Sind zum Beispiel mehrere Außendienstmitarbeiter für verschiedene Vertriebsgebiete zuständig und sind für diese Vertriebsgebiete Ziele bezüglich der absolvierten Kundenbesuche und der abgegebenen Angebote vereinbart, kann die Einhaltung dieser Ziele verfolgt werden (s. Abb. 64).

	Angebote														
	Selektiv (monatlich)											Kumuliert (März-Mai)			
	März				April				Mai							
	Soll Stück	Ist Stück	Abweichung		Soll Stück	Ist Stück	Abweichung		Soll Stück	Ist Stück	Abweichung		Soll Stück	Ist Stück	Abweichung	
			Stück	%			Stück	%			Stück	%			Stück	%
Vertriebsgebiet A	20	15	-5	-25%	20	18	-2	-10%	25	26	1	4%	65	59	-6	-9%
Vertriebsgebiet B	20	22	2	10%	20	21	1	5%	25	25	0	0%	65	68	3	5%
Vertriebsgebiet C	25	24	-1	-4%	25	25	0	0%	30	25	-5	-17%	80	74	-6	-8%
Vertriebsgebiet D	20	20	0	0%	20	21	1	5%	25	27	2	8%	65	68	3	5%
Vertriebsgebiet E	28	30	2	7%	28	33	5	18%	32	39	7	22%	88	102	14	16%

Abb. 64: Beispiel Angebotsverfolgung nach Vertriebsgebieten/Vertretern

Aber nicht die Anzahl der abgegebenen Angebote entscheidet über den Erfolg unserer Akquisitionsmaßnahmen. Wichtig ist die Anzahl der Angebote, die dann auch zu konkreten **Aufträgen** führen. Auch hier kommt es auf die Größe und Struktur des Unternehmens an, ob Aufzeichnungen über den Erfolg von Angeboten, Kunden, Kundengruppen, Verkaufsgebieten, Produkten, Produktgruppen oder Zeitperioden geführt werden.

Entwicklung des Auftragseingangs

Die Abb. 65 zeigt die monatliche Entwicklung von Angeboten und Auftragseingang, errechnet eine Trefferquote und schreibt den Auftragsbestand fort. In der 2. Spalte sind die Anzahl der Angebote und die Summe der Angebotswerte angegeben. Die monatlich erhaltenen Aufträge werden nach Betrag und Stückzahl fortgeschrieben.

Die Trefferquote wird aus dem Anteil des tatsächlichen Auftragseinganges an dem Volumen der Angebote errechnet. Die Spalte Umsatz enthält den effektiv geleisteten Umsatz des jeweiligen Monats. Aus dem Auftragsbestand des Vormonats zuzüglich Auftragseingang abzüglich Umsatz ergibt sich der noch abzuarbeitende Auftragsbestand. Die Reichweite in Monaten oder Tagen errechnet sich aus Auftragsbestand gesamt dividiert durch den durchschnittlichen

Reichweite als Frühwarnindikator

Monatsumsatz. Dieses Instrument kann sehr gut als **Frühwarnindikator** für kritische Entwicklungen dienen. Gehen die Angebote

	Angebotsverfolgung							
Monat	**Angebote**		**Auftragseingang**		**Trefferquote** Wert in %	**Umsatz**	**Auftrags bestand**	**Reichweite in Monaten**
	Anzahl	**Wert €**	**Anzahl**	**Wert €**	Auftragseingang/ Angebote * 100	**€**	**€**	Auftragsbest./ Monatsleist.
Januar	20	350.000	2	90.000	26	60.000	30.000	2,00
Februar	18	315.000	2	70.000	22	60.000	40.000	0,67
März	23	425.000	1	40.000	9	80.000	0	0,00
April	20	310.000	3	95.000	31	90.000	5.000	0,06
Mai	21	360.000	4	120.000	33	80.000	45.000	0,56
Juni	20	350.000	2	60.000	17	60.000	45.000	0,75
Juli	21	390.000	3	90.000	23	75.000	60.000	0,80
August	16	280.000	2	70.000	25	60.000	70.000	1,17
September	19	340.000	3	85.000	25	75.000	80.000	1,07
Oktober	23	410.000	2	55.000	13	60.000	75.000	1,25
November	21	360.000	1	42.000	12	90.000	27.000	0,30
Dezember	18	330.000	2	78.000	24	80.000	25.000	0,31

Abb. 65: Angebotsverfolgung

zurück, ist in absehbarer Zeit mit einem rückläufigen Umsatz zu rechnen. Das Management kann frühzeitig Gegenmaßnahmen ergreifen.

Für Angebote, die noch nicht zu Aufträgen geführt haben, gilt Folgendes:

Tipp

✔ Fragen Sie nach, warum Sie den Auftrag nicht erhalten haben, geben Sie erst auf, wenn Sie die Gründe wirklich kennen.

✔ Versuchen Sie wenn möglich nachzubessern.

✔ Erstellen Sie eine Aufstellung/Statistik über die Ablehnungsgründe.

Wenn Sie die Gründe kennen, die dazu führen, dass nicht Sie, sondern ein anderer den Auftrag bekommt, sind Sie zumindest auf dem Weg, den nächsten Auftrag zu bekommen. Sie müssen herausfinden, ob Sie zu teuer oder zu langsam sind, oder ob Ihre Qualität zu schlecht oder auch zu gut ist und Sie deshalb zu teuer sind.

5.2.1.3 Umsatzcontrolling

Ein Unternehmen muss wissen, welche wichtigen Schlüsse es aus der Gegenüberstellung von Planumsätzen und tatsächlich erreichten Umsätzen ziehen kann. Dabei ist es sehr sinnvoll, für die Planung und den Soll-Ist-Vergleich Formulare mit identischer Struktur zu verwenden. Als Zeitraum für die meisten Soll-Ist-Vergleiche wird im Allgemeinen ein Monat gewählt. Kürzere Zeiträume sind unwirtschaftlich und vom Aufwand her nicht vertretbar, bei länge-

Monatliche Umsatzkontrolle

ren Zeiträumen wird die Möglichkeit, auf Abweichungen schnell zu reagieren, zu stark eingeschränkt. Voraussetzung hierfür ist es natürlich, dass die Ist-Zahlen zu einem möglichst frühen Zeitpunkt, spätestens zwei Wochen nach Monatsende zur Verfügung stehen. Ergänzt werden können diese monatlichen Soll-Ist-Vergleiche selbstverständlich durch die Betrachtung einzelner Geschäftsvorfälle, wie z. B. die detaillierte Abrechnung eines Großauftrags.

Beispiel:

Ein Kisten- und Palettenhersteller hat seine Umsatzplanung nach Produktgruppen und innerhalb der Produktgruppen nach Kunden gegliedert. Der Kundenumsatz war als Produkt der Planmenge und des kundenindividuellen Planpreises geplant. Leicht lassen sich hier die ersten wichtigen Erkenntnisse aus einem Soll-Ist-Vergleich ableiten (s. Abb. 66):

Soll/Ist-Vergleich Umsatz

in €		Monat 05 - selektiv -				Monate 1 - 5 - kumuliert -			
		Soll	Ist	Abw.	%	Soll	Ist	Abw.	%
Umsätze									
Palettenfertigung									
Kunde 1	Stückzahl	16.500	17.230	730	4,4	82.500	86.150	3.650	4,4
	Umsatz	50.325	52.414	2.089	4,2	251.625	262.068	10.443	4,2
Kunde 2	Stückzahl	29.450	28.450	-1.000	-3,4	147.250	142.250	-5.000	-3,4
	Umsatz	89.823	90.756	933	1,0	449.113	453.778	4.665	1,0
Kunde 3	Stückzahl	21.600	25.640	4.040	18,7	108.000	128.200	20.200	18,7
	Umsatz	68.256	71.792	3.536	5,2	341.280	358.960	17.680	5,2
Zwischensumme I		**208.404**	**214.961**	**6.558**	**3,1**	**1.042.018**	**1.074.806**	**32.788**	**3,1**
Kistenfertigung									
Kunde 1	Stückzahl	14.580	10.300	-4.280	-29,4	72.900	51.500	-21.400	-29,4
	Umsatz	134.865	109.180	-25.685	-19,0	674.325	545.900	-128.425	-19,0
Kunde 2	Stückzahl	10.510	10.820	310	2,9	52.550	54.100	1.550	2,9
	Umsatz	103.524	110.364	6.840	6,6	517.618	551.820	34.202	6,6
Kunde 3	Stückzahl	6.260	6.300	40	0,6	31.300	31.500	200	0,6
	Umsatz	64.541	64.890	349	0,5	322.703	324.450	1.747	0,5
Kunde 4	Stückzahl	8.580	9.100	520	6,1	42.900	45.500	2.600	6,1
	Umsatz	89.404	95.095	5.691	6,4	447.018	475.475	28.457	6,4
Zwischensumme II		**392.333**	**379.529**	**-12.804**	**-3,3**	**1.961.664**	**1.897.645**	**-64.018**	**-3,3**
Verpackung									
Kunde 1		26.973	21.836	-5.137	-19,0	134.865	109.180	-25.685	-19,0
Kunde 2		20.705	22.073	1.368	6,6	103.524	110.364	6.841	6,6
Kunde 3		12.908	12.978	70	0,5	64.541	64.890	349	0,5
Kunde 4		17.881	19.019	1.138	6,4	89.404	95.095	5.691	6,4
Zwischensumme III		**78.467**	**75.906**	**-2.561**	**-3,3**	**392.333**	**379.529**	**-12.804**	**-3,3**
Transporte									
Palette		811	902	91	11,3	4.053	4.510	457	11,3
Kiste Kunde 1+2		15.631	16.301	670	4,3	78.155	81.505	3.350	4,3
Kiste Kunde 3+4		7.804	7.405	-399	-5,1	39.022	37.025	-1.997	-5,1
Zwischensumme IV		**23.435**	**24.608**	**1.173**	**5,0**	**117.177**	**123.040**	**5.863**	**5,0**
Summe Umsatz		**702.638**	**695.004**	**-7.634**	**-1,1**	**3.513.191**	**3.475.020**	**-38.171**	**-1,1**

Abb. 66: Soll-Ist-Vergleich Umsatzplanung

- *Der Kunde hat die Planmenge nicht erreicht oder übertroffen (Mengenabweichung).*
- *Es wurde ein niedrigerer oder höherer Preis pro Stück erreicht (Preisabweichung) als geplant.*

Die Abb. 67 zeigt die Analyse einer **Mengen- und Preisabweichung** am Beispiel der Palettenfertigung, Kunde 3:

Mengenabweichung			Preisabweichung			Gesamtabweichung	
25.640 x	3,16 =	81.022,40	25.640 x	2,80 =	71.792,00	+	12.766,40
./. 21.600 x	3,16 =	./. 68.256,00	./. 25.640 x	3,16 = ./.	81.022,40	./.	9.230,40
		+ 12.766,40		./.	9.230,40	+	3.536,00

Abb. 67: Preis-, Mengenabweichung

Es ist sehr leicht zu erkennen, dass hier über den Preis verkauft wurde. Beim Mengenvergleich zum Planpreis erhält man eine Abweichung von + 12.766,40. Beim Preisvergleich zur Ist-Menge ergibt sich eine Abweichung von ./. 9.230,40. Die tatsächliche Abweichung beträgt 3.536,00. Je nach Preiselastizität kann dies positiv oder negativ sein. **Soll-Ist-Vergleich Umsatz**

Voraussetzung für diesen Soll-Ist-Vergleich ist, dass nicht nur die kumulierten Kundenumsätze, sondern auch die Stückzahlen, die der Kunde abgenommen hat, bekannt sind. Bei einem reinen Umsatzvergleich kann nämlich das Umsatzziel durchaus erreicht sein, auch wenn der Kunde eine größere Menge zu einem niedrigeren Preis abgenommen hat. Solche Kompensationen zwischen Mengen- und Preisabweichung sollten aber erkannt werden, um die Wertigkeit der einzelnen Kunden oder Produkte für das Unternehmensergebnis zu erkennen. Zu beachten sind bei dieser Rechnung auch die Erlösschmälerungen. Werden in der Planung von den Planbruttoerlösen Plan-Erlösschmälerungen abgezogen, so müssen im Soll-Ist-Vergleich diese Plan-Erlösschmälerungen erneut berücksichtigt werden, da zum Zeitpunkt der Erstellung des Soll-Ist-Vergleichs die tatsächlichen Erlösschmälerungen oftmals noch nicht bekannt sind. Wurde mit Nettoumsätzen geplant, muss im Soll-Ist-Vergleich mit Nettoumsätzen gerechnet werden. Ein besonderes Problem bei dieser Vorgehensweise liegt bei eventuell vergebenen Rabatten oder Boni, die als Erlösschmälerungen ausgewiesen werden. Bei den Ist-Umsätzen, die wir für unseren Soll-Ist-Vergleich heranziehen, müssen diese Rabatte unbedingt berücksichtigt werden. **Erlösschmälerungen berücksichtigen**

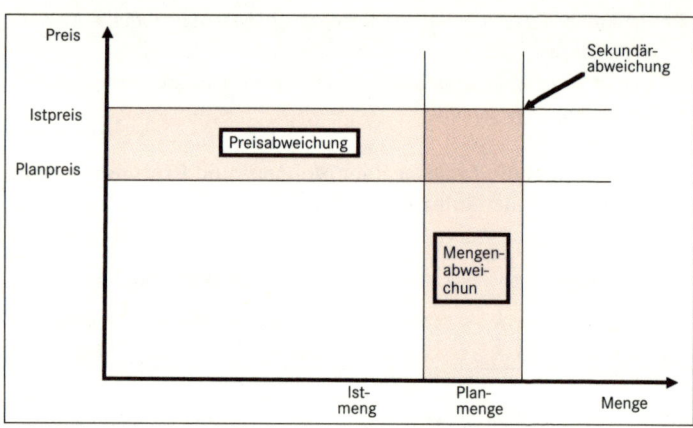

Abb. 68: Primär- und Sekundärabweichung (s. Horvath 6. Auflage, S. 468)

Mengenabweichung

Die **Mengenabweichung** wird bei der Umsatzplanung sicher sehr häufig vorkommen. Selten trifft man in der Planung genau die Menge, die der Kunde dann auch tatsächlich benötigt, es sei denn, der Kunde kennt diese Menge ganz genau und wir haben unsere Planung mit dem Kunden abgeglichen. Wenn der monatliche Kundenumsatz mit der Planung verglichen wird, sollte die erste Frage lauten: Handelt es sich um eine geringe, aber dauerhafte Abweichung oder treten plötzliche starke Änderungen auf? Wurde der Bedarf des Kunden insgesamt zu hoch oder zu niedrig eingeschätzt, oder hat der Kunde kurzfristig sein Einkaufsverhalten geändert, sich also einen anderen Lieferanten gesucht oder einen bisherigen Lieferanten ersetzt?

Preisabweichung

Fast noch wichtiger ist es, eine eventuelle **Preisabweichung** genau zu ermitteln und darauf entsprechend zu reagieren. Insbesondere dann, wenn die erzielten Preise dauerhaft unter den kalkulierten Planpreisen liegen, müssen Artikel und Aufträge neu kalkuliert werden, und es muss die Auskömmlichkeit der neuen Preise ermittelt werden wobei die mögliche gegenseitige Beeinflussung von Menge und Preis zu beachten ist. Bei niedrigeren Preisen wird man tendenziell größere Mengen verkaufen können; wird der Preise angehoben, ist es wahrscheinlich, dass die verkaufte Menge zurückgeht. Man spricht hier von der Preiselastizität eines Produktes. Die Kunst der Preisfindung ist es, unter Berücksichtigung der Kalkulation und des Marktes den Preis zu finden, bei dem der Gewinn des Produkts optimal ist.

Beispiel:

Der Busunternehmer René Reiser verkauft für eine Wochenendreise nur 50 % seiner Sitzplätze. Durch die schlechte Auslastung macht er bei dieser Fahrt ein Minus, weil seine Kalkulation auf einer Auslastung von 80 % basierte.

Um einen erneuten Verlust zu vermeiden, erhöht er den Preis, so dass er auch bei einer Auslastung von 50 % eine Kostendeckung hat. Die Folge der Preiserhöhung ist jedoch ein erneuter Rückgang der Passagiere. Mit der Auslastung von 25 % hat er also wieder ein Minus eingefahren.

Bei seiner dritten Fahrt versucht es Unternehmer Reiser mit einer anderen Strategie. Er reduziert die Preise so weit, bis er alle seine Plätze verkauft, und siehe da, er macht bei dieser Fahrt am Ende sogar einen Gewinn.

Tipp

Hohe Kundenorientierung sollte die wichtigste Maxime Ihres unternehmerischen Handelns sein. Trotzdem sollten Sie neuen Kunden oder Kunden, die den Umsatz rasch steigern, kritisch gegenüber stehen. Denken Sie über die Gründe nach, warum der Kunde gerade jetzt verstärkt bei Ihnen kauft. Liegt es wirklich an Ihrer Qualität oder Ihrem konkurrenzlosen Preis? Wie sehen Ihre Zahlungsbedingungen aus und wie straff ist Ihr Forderungsmanagement? Kann es vielleicht auch sein, dass Ihr Neukunde bei der Konkurrenz so einfach keine Ware mehr bekommt und nun eine neue Bezugsquelle sucht, die ihm neue Lieferantenkredite erschließt?

Regelmäßige Planungsgespräche mit Kunden

Alle deutlichen Umsatzabweichungen – ob positiv oder negativ – sollten als Maßnahme ein **Gespräch zwischen Ihnen und Ihrem Kunden** auslösen. Auch die Planungssicherheit Ihrer Kunden verbessert sich, wenn diese wissen, dass Sie langfristig aufgrund guter Planung lieferfähig sind. In einer guten Kunden-Lieferanten-Beziehung sollte das jährliche oder besser halbjährliche Planungsgespräch heute Standard sein. Natürlich wird bei diesen Gesprächen auch der Preis Ihrer Produkte immer wieder ein Thema sein. Jeder Kunde versucht heute, möglichst günstig einzukaufen und seine Lieferanten Stück für Stück im Preis zu drücken. Darauf sollten Sie immer gut vorbereitet sein. Differenzieren Sie sich gegenüber ihren Wettbewerbern durch hohe Qualität, besonderen Service und hohe Lieferbereitschaft. Oder versuchen Sie, Skaleneffekte zu nutzen und über den Preis Ihre Mitbewerber zu schlagen. Wenn Sie der günstigste Anbieter sind und dies wissen, haben Sie keine Veranlassung, sich von Ihrem Kunden weitere Preiszugeständnisse abringen zu lassen.

Soll-Ist-Vergleich der Deckungsbeiträge

Neben den reinen Umsatzvergleichen empfiehlt sich für verschiedene Erlösgruppen eine Betrachtung des **Soll-Ist-Vergleichs**

der Deckungsbeiträge der Erlösgruppen. Dies ist insbesondere dann sinnvoll, wenn den verschiedenen Erlösgruppen die durch sie verursachten direkten Kosten zugeordnet werden können. Im Folgenden werden die Gesamtumsätze des Unternehmens immer wieder nach anderen Kriterien geordnet und zusammengefasst und den entstehenden Gruppen zum Beispiel bestimmte Kundengruppen oder Verkaufsgebiete zugeordnet. Für diese Gruppen werden die Umsätze mit der Planung verglichen, um so Rückschlüsse über die Ertragskraft einzelner Gruppen ziehen zu können und um die Gruppen miteinander zu vergleichen. Die Aussagekraft dieser Vergleiche wird aber deutlich erhöht, wenn nicht nur die reinen Umsätze analysiert, sondern von den Umsätzen die der Gruppe direkt zuordenbaren Kosten abgezogen und dann die verbleibenden Deckungsbeiträge der Gruppe betrachtet werden. Ist das Unternehmen auf **verschiedenen regionalen Märkten** aktiv, so lassen sich Unterschiede in der Gebietsstruktur durch eine Analyse der Verkaufsgebiete ermitteln. Im klassischen Fall werden verschiedene Gebiete von verschiedenen Mitarbeitern bearbeitet, sei es, dass im Innendienst z.B. je ein Mitarbeiter für Nord- und Süddeutschland zuständig ist oder dass die Gebiete von angestellten Außendienstmitarbeitern oder freien Handelsvertretern bearbeitet werden. Nicht nur als Basis für eine erfolgsbezogene Entlohnung der Vertriebsmitarbeiter – egal wie der Vertrieb regional strukturiert ist – ist ein Vergleich der Gebiete auf jeden Fall sinnvoll.

Regionale Betrachtung

Viele Unternehmen nutzen verschiedene Vertriebswege, um ihre Produkte am Markt zu platzieren. Besonders dann, wenn mehrere verschiedene Vertriebswege nebeneinander genutzt werden, sollten diese Vertriebswege miteinander verglichen werden. Es gibt durchaus Unternehmen, die sowohl an Großhändler, Einzelhändler und den Endverbraucher verkaufen. Die Vertriebswege können dann durchaus im internen Wettbewerb stehen, so dass die Frage beantwortet werden muss, welcher der Vertriebswege der günstigste ist. Auch diese Frage kann nur beantwortet werden, wenn die Deckungsbeiträge der verschiedenen Vertriebswege ermittelt werden. Der Vertrieb an einen Großhändler wird wesentlich geringere Kosten verursachen, die Volumina des einzelnen Auftrags werden wesentlich größer sein, aber der Stückerlös wird auch deutlich geringer sein als beim Verkauf an Einzelhändler oder gar an den Endkunden.

Bewertung verschiedener Vertriebswege

Checkliste zur Betrachtung der Verkaufsgebiete

✔ Stehen die Vertriebs-Aufwendungen mit den Erfolgen (Deckungs-beiträgen) des Gebiets im Einklang?

✔ Konnten die mit den Mitarbeitern vereinbarten Ziele für das Gebiet erreicht werden?

✔ Gibt es deutliche Unterschiede zwischen den Mitarbeitern? (Eine Schuhfabrik schickt zwei Verkäufer nach Afrika, um neue Märkte zu erschließen. Schon kurz nach der Ankunft melden sich beide telefonisch. Der erste ist frustriert. Er berichtet: »Keiner hat hier Schuhe. Hier ist nichts zu holen, ich glaube, die brauchen keine Schuhe.« Kurz darauf ruft der zweite Mitarbeiter an. Er ist geradezu euphorisch: »Verdoppelt die Produktion, schickt alles, was Ihr habt. Es ist ein gigantischer Markt. Kein Mensch hat hier Schuhe.«)

✔ Gibt es starke Preisunterschiede zwischen den Gebieten?

✔ Verkaufen sich bestimmte Produkte in bestimmten Gebieten besonders gut?

✔ Gibt es Unterschiede im Erfolg der Werbemaßnahmen, ist unter-schiedliche Werbung für unterschiedliche Gebiete notwendig?

Eine andere Möglichkeit ist die **Aufteilung nach Produkten**. Ein Unternehmen lebt von seinen Produkten bzw. Leistungen. Deshalb sollte die Entwicklung der Produkte genau beobachtet werden.

Bewertung der Produkte

Folgende Checkliste ist relevant:

✔ In welchem Stadium befinden sich das Produkt bzw. alle Produkte des Unternehmens?

✔ Wie entwickeln sich Umsatzzahlen und Deckungsbeiträge der Produkte?

✔ Was tut das Unternehmen für Neuentwicklungen?

✔ Welche neuen Produkte bzw. Leistungen sind geplant?

✔ Wie entwickeln sich Forschung und Entwicklungskosten?

Abb. 69 zeigt den Lebenszyklus eines Produkts:

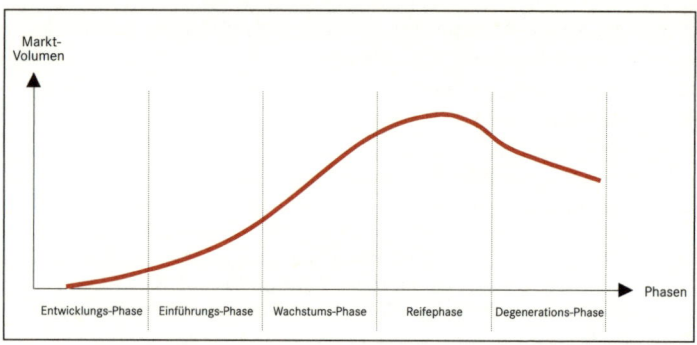

Abb. 69: Beispiel Produktlebenszyklus

5.2.2 Controlling im Bereich Konstruktion, Forschung und Entwicklung

Vorgaben für die Entwicklung

Auch die Bereiche Konstruktion, Forschung und Entwicklung sollten erfolgsorientiert gesteuert werden. Es ist wichtig, Konstrukteuren konkrete Vorgaben an Zeit- und Kostenbudgets zu geben bzw. diese mit ihnen zu vereinbaren. Erfahrungsgemäß tendieren Konstrukteure dazu, technologisch sehr hochwertig zu arbeiten, jedoch weniger kostenorientiert. Sie wollen das Produkt technisch perfekt konstruieren. Das Ganze muss jedoch Kosten-Nutzen-orientiert erfolgen. Es empfiehlt sich mit Konstrukteuren konkrete Stundenvereinbarungen zu treffen.

Gleiches gilt für Forschungs- und Entwicklungsprojekte. Diese sollten konkret budgetiert und der Erfolg regelmäßig überprüft werden.

Die Budgetierung eines Entwicklungsprojekts ist sicherlich nicht einfach. Dennoch können auch solche Projekte hinsichtlich ihres Ressourceneinsatzes geplant werden. Die Verfolgung solcher Projekte ist mit einem klassischen Projektcontrolling möglich, hierzu s. Kapitel 5.3.

5.2.3 Einkaufscontrolling

Controlling im Bereich des Einkaufs zielt auf die Optimierung der Ressourcenbeschaffung für die Produkt- und Leistungserstellung hin.

Die **Kernaufgaben des Einkaufs** bestehen darin,

- das richtige Produkt
- in der richtigen Menge und Qualität
- zum richtigen Zeitpunkt
- zum bestmöglichen Preis

zur Verfügung zu haben.

Der gesamte Produktionsablauf kann gestört werden, wenn einer der ersten drei oben aufgeführten Punkte unzureichend erfüllt wird. Langfristig muss aber auch der Preis der eingekauften Waren marktgerecht sein. Sonst ist die Wettbewerbsfähigkeit des Unternehmens gefährdet.

Um sinnvolles Einkaufscontrolling zu betreiben, bieten sich folgende Analyseobjekte/Instrumente an:

- Lieferantenbewertung,
- Teile- und Produktbewertung,
- Untersuchung der Effizienz der Einkaufsprozesse.

Dabei muss auch die Beeinflussbarkeit durch die Einkaufsabteilung berücksichtigt werden. Einen Transportunfall kann der Einkauf nicht voraussehen. Er kann aber Notfallpläne erarbeitet haben. Zum Beispiel kann bei der Lieferantenauswahl Voraussetzung sein, dass der Lieferant kurzfristig zu Ersatzlieferungen fähig ist. Oder der Einkauf hat die Belieferung mit einem kritischen Teil an zwei oder mehrere Lieferanten verteilt und so die Abhängigkeit von einem Lieferanten vermindert. *(Notfallplan bei Lieferverzug)*

Zunächst sollte sowohl für die Lieferanten als auch für die bezogenen Produkte festgestellt werden, wie wichtig sie sind bzw. welches Volumen sie abdecken. Dazu bedient man sich der klassischen ABC-Analyse.

Lieferanten oder Materialien werden dabei nach ihrer Wichtigkeit in drei Gruppen eingestuft (A, B und C). Dabei spielen zunächst die Menge und Höhe des Einkaufsvolumens die entscheidende Rolle.

5.2.3.1 Eigenfertigung oder Fremdbezug (Make or buy)

Überwiegend in produzierenden Unternehmen stellt sich die Frage, ob bestimmte Produkte oder Produktteile selbst hergestellt oder fremdbezogen werden. Diese Entscheidung muss auf zwei Ebenen getroffen werden. Erstens muss langfristig – also unternehmenspolitisch – geklärt sein, ob diese Produkte oder Teile grundsätzlich aus geheimhaltungs- oder marktstrategischen Gründen nur selbst gefertigt werden sollen. Zweitens ist jeweils kurzfristig zu klären, ob die für die Fremdfertigung in Frage kommenden Produkte oder Teile kostengünstiger selbst erstellt werden können oder zugekauft werden können. Dabei ist zu berücksichtigen, dass die Eigenfertigung kurzfristig nur mit variablen Kosten kalkuliert werden darf, da die hinzugerechneten Fixkosten bei einer Entscheidung für den Fremdbezug nicht bzw. nur sehr langfristig entfallen. Bei den Fremdbezugskosten sind unbedingt auch die Bezugsnebenkosten (Zölle, Frachten, Lagerkosten) zu berücksichtigen. *(Selber produzieren oder einkaufen?)*

5.2.3.2 Lieferantenbewertung

Im Laufe der Zeit entwickelt sich im Unternehmen ein Pool von Lieferanten. Bei länger bestehenden Verbindungen wird oft sehr unkritisch bestellt. Deshalb kann es sehr sinnvoll sein, eine Lieferantenbewertung durchzuführen. Das abgebildete Formular zur Bewertung von Lieferanten bietet einen guten Ansatz, sich konkret mit den Lieferanten zu befassen und die guten und schlechten Seiten objektiv darzustellen. Werden nach diesem Bewertungsschema mehrere Kriterien mit ungenügend oder sogar schlecht bewertet, sollten Sie sich um einen neuen Lieferanten bemühen.

Die wichtigsten Kriterien, nach denen ein Lieferant beurteilt werden sollte sind:

- Termintreue,
- Qualität,
- Preis,
- Service,
- Innovationskraft und
- nachhaltiges Wirtschaften.

Abb. 70 zeigt, wie eine Lieferantenbewertung vorgenommen werden kann. Dabei ist es wichtig, dass ein solches Formular nach den für ihr Unternehmen wichtigen Kriterien gestaltet wird. Wenn z.B. Termintreue für ihre Geschäftsabläufe besonders wichtig ist, so gewichten sie diesen Punkt in ihrer Beurteilung auch entsprechend. In diesem Zusammenhang ist es auch wichtig, dass die Ergebnisse der unten beschriebenen ABC-XYZ-Analyse in die Bewertung mit einfließen. Die Analyse kann dann auf die A- und B-Lieferanten beschränkt werden.

Innerhalb der Lieferantenbewertung sind auch folgende Punkte wichtig:

- **Fehler**
  Um Lieferanten zu bewerten, ist es sinnvoll, eine teile- und lieferantenbezogene Fehler-Statistik zu führen. Dies ist auch Grundlage für regelmäßig stattfindende Lieferantengespräche.
- **Termine**
  Die rechtzeitige Lieferung der Teile ist einer der wichtigen Punkte für den Leistungserstellungsprozess. Deshalb gehört die Terminverfolgung zu den wichtigen Aufgaben des Einkaufes.
- **Preisentwicklung**

  Die Entwicklung der Einkaufspreise in der Zeitreihe ist ebenfalls eine wichtige Basisinformation. Ein vernünftiges Materialwirtschaftssystem liefert ihnen diese Informationen.
- **Substitutionsmöglichkeit**
  Oft gibt es zum beschafften Teil Alternativen. Dies kann z.B. ein

Lieferantenbewertung

Lieferant:					
Adresse		Tel.		Ansprechpartner	
PLZ / Ort		Fax		E-Mail	

Leistung / Lieferung			
Auftragsumme	€	0,00	

Artikel / Objekt:	
Bezeichnung	
Nummer	Zeitraum

Qualitätsfähigkeit	(Bitte Bewertung eingeben: 1=gut, 2=genügt, 3=ungenügend, 4=schlecht)					Auswertung
Erfüllung der Anforderungen						
Kenntnisse (Fachkenntnisse, Kompetenz)						
Systematik (Zielgerichtetes Vorgehen, Arbeitsprozesse)						
Seriösität						
Service / Garantien						
Qualitätssicherung (QM-System, Prüfungen, Maßnahmen)						
	Mittelwert Qualitätsfähigkeit					

Termintreue	(Bitte Bewertung eingeben: 1=gut, 2=genügt, 3=ungenügend, 4=schlecht)					Auswertung
Termineinhaltung (Terminplanung, -überwachung)						
Flexibilität (Reaktionsfähigkeit auf geänderte Bedingungen)						
	Mittelwert Termintreue					

Preisgestaltung	(Bitte Bewertung eingeben: 1=gut, 2=genügt, 3=ungenügend, 4=schlecht)					Auswertung
Preis-/Leistungsverhältnis						
Kulanz						
	Mittelwert Preisgestaltung					

Firmenprofil	(Bitte Bewertung eingeben: 1=gut, 2=genügt, 3=ungenügend, 4=schlecht)					Auswertung
Bonität (Kreditwürdigkeit, Liquidität, Reserven)						
Organisation (Struktur, Kompetenzen, Verantwortungen)						
Gegengeschäftspotential (heute und zukünftig)						
Erfahrung, Referenzen						
Ausrüstung, Infrastruktur (Zustand / Zweckmäßigkeit)						
Leistungsfähigkeit (Kapazität, Beweglichkeit)						
Integrität (Vertragstreue, Korrektheit, Offenheit)						
	Mittelwert Firmenprofil					
	Gesamtbewertung					

Bemerkungen	

Name Ersteller:		Abteilung:		Datum:	

Abb. 70: Beispiel Formular einer Lieferantenbewertung

anderer Rohstoff oder eine andere Konstruktion sein. Es ist auch
sinnvoll, Lieferanten mit ihrem Know-how in die Entwicklung
bzw. Weiterentwicklung von Teilen einzubeziehen (Systemliefe-
ranten). Die Lieferanten haben oft enormes spezifisches Wissen.

● **Kritische Teile**

Mit kritischen Teilen sind solche Teile gemeint, die den Fertigungsprozess und die Termineinhaltung nachhaltig gefährden können. Diese Teile sollten identifiziert und unter besondere Beobachtung gestellt werden. Jeglicher Terminüberschreitung sollte sofort nachgegangen werden. Die Lieferanten solcher Teile sollten einer besonderen Prüfung standhalten. Alternativlieferanten sollten möglichst vorhanden sein.

● **Zertifizierung**

Als Lieferant für viele Industriebereiche werden Sie heute nur noch zugelassen, wenn Sie und auch Ihre Lieferanten nach bestimmten Normen zertifiziert sind (z.B. DIN ISO 9000–9004).

Tipp

> Definieren Sie die kritischen Teile Ihres Unternehmens in einer entsprechenden Liste. Beobachten Sie diese Teile regelmäßig und kritisch.

5.2.3.3   ABC-Analyse

Wichtige Produkte identifizieren

Nicht alle Kaufteile bzw. Lieferanten sind für das Unternehmen gleich wichtig, und aufwendige Analysen wie Teile- und Lieferantenbewertungen sollten nur für die wichtigen Teile/Lieferanten durchgeführt werden. Um herauszufinden, welches diese sind, bedient man sich der ABC-Analyse.

Ausgehend von dem jährlichen Gesamtbeschaffungswert (100 %) wird der Anteil der einzelnen Produkte an diesem Wert gemessen. Je nach Größe des Anteils werden die einzelnen Produkte den drei Gruppen A, B und C zugeordnet.

Abb. 71 zeigt die Vorgehensweise, um den prozentualen Anteil des jeweiligen Produkts zu erhalten.

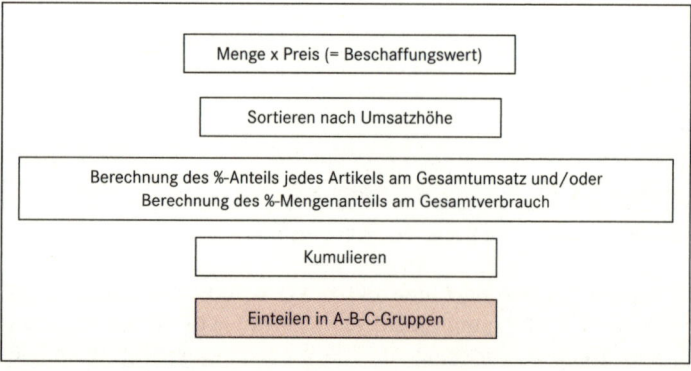

Abb. 71: Vorgang zur Einteilung der Produkte in ABC-Gruppen

Beispiel:

Artikelnummer	6001	6002	6003	6004	6005	6006	6007	6008	6009	6010
Beschaffungs-menge je Artikel (Stück/Jahr)	600	2.700	300	1.500	3.000	6.000	1.800	2.400	1.200	15.000
Einkaufspreis (€/Stück)	5	10	140	10	2	50	5	20	25	8
Beschaffungswert	3.000	27.000	42.000	15.000	6.000	300.000	9.000	48.000	30.000	120.000

Durch das Multiplizieren der Beschaffungsmenge mit dem Einkaufspreis erhält man den Beschaffungswert. In einer weiteren Tabelle werden die Artikel nun nach dem Beschaffungswert (mit dem höchsten Beschaffungswert an erster Stelle) geordnet.

Rang-folge	Artikel-nummer	Beschaffungs-wert des Artikels in €	Kumulierter Beschaffungs-wert in €	% des kumulierten Beschaffungs-wertes am Gesamtwert	% der Artikel an der Gesamtzahl der Artikel	Einordnung der Artikel in ABC-Teile
1	6006	300.000	300.000	50,0%	10,0%	A
2	6010	120.000	420.000	70,0%	20,0%	B
3	6008	48.000	468.000	78,0%	30,0%	B
4	6003	42.000	510.000	85,0%	40,0%	B
5	6009	30.000	540.000	90,0%	50,0%	B
6	6002	27.000	567.000	94,5%	60,0%	C
7	6004	15.000	582.000	97,0%	70,0%	C
8	6007	9.000	591.000	98,5%	80,0%	C
9	6005	6.000	597.000	99,5%	90,0%	C
10	6001	3.000	600.000	100,0%	100,0%	C
Summe:		600.000				

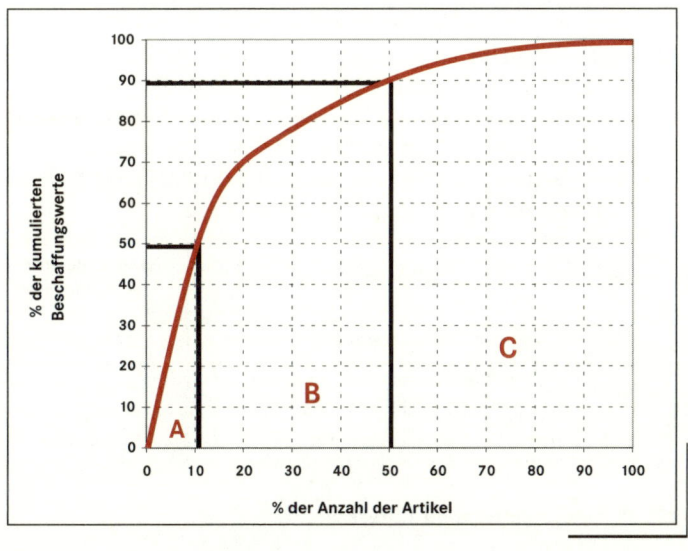

Die Tabelle zeigt, wie die den Kategorien A, B und C zugeordneten

A-Teile	B-Teile	C -Teile
Intensive Marktbeobachtung und Markt-Analyse	Sind je nach Teil und Wichtigkeit situativ wie A- oder C-Teile zu behandeln	Vereinfachte Disposition
Sorgfältige Bestellvorbereitung		Vereinfachte Bestellabwicklung (Telefon, Fax)
Sorgfältige Lieferantenauswahl		Vereinfachter Rechnungslauf (Sammelrechnung)
Genaue Disposition		Geringe oder keine Marktbeobachtung und Marktanalyse
Sorgfältige Lieferantenüberwachung und –bewertung		Vereinfachte oder keine Lieferantenüberwachung und –bewertung
Schnelle Rechnungsbegleichung, um Skonto auszunutzen		Großzügige Sicherheitsbestände
Genaue Bestandsüberwachung (Inventur)		Nur Stichprobeninventur

Teile zu behandeln sind:

XYZ-Analyse

Neben der ABC-Analyse gibt es zusätzlich noch die sog. XYZ-Analyse. Das Ziel der XYZ-Analyse in der Materialwirtschaft ist es, herauszufinden, welche **Vorhersagegenauigkeit** ein Material bzw. Gut in seinem Verbrauch aufzeigt. Dabei werden die Produkte anhand ihres kontinuierlichen bzw. diskontinuierlichen Verbrauchs in Gruppen eingeteilt. Dieser Einteilung liegt vor allem die Überlegung zu Grunde, dass Teile mit einem regelmäßigen Verbrauch viel leichter zu disponieren sind und damit auch eine andere Behandlung benötigen als Teile mit einem sehr unregelmäßigen Verbrauch.

Regelmäßigkeit des Verbrauchs berücksichtigen

Abb. 72 zeigt anhand des Verbrauchs und der Planbarkeit, welche Eigenschaften die einzelnen Klassen auszeichnen:

Klasse	Verbrauch	Vorhersagbarkeit bzw. Planbarkeit
X	konstant, Schwankungen sind eher selten	hoch
Y	stärkere Schwankungen, meist aus trendmäßigen oder saisonalen Gründen	mittel
Z	völlig unregelmäßig	niedrig

Abb. 72: Eigenschaften der XYZ-Teile

Aus der Kurve in Abb. 73 lässt sich im Durchschnitt ableiten, dass zwar 20 % der Teile (Z-Teile) einen unregelmäßigen Verbrauch aufweisen, jedoch 55 % (X-Teile) einen sehr kontinuierlichen Verbrauch zeigen. Für einen Großteil der Materialien kann ein einfaches Dispositionsverfahren zur Bedarfsermittlung angewendet werden.

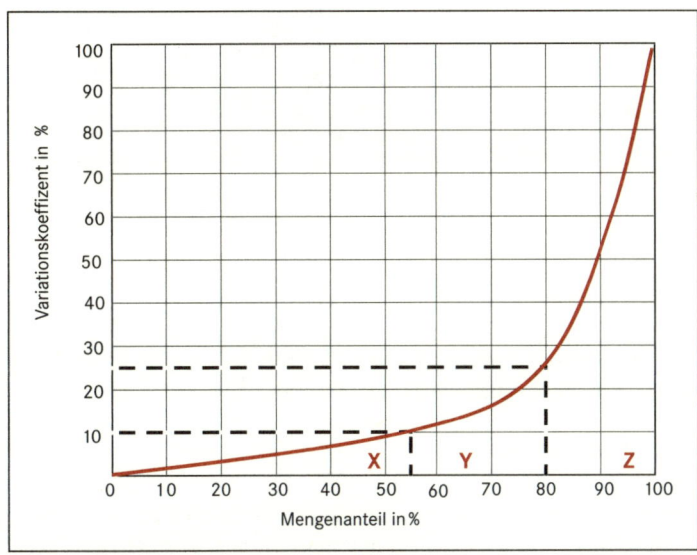

Abb. 73: Grafische Darstellung der XYZ-Analyse

ABC-XYZ-Analyse (s. Abb. 74)

Um die Effizienz einer reinen ABC-Analyse oder einer reinen XYZ-Analyse zu verbessern, kombiniert man diese beiden Analysen zu einer ABC-XYZ-Analyse. Da die Wertigkeit eines Guts und die Vorhersagegenauigkeit des Verbrauchs mehrere Entscheidungen in der Materialwirtschaft beeinflusst, wird durch diese gekoppelte Analyse die Disposition und Beschaffungsstrategie unterstützt. Vorteil dieses materialwirtschaftlichen Werkzeugs ist der Einbezug von Vereinfachungspotenzialen im Beschaffungswesen im Bezug auf Beschaffungsmenge, Beschaffungswert und Verbrauchskontinuität, so dass sich für jede Kombination der Variationen dieser drei Faktoren eine optimale Beschaffungs- und Dispositionsstrategie ableiten lässt.

Dispositions-
strategie

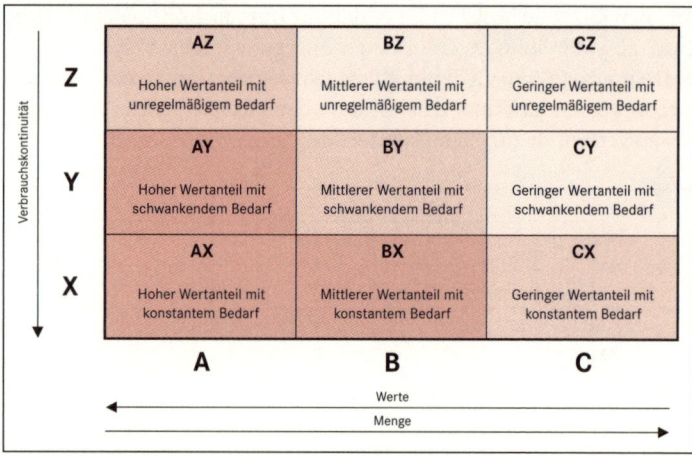

Abb. 74: Einordnung der Teile in die ABC-XYZ-Analyse

Anhand dieser Einordnung kann nun für die einzelnen Teile eine entsprechende Strategie festgelegt werden.

AX-, BX-, AY- Strategie

Eine sinnvolle strategische Behandlung dieser Teile ist für das Unternehmen sehr wichtig, da sie einen hohen Wertanteil am Gesamteinkaufsvolumen einnehmen, mengenmäßig von eher untergeordneter Natur sind sowie eine hohe Vorhersagegenauigkeit des Verbrauchs aufweisen.

Automatische Disposition, möglichst geringes Lager

Weiterhin können diese Teile aufgrund ihres kontinuierlichen Verbrauchs auf einfache Weise und meist automatisch disponiert werden, was einen geringen Bestellsteuerungsaufwand sowie eine schlanke Prozessorganisation als Vorteil mit sich bringt.

AZ-, BY-, CX- Strategie

Aufgrund der »Zwischenstellung« dieser Teile ist keine eindeutige Eingliederung oder Zuordnung zu einer bestimmten Strategie der Beschaffung möglich. Ob sie wie AX-, BX-, AY- oder BZ-, CY-, CZ- Materialien behandelt werden, ist situativ zu entscheiden. Eine Einordnung erfolgt häufig auf Grund von Erfahrungswerten und subjektiven Kriterien.

Fallweise entscheiden

BZ-, CY-, CZ- Strategie

Sinnvolle Bestellmengen, immer am Lager

Diese Teile weisen eine geringe Vorhersagegenauigkeit auf und haben einen geringen Wertanteil am Gesamteinkaufsvolumen. Gleichzeitig haben sie jedoch einen hohen Anteil am mengenmäßigen Gesamtvolumen. Auf Grund dieser Eigenschaften nehmen diese Teile keinen hohen Stellenwert ein. Ein hoher Aufwand für ihre Beschaffung ist nicht zweckmäßig. Für sie sollte eine Beschaffungsstrategie ähnlich der von C-Teilen zugrunde gelegt werden. Ein hoher Bestellsteuerungsaufwand sowie die aufwendige Prozessorganisation aufgrund der großen Mengen und der Teilevielfalt würden sich als Prozesskostentreiber erweisen, die bei weitem den Teilepreis übersteigen.

5.2.3.4   Einkaufsprozesse/Lagerhaltung

Um Ihre Einkaufsprozesse effizient zu gestalten, empfiehlt es sich besonders, nachfolgende Punkte zu beachten und gegebenenfalls zu verbessern:

- Vergleichbarkeit der Angebote,
- sinnvolle Anzahl von Angeboten,
- Beschaffungsnebenkosten,
- optimale Losgröße,
- just in time.

Es empfiehlt sich eine Analyse der Abweichungen, welche die Einkaufsabteilung direkt zu verantworten hat, und die Erarbeitung und Einhaltung von Vorgaben für die Einkaufsprozesse, um diese Abweichungen möglichst niedrig zu halten zu erstellen.

So ist es beispielsweise ein einfacher Weg, zu große Mengen Material auf Lager zu haben, um immer den Bedarf der Produktion zu decken. Dadurch entstehen aber übermäßig hohe Kosten (Lagerkosten, Schwund, Liquiditätsbindung, etc.). Andererseits ist es Unsinn, wenn die ganze Produktion steht, weil ein Cent-Artikel fehlt. Der Mittelweg muss gefunden, planerisch abgebildet und die Einhaltung der Planung überprüft werden. Hierzu bietet sich wiederum die ABC-Analyse der Einsatzmaterialien an.

Mittelweg für Disposition finden

Die Materialien mit großem Anteil an den Materialgesamtkosten des Unternehmens sollten in **sinnvollen Losgrößen** beschafft werden. Diese ist abhängig von:

- Preisnachlässen/Mengenstaffeln,
- Transportkosten,
- Lagerfähigkeit,
- Preisstabilität des Produkts/absehbare Preisentwicklung.

Viele Rohstoffe werden heutzutage in Chargen gefertigt. Unterschiedliche Chargen können durchaus unterschiedliche Eigenschaften haben und sich im Fertigungsprozess verschieden verhalten. Der Liquiditäts- und Lagerkostenvorteil, der durch die Bestellung kleinerer Mengen erzielt werden kann, kann schnell durch Probleme im Fertigungsprozess oder erhöhten Rüstaufwand aufgefressen werden.

Optimale Lagerhaltung

Eine optimale Lagerhaltung soll bei einer Minimierung des Kapitaleinsatzes und der Kosten kontinuierliche Produktion sichern und die Kundenwünsche befriedigen. Hohe Bestände führen zu geringen Fehlmengenkosten, niedrige Bestände zu geringer Kapitalbindung und hohen Fehlmengenkosten.

Exemplarisch werden nachfolgend zwei Methoden zur Lagerbestandsüberwachung beschrieben:

A-Teile mit geringem Lagerumschlag

Hier werden besonders die A-Teile kontrolliert, die sich wenig bewegen; in der Praxis wird ein bestimmter Anteil des gesamten A-Teile-Bestandes regelmäßig daraufhin überprüft, ob die Artikel im Teileverwendungsnachweis noch aktuell benötigt werden. Gegebenenfalls müssen die Teile abgeschrieben werden. Vor allem bei Produkten mit rascher technischer Überalterung, hoher Variantenzahl und breitem Artikel-Sortiment ist dies von Bedeutung.

Inventur

A-Teile

Bei hohem Anteil der Bestände an der Bilanzsumme empfiehlt sich auch eine monatliche Stichprobe von A-Teilen oder sogar eine unterjährige Inventur, um aktuell richtige Bestände auszuweisen. Je mehr Lagerorte (Fertigteilelager, Reparaturlager, Konsignationslager, Kundensperrlager) im EDV-System verwaltet werden, umso besser lassen sich die einzelnen Teile eingrenzen.

5.2.4 Produktionscontrolling

Häufige Schwachstellen in der Produktion von Unternehmen sind zu **lange Durchlaufzeiten** oder **fehlende Produktivität**. Beide Probleme können ihre Ursache in einer unzureichenden Planung und Steuerung der Produktion haben. Anstelle einer unter Kosten- und Zeitgesichtspunkten optimalen Abfolge der einzelnen Produktionsschritte finden wir oft ein System, dessen Ziel es ausschließlich zu sein scheint, die größten Rückstände abzuarbeiten und die größten Katastrophen zu verhindern. Dabei lässt sich schon mit einfachen Instrumenten eine Produktions- und Auftragsplanung aufbauen, welche die wichtigsten Aufgaben eines guten Produktions-Controllings erfüllt:

Produktions- und Ablaufplanung

- Steigerung der Produktivität/Optimierung der Prozesse;
- Verkürzung der Durchlaufzeit der Aufträge;
- Senkung der Herstellungskosten;
- Senkung der Bestände;
- Erhöhung der Liefertermintreue.

5.2.4.1 Kapazitätspläne/Auslastungspläne

Wichtig für ein wirtschaftlich arbeitendes Unternehmen ist die optimale Auslastung der Produktionsanlagen. Durchläuft ein Produkt im Unternehmen mehrere nacheinander stattfindende Prozesse, so besteht eine wichtige Planungsaufgabe darin, den Durchlauf verschiedener Aufträge durch diese Prozesse zeit- und kostenoptimal zu planen. Außerdem muss die Durchlaufzeit möglichst genau ermittelt werden, um dem Kunden einen verlässlichen Liefertermin angeben zu können. Konkurrieren verschiedene Aufträge um die Kapazitäten in bestimmten Abteilungen, müssen die Abläufe optimiert werden.

Liefertermin ermitteln

Abb. 75 zeigt eine einfache Form der **Kapazitätsplanung**:

Auftr. Nr.	Datum AE	Auftrags- Summe	Material und Fremdl.	Werkstatt Std.	Werkstatt 40 €	Montage Std.	Montage 40 €	Summe Kosten	Ergebnis in €	DB in %	End-termin	Jan II	Jan III	Febr. I	Febr. II	Febr. III	März I	März II	März III
1064	11.10.	20.245	14.035	0	0	78	3.120	17.155	3.090,0	15,3%	01.03.	78							
1026	31.05.	18.090	12.630	60	2.400	67	2.680	15.310	2.780,0	15,4%	02.01.			67	60				
1038	06.06.	35.680	24.257	0	0	118,3	4.732	28.989	6.691,0	18,8%	02.01.			59		59			
2000	21.12.	14.000	3.000	60	2.400	32	1.280	6.680	7.320,0	52,3%	I.02.	60	32						
2010	09.01.	12.000	2.500	0	0	100	4.000	6.500	5.500,0	45,8%	II.02.		50	35					
1044	10.08.	10.800	8.125	0	0	23	920	9.045	1.755,0	16,3%	I.04.								
1056	31.08.	15.060	7.360	0	0	45	1.800	9.160	5.900,0	39,2%	I.03.						45		
1066	25.09.	18.425	13.115	0	0	55	2.200	15.315	3.110,0	16,9%	03.01.					55			
2018	26.02.	10.000	1.800	80	3.200	80	3.200	8.200	1.800,0	18,0%	03.02.						60	24	
2021	25.02.	3.000	0	0	0	75	3.000	3.000	0,0	0,0%	03.02.							35	
1065	08.10.	13.510	9.975	0	0	33,5	1.340	11.315	2.195,0	16,2%	03.03.							24	
2005	20.12.	44.315	33.133	0	0	93	3.720	36.853	7.462,0	16,8%	05.03.								31
2013	31.01.	21.430	14.334	6,8	272	89,3	3.572	18.178	3.252,1	15,2%	04.01.							6,8	45
	05.03.	28.300	18.531	36	1.440	63	2.520	22.491	5.809,0	20,5%	06.01.								
2007	20.11.	9.300	5.645	10	400	37,5	1.500	7.545	1.755,0	18,9%	06.02.								
2006	20.12.	24.050	16.530	0	0	83	3.320	19.850	4.200,0	17,5%	10.02.								
2008	08.10.	104.548	65.675	55	2.200	535	21.400	89.275	15.273,0	14,6%	10.03.								
2002	15.01.	18.315	1.185	0	0	375	15.000	16.685	1.630,0	8,9%	12.02.	65							60
Summe		421.068	251.830	307,8	12.312	1982,6	79.304	341.546	79.522,1	18,9%	0	65	155	225	112	131	122	106,8	153
Ist-Kapazität in Std.												133	133	133	133	133	133	133	133
Kapazität Über-/Unterdeckung												68	-22	-92	21	2	11	26,2	-20
Kapazität Über-/Unterdeckung kum.												68	46	-46	-25	-23	-12	14,2	-5,8

Abb. 75: Auftragscontrolling

In der Abbildung wurden aus dem Angebot und der Kalkulation die Werte Auftragssumme und Materialkosten übernommen. Anschließend wurden die **Arbeits- bzw. Fertigungszeiten** der einzelnen Abteilungen aus der Kalkulation übertragen. Auf Grund der hinterlegten Stundensätze (40 € pro Stunde) lassen sich die Fertigungskosten ermitteln. Zusammen mit den Materialkosten werden die ungefähren Herstellkosten der einzelnen Aufträge ermittelt. Die

Rentabilität der Aufträge

Auslastung der Abteilung

Zahlungstermin des Kunden für die Liquiditätsplanung

Spalte Deckungsbeitrag in % zeigt die **Rentabilität der Aufträge**. Anschließend erfolgt die eigentliche Kapazitätsplanung. Je nach Größe und Durchlaufzeit der Aufträge kann hier in Tagen, Wochen, Dekaden oder Monaten geplant werden. Die für einen Auftrag in einer bestimmten Periode eingeplante Fertigungszeit wird von dem im vorderen Teil der Tabelle hinterlegten Zeitbedarf abgezogen, so dass man die noch einzuplanende Zeit bis zur Fertigstellung erkennen kann. In den unteren Zeilen der Tabelle ist die für die entsprechende Periode geplante Kapazität der Fertigungsstelle hinterlegt. Die für Aufträge verplante Zeit wird von der Kapazität abgezogen, so dass, wenn alle Aufträge eingeplant sind, erkennbar ist, ob eine bestimmte Periode überbelastet ist oder noch freie Kapazitäten zur Verfügung stehen. Außerdem lässt sich leicht erkennen, ob der zeitlich letzte Arbeitsschritt für einen Auftrag mit dem vom Kunden erwünschten **Liefertermin** übereinstimmt. Bei Diskrepanzen lassen sich entsprechende Maßnahmen ergreifen. So können rechtzeitig Überstunden mit den Mitarbeitern vereinbart werden oder Kunden über realistische Termine informiert werden. Bei zu geringer Auslastung kann versucht werden, über Marketingaktivitäten die Kapazitäten zu füllen oder gegebenenfalls die Kapazitäten rechtzeitig zu reduzieren.

Auch für die Umsatzplanung, insbesondere aber für die Liquiditätsplanung, gibt die so gestaltete Kapazitätsplanung wertvolle Hinweise, denn es werden hier realistische Auslieferungszeitpunkte für die Aufträge geplant. Rechnet man vom Auslieferungszeitpunkt an das Zahlungsziel des Kunden hinzu, kann die entsprechende Einzahlung in die Liquiditätsplanung übernommen werden. Dies ist oftmals genauer, als von der monatlichen Umsatzplanung aus mit durchschnittlichen Zahlungszielen die Einzahlungen zukünftiger Perioden zu planen. Allerdings muss die Planung dazu laufend aktualisiert werden, da die Parameter für Aufträge, Termine und Leistungsanforderungen sich kurzfristig verändern können.

Diese Vorgehensweise ist natürlich nur für kleine Unternehmen eine sinnvolle Vorgehensweise. Bei größeren Unternehmen müssen diese Daten in komplexeren EDV-Strukturen abgebildet werden.

5.2.4.2   Analyse der Leerkosten

Um den Erfolg einer verbesserten Produktionsplanung messen zu können, bietet sich die so genannte Leerkostenanalyse (s. Abb. 76 und 77) an. Nach Bereichen oder Kostenstellen werden die maximal zu leistenden Stunden (z. B. Anwesenheit minus bezahlte Pausen) den tatsächlich geleisteten Stunden gegenüber gestellt. Die Differenz sind die Leerzeiten, die multipliziert mit den jeweiligen Stundensätzen die Leerkosten ergeben. Je nachdem, ob das Unternehmen besonders personalintensiv (Handwerk) oder anlagenintensiv

(Teilefertigung) ist, werden die Mitarbeiter- oder Maschinenstunden untersucht.

Zeitraum	Anwesenheit in Stunden	Leistung in Stunden	% Leistung	Mögliche Leistung in Stunden	Leerzeit in Stunden	Leerzeit in %	Leerkosten in €
Jan	2.596	2.250	86,67%	2.466	216	8,8%	4.235
Feb	3.256	2.580	79,24%	3.093	513	16,6%	10.052
Mrz	3.432	2.670	77,80%	3.260	590	18,1%	11.564
Apr	3.080	2.610	84,74%	2.926	316	10,8%	6.189
......	....	....	....	....	....	....	....
Dez	2.596	2.050	78,97%	2.466	416	16,9%	8.152
Summe	**36.036**	**30.175**	**83,33%**	**34.234**	**4.059**	**12,3%**	**79.506**

1638 Anwesenheit eines Mitarbeiters pro Jahr in Stunden
32083 Kosten eines MA in € pro Jahr
22 Anzahl Mitarbeiter
36036 Anwesenheit in Stunden gesamt
95,0 % mögliche Leistung in %

Abb. 76: Praxisbeispiel zur Leerkostenberechnung (s. Probst, 2003, S. 27 ff.)

Anlage	potentielle Kapazität in h	Genutzte Kapazität in h	Nutzungsgrad in %	AfA in € pro Jahr	Leerkosten in % pro Jahr	Leerkosten in € pro Jahr
Anlage 1	1.600	1.350	84,4%	5.000	15,6%	781
Anlage 2	1.300	1.250	96,2%	6.000	3,9%	231
Anlage 3	1.600	1.450	90,6%	2.500	9,4%	234
Anlage 4	1.200	750	62,5%	13.000	37,5%	4.875
Anlage 5	1.500	690	46,0%	5.500	54,0%	2.970
Summe	**7.200**	**5.490**	**75,9%**	**32.000**	**28,41%**	**9.091**

Abb. 77: Praxisbeispiel zur Leerkostenberechnung (s. Probst, 2003, S. 27 ff.)

5.2.4.3 Neuere Konzepte in der Produktionssteuerung
Die nachfolgend genannten Organisationsansätze sind dazu geeignet, die Produktivität des Unternehmens nachhaltig zu verbessern.

5.2.4.3.1 Gruppenarbeit
Unter Gruppenarbeit versteht man die Organisation der Fertigung durch Teams bzw. eine (teil-) autonome Gruppe, die sich selbst steuert. Die Gruppen arbeiten selbständig organisiert und deshalb motivierter, als wenn sie nur einzelne Arbeitsschritte isoliert ausführen würden.

Folgende Ziele sollen dadurch erreicht werden:

- Erhöhung der Produktivität,
- Senkung der Personalkosten,
- Erhöhung der Qualität,
- Reduzierung von Ausschuss.

Daneben hat dies auch Auswirkungen auf das Führungsverhalten. Die Beschäftigten fordern die Vorgesetzten mehr und wollen ihre Freiräume wahrnehmen.

Aufgaben, die von der Gruppe oftmals wesentlich besser wahrgenommen werden als vom Einzelnen, sind:

- Termineinhaltung,
- ganzheitliche Aufgabenorientierung,
- Integration indirekter Tätigkeiten wie Transport, Lager und Verpackung,
- Einbeziehen von Qualitätssicherungsmaßnahmen, kleineren Reparatur- und Wartungsarbeiten,
- Personaleinsatz- und Urlaubsplanung.

Tipp

> Nehmen Sie sich Zeit für Auswahl und Zusammensetzung des Teams sowie die Auswahl des Leiters und achten Sie darauf, dass die Teammitglieder selbst nach Auflösung des Teams in späterer Zeit noch greifbar sind, damit kein Know-how verloren geht.

5.2.4.3.2   Kanban

Geheimwaffe gegen hohe Materialbestände

Kanban ist ein System zur Planung und Steuerung der Produktion mit dem Ziel **niedriger Bestände** bei gleichzeitiger **Erhöhung der Lieferbereitschaft**. Kanban visualisiert – zielorientiert auf ein Produkt – die ausgelieferten Teilemengen und ermöglicht so die Überwachung eines störungsfreien Produktionsablaufs. Das Kanban-System gilt als die Geheimwaffe gegen hohe Materialbestände. Es stammt aus Japan und bedeutet übersetzt »Pendelkarte« oder »Anzeigekarte«. Auf den Kanban-Karten sind teilespezifische Informationen wie Teilenummer, Bezeichnung, Herkunfts- und Bestimmungsort vermerkt.

Teilenachschub nach dem Holprinzip

Kanban steuert den Teilenachschub der Fertigungs- und Montagebereiche (intern/extern) mit dem Ziel niedriger Vorort-Bestände nach dem **Holprinzip**. Holprinzip bedeutet: Der Teileverbraucher meldet aufgrund des aktuellen Verbrauchs einen Teilebedarf in einer vorgegebenen Menge beim Lieferanten. Kanban ist ein **Steuerungssystem** für eine bestandsarme Produktion, das den Produktionsprozess in den Vordergrund stellt und gleichzeitig eine Minimierung von Verschwendungszeiten ermöglicht.

Kanban lässt Schwachstellen im Fertigungs- und Organisationsablauf sichtbar werden und zwingt zur dauerhaften Beseitigung der Ursachen. Es ist ein einfaches und transparentes Steuerungssystem und ermöglicht allen Mitarbeitern, eigenverantwortlich und selbständig die von ihnen erwartete Leistung zu erbringen. Es erschließt das Ideenpotenzial der Mitarbeiter. Identifikation und Motivation der Mitarbeiter werden durch Übertragung von Verantwortung gefördert.

Die Materialbereitstellung wird nicht mehr im PPS-System zentral gesteuert, sondern von den Mitarbeitern der jeweiligen Produktionseinheit per Bestellung bei der vorgelagerten Produktionseinheit angestoßen. Ein nicht zu unterschätzender Vorteil ist die Unabhängigkeit vom PPS-System. Ein PPS-Ausfall hat kaum noch Auswirkungen auf die laufende Produktion. **PPS-unabhängige Materialbereitstellung**

Alleine die Umstellung der innerbetrieblichen Rohmaterialversorgung auf das Kanban-System reduziert das Material an den Maschinen und in den Montagelinien so weit, dass die nötige Produktionsfläche minimal wird und die Laufwege der Arbeiter gegen Null gehen.

Außerdem sind die vor- und nachgelagerten Prozesse zu berücksichtigen. Im Rahmen einer Betrachtung des Materialflusses und des Informationsflusses – ausgehend vom Endprodukt bis zu den Lieferanten – sind die gesamten Prozesse in der Fertigung für jede Produktfamilie oder Produktgruppe separat abzubilden. D.h. Kanban darf nicht isoliert auf einen Bereich beschränkt betrachtet werden, sondern ist eine Philosophie, die gelebt werden muss.

5.2.4.3.3   Kaizen

Kaizen (kai = Veränderung; zen = zum Besseren) ist die Philosophie, dass **kontinuierliche**, unendliche **Verbesserung** in allen Bereichen unter Einbeziehung aller Mitarbeiter, Geschäftsleitung, Führungskräfte und Arbeiter, anzustreben ist. **Kontinuierliche Verbesserung**

Kaizen geht von der Erkenntnis aus, dass es keinen Betrieb ohne Probleme gibt. Diese Probleme werden durch die Etablierung einer **Unternehmenskultur**, in der jeder ungestraft das Vorhandensein von Problemen eingestehen kann, gelöst. Verbesserungen von Qualität und Produktionsplanung sowie Senkung der Kosten münden schließlich in eine erhöhte Kundenzufriedenheit.

Diesem Prinzip liegt die Annahme zu Grunde, dass jedes System ab dem Zeitpunkt seiner Einrichtung dem Zerfall preisgegeben ist, wenn es nicht ständig erneuert bzw. verbessert wird. Die Botschaft von Kaizen beinhaltet, dass kein Tag ohne irgendeine Verbesserung im Unternehmen vergehen soll.

»Kaizen ist somit die Philosophie der ewigen Veränderung und der Flexibilität, um auf die Veränderungen der Umwelt zu reagieren.«

Weg der kleinen Schritte

Nach Imai ist Kaizen der Weg der kleinen Schritte, die Innovation der Weg der großen Schritte. Unter Innovation versteht man einschneidende Veränderungen wie z. B. technologische Neuerungen, neue Produktionsverfahren, etc., die für die Konkurrenten klar erkennbar sind und deren Reaktionen herausfordern. Kaizen dagegen verläuft weniger spektakulär. Innovation ist bei versäumten Anpassungen, bei technologischen Revolutionen bzw. Paradigmenwechseln und bei diskontinuierlichen Organisationsschritten notwendig. Kaizen kann als der Vorgang normaler Entwicklung angesehen werden. Hinter der Unterscheidung zwischen Kaizen und Innovation steht die Frage des Erkenntnisfortschritts bei einer Erfindung bzw. Entdeckung.

Vorschlagswesen

Das **Vorschlagswesen** gilt als integraler Bestandteil des etablierten Managementsystems, und die Anzahl der von seinen Mitarbeitern eingereichten Verbesserungsvorschläge ist ein wichtiges Kriterium zur Leistungsbeurteilung etwa eines Meisters. Vom Vorgesetzten des Meisters wird andererseits erwartet, dass dieser ihm hilft, seine Mitarbeiter zum Abgeben von Vorschlägen zu motivieren.

In den meisten japanischen Betrieben mit Kaizen-Programmen arbeiten Qualitätskontrolle und Vorschlagswesen eng zusammen. Die Rolle der QC (Quality-Control-)-Zirkel wird verständlicher, wenn man diese insgesamt als gruppenorientiertes Vorschlagswesen in Richtung Verbesserung betrachtet. Außerdem gibt es die noch vor allem in Europa weit verbreiteten Einzelvorschläge.

Oft findet man an den einzelnen Arbeitsplätzen auf Tafeln Angaben über die Zahl der hier abgegebenen Verbesserungsvorschläge, um den Wettbewerb unter den Arbeitern bzw. Arbeitsgruppen zu fördern. Ein weiterer wichtiger Aspekt des Vorschlagswesens ist die Tatsache, dass jeder eingereichte Vorschlag einen neuen Standard zur Folge hat.

Messbare Verbesserungen

Erzielte Verbesserungen sind gut messbar und lassen sich leicht (grafisch) visualisieren, z.B:

- **Bestände wurden** von 100.000 € auf 60.000 € gesenkt, d. h. minus 40 %.
- Die Kapazitätsnutzung als Vorgabezeit/Betriebszeit wurde von 90 % auf 94 % erhöht.
- Die Zahl offener Aufträge außerhalb des Kundenwunschtermins wurde verringert: z.B. von 400 auf 300 im Bereich bis zu drei Kalenderwochen und von 200 auf 140 im Bereich bis zu vier Kalenderwochen.

Der nachstehende Kaizen-Schirm (s. Abb. 78) verdeutlicht alle Bereiche, die ständig zu verbessern und zu optimieren sind: vom Kunden über die Qualität der Produkte, Organisation, Prozesse unter Einbezug der Mitarbeiter bis hin zum Lieferanten.

5.2.4.3.4   Anreize durch Prämienlohn

Ziel eines Prämiensystems ist die Erhöhung der Motivation durch Koppelung des Verdienstes an eine Stellgröße wie etwa Qualität oder Ausbringungsmenge bezogen auf eine Personengruppe oder auch Abteilung. Die Prämie wird z.B. errechnet durch Tarifgrundlohn + individuelle Zulage + Gruppenzulage (Produktivitätszulage/Qualitätszulage).

Anreize durch Prämiensystem schaffen

Mit diesem Instrument kann eine Fertigungseinheit erfolgsbezogen gesteuert werden.

Abb. 78: Der Kaizen-Schirm (vgl. www.4managers.de)

5.2.4.3.5   Flexible Arbeitszeiten

Vor allem für Betriebe mit starken saisonalen Beschäftigungsschwankungen pro Monat empfiehlt es sich, die Arbeitszeit flexibel zu gestalten, um Schwankungen zwischen Auftragseingang/Beschaffung und Produktion abzufangen.

Die Produktivität bzw. Rentabilität steigt mit **Intensität der Nutzung der Anlagen**. Dazu gehört, dass die Arbeitszeiten über ein Jahreszeitkonto flexibel gestaltet werden können.

Zeitkonten

Das Produktionscontrolling stellt an jeden Mitarbeiter hohe Anforderungen. Eigentlich muss sich jeder Mitarbeiter in der Fertigung – im Blick auf den Wettbewerb und den Kunden – fragen, welche Prozesse er in der Fertigung wie optimieren kann. D.h. das Kostendenken durch die »Produktionsbrille« muss in den Köpfen verwurzelt sein. Routineaufgaben sollten dabei standardisiert sein, so dass genügend Zeit bleibt für Sonderprojekte – wie z.B. Kaizen, Optimierung der Fertigungstiefe durch In- oder Outsourcing.

Grundsätze des Produktions-controlling

Dabei ist natürlich in größeren Organisationen nicht der Einzelkämpfer gefordert, sondern das ganze Produktionsteam. Folgende Grundsätze sind zu beachten:

- Einbindung von Mitarbeitern in die Planung und bei Veränderungen;
- Mitarbeiter-Vorschlagswesen;
- Mitarbeiter-Befragungen (zur Ermittlung von Schwachstellen);
- Visualisierung (durch Aushang, Tafeln, Hauszeitung);
- Aufzeigen der Ziele und Maßnahmen;
- Dokumentation der Zeiten (Liegezeit, Transportzeit, Wartezeit, Rüstzeit, Bearbeitungszeit, Bestände (in Reichweite, Losgrößen);
- Kennzahlen-Vergleiche (Benchmarks) der Standorte einer Firma miteinander bzw. innerhalb der Branche (z.B. weiche Faktoren für Erfolg und Zahlen);
- Planungstechniken (Simulation, grafische Materialfluss-Darstellungen).

5.2.4.4   Anlagencontrolling

Das Anlagencontrolling beschäftigt sich mit der Frage, wie ein **Maschinenpark** optimal ausgestattet werden kann. Dabei geht es nicht um Fragen der technischen Eignung, sondern darum, wann alte Maschinen aus Kosten- und Risikogesichtspunkten ersetzt werden sollten.

Zeitpunkt für Neuinvestitionen bestimmen

Die im Unternehmen vorhandenen Anlagen und Maschinen unterliegen je nach Nutzung einem (entsprechenden) Alterungsprozess. Buchhalterisch wird dieser Alterungsprozess durch Abschreibungen dargestellt. Dabei werden die Anschaffungskosten über die Anzahl der Perioden, in denen die Anlagen voraussichtlich genutzt werden, verteilt. Es kann entweder degressiv (zunächst höher und im weiteren Verlauf dann zunehmend fallend) oder linear (gleichmäßig verteilt) abgeschrieben werden. Zusätzlich sind bei der Bewertung der Anlagen die anfallenden Reparatur- und Instandhaltungskosten zu berücksichtigen. Es gilt den Punkt abzupassen, an dem die Reparaturkosten überhand nehmen und somit die Anschaffung einer neuen Anlage sinnvoller ist, als weiter in die Erhaltung der alten Anlage zu investieren (s. Kapitel 3.3.5).

Außerdem sollte immer auch an das Risiko des Produktionsausfalls und die größeren Probleme bei der Ersatzteilbeschaffung älterer Anlagen gedacht werden. Dieses Problem ist aber vielschichtiger als es sich auf den ersten Blick darstellt. Die Entscheidung für eine neue Anlage hängt nämlich von zahlreichen weiteren Faktoren ab. Wichtig ist sicherlich, dass sich eine neue Anlage technisch weiterentwickelt haben sollte und das Unternehmen somit besser oder schneller produzieren kann als mit der alten Anlage.

5.2.5 Finanzcontrolling

Im Bereich Finanzcontrolling geht es um Steuerung der Finanzen im weitesten Sinne. Es gehören dazu auch bereits an anderer Stelle beschriebene Controlling-Werkzeuge wie beispielsweise Soll/Ist-Vergleiche, Erfolgsplanung, Bilanzplanung, etc.

5.2.5.1 Liquiditätscontrolling

Die Sicherung der Liquidität ist im Unternehmen eine der wichtigsten Aufgaben. Zur Liquiditätssteuerung gehört eine aktive Finanzplanung (s. Kapitel 3.4). Über einen Soll/Ist-Vergleich der Finanzplanung kann die Steuerung noch weiter verfeinert und verbessert werden. Dies heißt konkret, dass den Planwerten einer Periode die Ist-Werte gegenüber gestellt werden. Die Abweichungen liefern wertvolle Erkenntnisse zur Verbesserung der Qualität der Planung.

Finanzplanung zur Liquiditätssteuerung

Der sensibelste Bereich in einem Finanzplan ist sicherlich die **Planung der Zahlungseingänge aus Kundenforderungen**. Abweichungen können entstehen durch:

- verzögerte Zahlung der Kunden,
- Verzögerungen bei der Auslieferung,
- Verzögerungen bei der Rechnungsstellung,
- Einbehalt von Zahlungen wegen Qualitätsmängeln.

Zu einem Liquiditätscontrolling gehört ein straffes Forderungsmanagement bzw. Mahnwesen. Erfahrungsgemäß ist eine Forderung umso mehr gefährdet, je älter sie ist. Bei größeren Beträgen empfiehlt es sich, telefonisch nachzuhaken. Dies ist oft wirksamer als Papier. Darüber hinaus erfährt man noch Gründe, warum der Kunde nicht bezahlt (z.B. Mängelrüge, Rücklieferung, Unzufriedenheit mit der Leistung, falsche Rechnungsadresse). Eventuell können Ratenzahlungen vereinbart werden.

Der Ausfall von höheren Forderungen kann die Existenz des Unternehmens gefährden. Deshalb empfiehlt es sich, diesen Bereich mit Nachdruck zu managen.

Die Auszahlungen können direkter beeinflusst werden als die Einzahlungen. Um Liquiditätsspitzen auszugleichen, ist eine Streckung der Lieferantenverbindlichkeiten die wirksamste Methode. Die Verzögerung anderer Zahlungsverpflichtungen wie Personal-

Belastungsspitzen glätten

kosten, Steuerzahlungen, Sozialversicherung, etc. ist kaum möglich oder nur nach vorheriger Absprache mit dem Zahlungsempfänger empfehlenswert. Gegebenenfalls ist auch ein rechtzeitiges Gespräch mit der Bank sinnvoll. Kann ein drohender Liquiditätsengpass gut begründet werden, wird die Bank eine Überschreitung der Linie eher akzeptieren, als wenn sie ohne Informationen bleibt.

5.2.5.2 Cash-Management

Jederzeit liquide sein

Oberste Priorität im Cash-Management hat die Optimierung der Liquiditätssteuerung. Darunter fällt z. B. die Zinsertragsoptimierung. Liquide zu sein bedeutet, dass ein Unternehmen seinen Zahlungsverpflichtungen fristgerecht nachkommen kann. Entscheidend dabei ist, die unterschiedlichen Fristigkeiten und Verpflichtungen zusammenzubringen, also einerseits jederzeit ausreichende Liquidität zu garantieren und andererseits Risikospielraum zu ermöglichen. Bei der kurz- und mittelfristigen Liquiditätsplanung müssen die optimalen Anlage- und Finanzierungsinstrumente ausgewählt werden.

Unterschiedliche Interessen verschiedener Unternehmensbereiche müssen durch das Cash- Management ausgeglichen werden. Hat ein Unternehmen verschiedene Niederlassungen oder Unternehmensteile, muss ein Liquiditätsausgleich geschaffen werden. Im internationalen Geschäft ist auch eine Berücksichtigung der unterschiedlichen Währungen bzw. Kursschwankungen geboten. D.h., es müssen zusätzliche Kontrollen vorgenommen und gegebenenfalls Wechselkursschwankungen abgesichert werden.

Cash-Management braucht analytisches, planerisches und disponierendes Geschick. Die Abwägung von Risiken setzt detailliertes Wissen über mögliche Entwicklungen am Markt voraus. In Abstimmung mit der Geschäftsleitung werden die Finanzdispositionen getätigt.

5.2.5.3 Investitionscontrolling

Wirtschaftlichkeit von Investitionen prüfen

Nach größeren Investitionen sollte deren nachhaltige Wirtschaftlichkeit gemäß der Investitionsrechnung geprüft werden. Folgende Fragen sind zu stellen:

- Ist die Wirtschaftlichkeit der Investition gewährleistet?
- Werden nachhaltig die vorgesehenen Umsätze erzielt?
- Wurden die mit der Investition verfolgten Ziele erreicht?

Erfahrungswerte, die hier gewonnen werden, sollten in künftige Investitionsrechnungen einfließen.

5.2.5.4   Finanzierung

Unter Finanzierung versteht man im Allgemeinen die Versorgung des Unternehmens mit Kapital. Abb. 79 stellt in einem groben Überblick die verschiedenen Formen der Finanzierung dar. Man unterscheidet zwischen Innen- und Außenfinanzierung und Eigen- und Fremdfinanzierung. Unter Controllinggesichtspunkten gilt es, die Zusammensetzung der Finanzierung permanent zu optimieren.

Versorgung mit Kapital

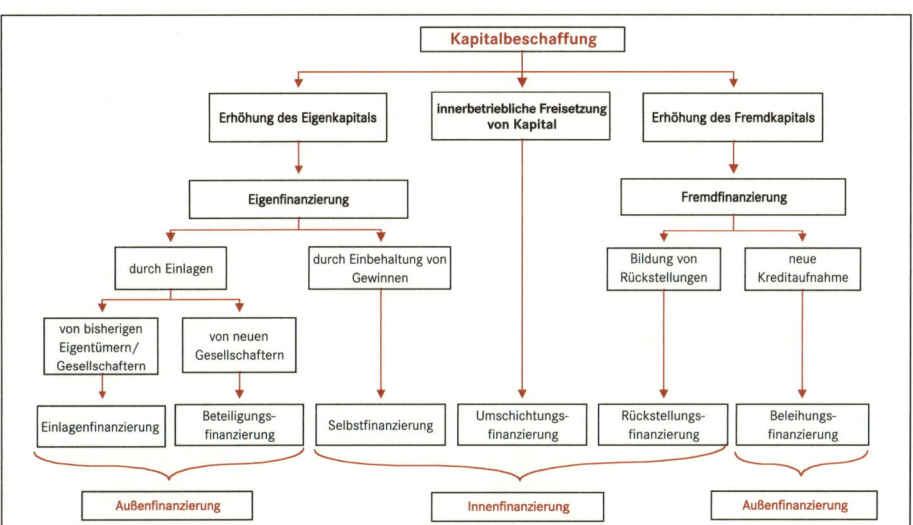

Abb. 79: Finanzierungsbegriffe

Innenfinanzierung

Nach der Mittelherkunft lassen sich die Innen- und die Außenfinanzierung unterscheiden. Eine Innenfinanzierung liegt dann vor, wenn das Kapital des Unternehmens sich erhöht, ohne dass dem Betrieb Mittel von außen, also vom Inhaber, von Gesellschaftern oder von Gläubigern zufließen. Man unterscheidet drei Arten der Innenfinanzierung:

Kapital erhöht sich ohne Mittel von außen

- Selbstfinanzierung: Neues Kapital wird gewonnen, indem Gewinne im Unternehmen verbleiben und nicht ausbezahlt werden.
- Umschichtungsfinanzierung: Hier handelt es sich um eine Freisetzung von bereits vorhandenem, aber bisher gebundenem Kapital. Dies kann erfolgen, indem z. B. Güter des Anlagevermögens verkauft werden.
- Rückstellungsfinanzierung: Die Bildung von Rückstellungen ist eine verdeckte Innenfinanzierung, da sie als zusätzlicher Aufwand verbucht werden und den ausweisbaren Gewinn verkürzen.

Außenfinanzierung

Kapitalzufluss von außen

Bei der Außenfinanzierung fließt im Gegensatz zur Innenfinanzierung stets Kapital von außen zu. Dies kann auf der Eigenkapitalseite durch Einlagen von Gesellschaftern oder Eigentümern oder durch neue Beteiligungen an dem Unternehmen sein, auf der Fremdkapitalseite durch eine Neuaufnahme von Krediten bei Kreditinstituten.

Eigenfinanzierung

Erhöhung des Eigenkapitals

Nach der Art des betroffenen Kapitals wird unterschieden zwischen Eigenfinanzierung und Fremdfinanzierung, je nachdem, ob die Finanzierungsmaßnahme das Eigen- oder das Fremdkapital betrifft.

Man unterscheidet bei der Eigenfinanzierung die Einlagenfinanzierung, die Beteiligungsfinanzierung sowie die Selbstfinanzierung. Die Einlagenfinanzierung und die Beteiligungsfinanzierung führen dem Betrieb zusätzliches Eigenkapital von außen zu und schaffen dadurch erweiterte Gesellschafterrechte, während bei der Selbstfinanzierung das neue Kapital innerhalb des Unternehmens gebildet wird.

Fremdfinanzierung

Erhöhung des Fremdkapitals

Die Finanzierung mit Fremdkapital wird auch Beleihungsfinanzierung genannt, da das Fremdkapital meist termingebunden zurückzuzahlen ist und dem Unternehmen nur leihweise zur Verfügung steht. Mit Fremdfinanzierung werden zusätzliche Gläubigerrechte geschaffen. Meistens sind auch Sicherheiten dafür zu stellen. Gerade im Mittelstand müssen diese oft aus Eigenkapital gebildet werden.

Die Steuerung der Fremdfinanzierung des Unternehmens ist ein wichtiges Element im Bereich des Finanzcontrollings. Hierzu sollte die Transparenz über die Finanzierung des Unternehmens gegeben sein. Wir empfehlen, eine kompakte Übersicht über sämtliche Kredite, Darlehen und Leasingverpflichtungen zu erstellen.

Checkliste

Checkliste zur Fremdfinanzierung

✔ Entspricht die Finanzierung den finanziellen Notwendigkeiten des Unternehmens?

✔ Ist die Finanzierung hinsichtlich der Rentabilität optimiert?

✔ Stimmen die Laufzeiten des Fremdkapitals mit den Notwendigkeiten im Unternehmen überein?

✔ Welche Sicherheiten wurden vom Unternehmen und/oder von den Gesellschaftern gestellt?

✔ Gibt es öffentliche Fördermittel, um die Finanzierungsstruktur zu entlasten oder neues Kapital für Investitionen zu erhalten?

✔ Welche Ratingnote hat das Unternehmen bei den Hausbanken?

✔ Wie kann möglicherweise das Rating verbessert werden?

Durch folgende Maßnahmen können Sie beispielsweise ihr **Rating verbessern**:

- Aufbau von betriebswirtschaftlichem Know-how in der Geschäftsleitung;
- Aufbau Unternehmensplanung;
- Verbesserung der Rentabilität;
- Stärkung der Eigenkapitalbasis;
- Sicherung der Marktposition;
- professionelle Unternehmensführung;
- Kontoführung im Rahmen der Vereinbarung;
- rechtzeitige Einreichung von Bilanzen und sonstigen Unterlagen;
- Transparenz in Bewertungsfragen;
- Zuverlässigkeit und Vertrauenswürdigkeit;
- offene Kommunikation.

Verbesserung des Rating

Checkliste zur Vorbereitung eines Bankgespräches

- ✔ Bereiten Sie sich gut auf das Gespräch vor;
- ✔ Kreditverhandlungen sollte man mit Entscheidungsträgern führen;
- ✔ besser ist es, den Banker ins Unternehmen einzuladen;
- ✔ Auftreten und persönliche Ausstrahlung des Unternehmers sind wichtig (Unternehmerpersönlichkeit);
- ✔ freundliche, ehrliche und selbstbewusste Gesprächsatmosphäre;
- ✔ sachliche und realistische Einschätzung der Situation des Unternehmens;
- ✔ umfangreiche und kompetente Beantwortung aller gegenseitigen Fragen;
- ✔ möglichst anschauliche Vorstellung des geplanten Vorhabens;
- ✔ wesentliche Inhalte schriftlich zusammenfassen.

Checkliste

5.2.6 Personalcontrolling

Unter Personalcontrolling ist die Ausrichtung der Planung, Steuerung und Kontrolle personalwirtschaftlicher Prozesse auf den wirtschaftlichen Erfolg des Unternehmens zu verstehen (Definition nach Bühner 1997). Dabei geht es zum einen darum, die für den Bereich Human Resources relevanten Kennzahlen, wie z. B. Fluktuation oder Krankheitsquote, zu ermitteln, und zum anderen die Effektivität des Personalmanagements und der Personalmaßnahmen zu überprüfen. Die Funktion des Personalmanagements kann man in eine Vielzahl von Teilfunktionen zerlegen, die jeweils durch geeignete Controlling-Ansätze gesteuert werden können:

Optimierung personalwirtschaftlicher Prozesse

- Personalbedarfsplanung,
- Personalsuche und -auswahl,
- Einarbeitung,
- Personalentwicklung,
- Personalbeurteilung,
- Entlohnung.

5.2.6.1 Produktive/unproduktive Zeiten, Fehlzeiten

Produktive Zeiten steigern

In den meisten Unternehmen haben die Personalkosten einen sehr hohen Anteil an den Gesamtkosten. Schon aus diesem Grund ist es wichtig, dass ein möglichst hoher Anteil der zur Verfügung stehenden Arbeitszeit produktive Zeit ist. Unproduktive Zeiten müssen daher erfasst werden. Diese sind wie folgt zu gliedern:

- ablaufbedingte Unterbrechung,
- störungsbedingte Unterbrechung,
- Erholungspausen,
- persönlich bedingte Unterbrechungen.

Ablaufbedingte oder störungsbedingte Unterbrechungen können beispielsweise Fehler bzw. Schäden an Maschinen, eine Unterbrechung des Materialnachschubs, Programmierfehler bei CNC-gesteuerten Maschinen oder Unfälle sein.

Erholungspausen sind sicherlich das geringste Problem, da sie vorhersehbar und deshalb organisierbar sind.

Eine persönlich bedingte Unterbrechung ist die Krankheit. Zur **Kontrolle des Krankenstandes**, der in der Regel in Prozent der Produktivstunden erfasst wird (s. auch Kapitel 5.4.1.11), ist es wichtig, die Gründe für den Krankenstand möglichst präzise festzustellen.

Man unterscheidet bei krankheitsbedingtem Fehlen zwischen:

- arbeitsplatzunabhängigen Gründen, wie z.B. Infektionskrankheiten oder individuelle Lebenssituation und
- arbeitsplatzabhängigen Gründen, wie z.B. Arbeitsunfälle, physische Arbeitsbelastung (Lärm, Arbeitsstoffe, etc.) oder Arbeitsinhalte und Führungsstil.

Rückkehrgespräche nach der Erkrankung führen

Laut Statistik handelt es sich bei 70 % aller Krankheitsfälle um arbeitsplatzabhängige Gründe. Das heißt, das Unternehmen hat die Möglichkeit, Einfluss auf die Krankenquote zu nehmen und so den Krankenstand zu verringern und die Produktivität zu erhöhen. Voraussetzung dafür ist das Ermitteln der Krankheitsgründe. Das Unternehmen hat zwar kein verbrieftes Recht, die Krankheitsgründe zu erfahren, jedoch bieten Mitarbeitergespräche und sog. Rückkehrgespräche eine gute Möglichkeit, Gründe und Ursachen für die Krankheit zu erfahren. Es ist wichtig, bei untypischen Schwankungen der

Krankheitsquote alle Fälle einer Prüfung zu unterziehen. Außerdem ist es unserer Meinung nach sinnvoll, die Krankheitsquote nach Bereichen und Abteilungen zu erfassen, um auch von dieser Seite die mögliche Problematik zu beleuchten.

5.2.6.2   Personalbedarfsplanung

Das Unternehmen sollte prüfen, ob die Umsatzziele mit dem vorhandenen Personal erreicht werden können. Im einfachsten Fall können zum Beispiel aus der Umsatzplanung Fertigungszeiten abgeleitet werden, die mit der Jahresleistung der produzierenden Mitarbeiter verglichen wird. Dabei müssen selbstverständlich Wochenenden, Feiertage, Urlaub und durchschnittliche Krankheitstage berücksichtigt werden (s. Abb. 80):

Ermittlung des Personalvolumens

	365	Tage/Jahr
./.	104	Tage (Wochenenden)
./.	10	Feiertage
./.	30	Urlaubstage
./.	14,5	Krankheitstage
=	206,5	Effektive Arbeitstage

Abb. 80: Musterrechnung zur Errechnung der effektiven Arbeitszeit

Beispiel: Personal-Jahresplanung für ein kleines Unternehmen
Unter Berücksichtigung von Urlaub, Krankheit und eines Leistungsgrades von 92,5 % ergibt sich die Jahresleistung der einzelnen Mitarbeiter in Stunden. Anhand dieser zur Verfügung stehenden Produktionszeit kann errechnet werden, ob der angestrebte Umsatz erreicht werden kann. Der Materialeinsatz muss hier berücksichtigt werden. Anhand der Fertigungszeiten pro Artikel kann hochgerechnet werden, wie viele produktive Stunden für den Planumsatz notwendig sind.

Leistung	Stunden/ Tag	Stunden/ Monat	Überst./ Monat	Stunden/ Jahr	Krank Std./Jahr	Urlaub Std./Jahr	Produktivität 100%	92,5%
Mitarbeiter 1	8	174	0	2088	-80	-192	1816	1680
Mitarbeiter 2	8	174	10	2208	-80	-216	1912	1769
Mitarbeiter 3	2	43,5	0	522			522	483
Unternehmer	8,5	185		2218,5		-170	2049	1895
Sohn	8	174		2088	-80	-160	1848	1709
					Kapazität in Std. pro Jahr		8147	7536

Abb. 81: Beispiel Personalplanung

Weicht die errechnete Kapazität deutlich von der Umsatzplanung ab, so entsteht daraus entweder zusätzlicher Personalbedarf, oder es muss Personal abgebaut werden.

5.2.6.3 Personalsuche und Auswahl

**Investitions-
entscheidung
Mitarbeiter**

Die Einstellung eines neuen Mitarbeiters kann eine sehr langfristige und kostspielige Entscheidung sein, die durchaus mit einer Investitionsentscheidung zu vergleichen ist. Das heutige Tarif- und Kündigungsschutzrecht macht es zwingend erforderlich, Personalentscheidungen gründlich zu überlegen. Deshalb sollten Sie, bevor Sie auf die Suche gehen, zumindest genau wissen, welche Anforderungen Sie an den Mitarbeiter haben. Sinnvoll ist es auch für kleine Betriebe, Stellenbeschreibungen mit den Aufgaben zu erstellen. In der Abb. 82 sind wichtige Bestandteile aufgelistet.

**Stellen-
beschreibung**

Wenn Sie über die Stellenanzeigen der Tageszeitungen Personal suchen, sollten Sie auf die Stellenbeschreibung der zu besetzenden Stelle zurückgreifen. Je genauer Sie die zu besetzende Stelle beschreiben, desto besser wird das Profil derjenigen passen, die sich bewerben.

**Personalanzeige
bewerten**

Die eingehenden Bewerbungen sollten systematisch bewertet werden. Neben den persönlichen Merkmalen sollte die Deckungsgleichheit zwischen Bewerberprofil und Stelle eine hohe Bedeutung haben. Bewerten Sie aber auch den Erfolg ihrer Anzeige. Wie viele Bewerbungen haben Sie insgesamt erhalten, wie viele davon scheiden schon beim ersten Blick aus, wie hoch ist die Quote der ernsthaften Bewerber, wie teuer war die Anzeige, wie viel haben Sie für den Kontakt zu einem ernsthaften Bewerber ausgeben müssen. Lag es an der Anzeigengestaltung, der Stellenbeschreibung oder dem Verbreitungsgebiet der Zeitung, dass Sie nicht so erfolgreich waren, wie Sie es sich vorgestellt haben. Lassen Sie sich hier gegebenenfalls beraten. Es gibt Agenturen, die spezialisiert sind auf die Ausgestaltung und Platzierung von Stellenanzeigen.

Stellenbeschreibung	
Bezeichnung der Stelle	Verkaufsleiter
Vorgesetzte Stelle	Geschäftsführer (Verkauf)
Unterstellter Mitarbeiter	alle Verkäufer
Stellvertreter von	Geschäftsführer (Verkauf)
Stellvertretung durch	stellvertretender Verkaufsleiter
Hauptaufgabe	Leitung der Verkaufsabteilung, verantwortlich für die VIP Kunden
	Ziel ist, neue Kunden zu gewinnen und die Kundenzufriedenheit zu steigern
Teilaufgaben	Planung neuer Produkte
	Führung der Verkaufsmitarbeiter
	Kontrolle der Umsätze und Kostenentwicklung
	Optimierung der Abläufe
Informationen	Wöchentliche Absatzentwicklung an den Geschäftsführer (Verkauf)
	Tägliche Rechnungseingänge von der Buchhaltung
Besondere Befugnisse	Verfügungsbefugnis bis 5.000 € für Kundenreklamationen

Abb. 82: Beispiel Stellenbeschreibung

5.2.6.4   Einarbeitung von neuen Mitarbeitern

Die Einarbeitung von neuen Mitarbeitern ist ein Prozess, der durchaus ein eigenes Controllingwerkzeug verdient, denn neue Mitarbeiter sind eine wichtige Investition. Die gute und zügige Einarbeitung des Mitarbeiters ist von hoher Bedeutung, damit sich diese Investition für das Unternehmen möglichst schnell auszahlt. Es sollte unbedingt ein detaillierter Einarbeitungsplan erstellt werden. Die Ansprechpartner in den einzelnen Abteilungen sollten darin ebenso enthalten sein wie die Lernziele in den Abteilungen. Das Erreichen der Lernziele sollte ständig überprüft werden. Abweichungen sind mit den Ansprechpartnern in den Abteilungen und dem neuen Mitarbeiter zu besprechen. In größeren Unternehmen hat es sich bewährt, für neue Mitarbeiter einen so genannten »Paten« zu ernennen, der dem Neuen hilft, sich zurechtzufinden, und der als erster Ansprechpartner bei Problemen dient. Dieser Pate sollte aber nicht unbedingt der Vorgesetzte sein, sondern eher ein Kollege, der das Unternehmen schon länger kennt.

Einarbeitungsplan

Es gibt zu diesem Thema selbstverständlich auch andere Ansichten, so beispielsweise bei den Befürwortern der Methode, neue Mitarbeiter ins kalte Wasser zu werfen, um zu sehen, ob sie schwimmen können. Aber dieses Verfahren kann sehr teuer werden. Schlecht eingearbeitete Mitarbeiter machen Fehler, verlieren schnell die Motivation, verlassen das Unternehmen während der Probezeit oder bleiben schlimmstenfalls, ohne dauerhaft die erhoffte Leistung zu erbringen. Wenn Sie einen Bewerber ausgewählt haben, sollten Sie sicher sein, dass er der richtige Mitarbeiter für Ihr Unternehmen ist. Dann sollten Sie alles daransetzen, dass er möglichst schnell die volle Produktivität erreicht. Die Einarbeitungszeit als weitere Selektions-Phase zu betrachten kostet viel Geld. Außerdem: Wenn Sie es sich leisten können, einen Mitarbeiter ein halbes Jahr zu prüfen, ohne dass er dann entsprechende Leistung erbringt, um anschließend einen weiteren Mitarbeiter auszuprobieren, stellt sich die Frage, ob Sie wirklich Personalbedarf haben.

5.2.6.5   Personalentwicklung, Fortbildung, Altersstruktur

Motivation und Leistungsfähigkeit sind entscheidende Faktoren für den Unternehmenserfolg. Deshalb ist es sinnvoll, dass für die Leistungsträger des Unternehmens ein Personalentwicklungsplan besteht.

Anpassen an neue Technologien

Der rasche technologische und arbeitsorganisatorische Wandel macht es notwendig, dass sich auch kleine und mittlere Unternehmen diesen Veränderungsprozessen offensiv gegenüberstellen. Dies bedeutet, dass nicht nur immer wieder neue Technologien und Maschinen zum Einsatz gebracht werden, sondern dass auch die Mitarbeiter sich weiterentwickeln müssen, um diese Technologien und Maschinen gewinnbringend bedienen zu können. Nur durch gezielte und regelmäßige Schulungen ist es möglich, die Mitarbeiter auf dem aktuellen Stand der Entwicklung zu halten.

Checkliste zur Planung von Weiterbildungsmaßnahmen

✔ Prüfen Sie die Stärken und Schwächen sowie die Interessen eines Mitarbeiters;

✔ Die Fachkompetenz, Sozialkompetenz und Erfolgskompetenz des Mitarbeiters sollte kurz- und mittelfristig in Einklang mit den Anforderungen der Arbeit und des Unternehmens zu bringen sein;

✔ Schätzen Sie bei langfristig angelegten Fördermaßnahmen das Entwicklungspotenzial ab und erstellen dann einen entsprechenden Entwicklungsplan;

✔ Stimmen Sie die Förderungsmaßnahmen mit der Karriereplanung ab.

Checkliste

Um Weiterbildung so effizient wie möglich zu gestalten, ist es wichtig, diese genau auf die Bedürfnisse des Einzelnen abzustimmen und ein ausreichendes Engagement des Mitarbeiters sicherzustellen.

Bei Mitarbeitern, die langfristig als Führungskräfte aufgebaut werden sollen, empfiehlt es sich, einen so genannten Entwicklungsplan festzulegen. Dieser mittel- bis langfristig angelegte Plan sollte in einem jährlich stattfindenden Mitarbeitergespräch überarbeitet und an die aktuelle Situation angepasst werden. Im Grunde genommen handelt es sich hier um eine Planung und einen dazugehörigen Soll-Ist-Vergleich. Zu beachten ist jedoch, dass es im Zusammenhang mit dem Faktor Mensch schwierig ist, Ziele zu quantifizieren und bestimmte Planzahlen festzulegen. Trotzdem ist es wichtig, den Personalentwicklungsplan messbar zu machen. Nur so kann bei dem Mitarbeitergespräch einhellig der Ist-Zustand festgestellt und mit dem Soll-Zustand abgeglichen werden. Da sich die Personalsituation eines Unternehmens oft schnell ändert (Kündigungen, Mutterschaftsurlaub), ist ein regelmäßiger Soll-Ist-Vergleich im Zuge des Mitarbeitergesprächs von großer Bedeutung. Nur so kann nachhaltig auf Veränderungen reagiert werden und die Planung bzw. die Ziele der aktuellen Situation angepasst werden.

Entwicklungsplan für Führungskräfte

Mitarbeitergespräche führen

5.2.6.6   Personalbeurteilung

Über ein Beurteilungssystem bzw. die regelmäßige Beurteilung der Mitarbeiter kann ein effektives Personalcontrolling stattfinden. So können Schwachstellen im Unternehmen erkannt und entsprechend gegengesteuert werden.

Einmal im Jahr sollte ein Gespräch mit den Mitarbeitern stattfinden, in dem über den aktuellen Stand der Leistung und über weitere Ziele gesprochen wird.

Abb. 83 zeigt einen Beurteilungsbogen:

Name des Mitarbeiters: _____

Abteilung/Position: _____

Datum: _____

Beurteilungskriterien	Zufriedenheit					Wichtigkeit				
	++	+	+/-	-	–	++	+	+/-	-	–
Motivation										
Identifikation										
Engagement										
Initiative										
Dynamik										
Pflichtbewusstsein										
Zielstrebigkeit										
Einsatzwille										
Mehrarbeit										
Können	++	+	+/-	-	–	++	+	+/-	-	–
Belastbarkeit										
Ausdauer										
Stressstabilität										
Flexibilität										
Auffassungsgabe										
Urteilsvermögen										
Kreativität										
Weiterbildung	++	+	+/-	-	–	++	+	+/-	-	–
Umfang										
Aktualität										
Anwendung										
Nutzen										
Eigeninitiative										
Arbeitstil	++	+	+/-	-	–	++	+	+/-	-	–
Selbständigkeit										
Zuverlässigkeit										
Sorgfalt										
Planung										
Arbeitsergebnisse	++	+	+/-	-	–	++	+	+/-	-	–
Qualität										
Verwertbarkeit										
Quantität										
Tempo										
Produktivität										
Termintreue										

Bemerkungen: _____

_____

_____

_____

Abb. 83: Beispiel Personalbeurteilungsbogen

5.3   Projekt- bzw. Auftragscontrolling

Projektcontrolling kann sich auf vielfältige Projekte im Unternehmen beziehen. Dies können Aufträge im Projektgeschäft, z.B. im Sondermaschinenbau oder bei der Erstellung komplexer Bauwerke sein. Ein anderes, nicht direkt kundenbezogenes Projekt wäre beispielsweise die Einführung eines Qualitätsmanagementsystems.

Beispiel aus dem Anlagenbau:

Nachfolgend ist der Aufbau des Projektcontrollings dargestellt. Es handelt sich um die Herstellung eines Reaktors für die chemische Industrie. In der zweiten Spalte ist die Angebotskalkulation dargestellt. Die dritte Spalte enthält die prozentualen Strukturzahlen. Nachträgliche Änderungen des Auftrags finden wir in Spalte 4. In Spalte 5 werden die aufgelaufenen Ist-Zahlen aus der Kostenrechnung dargestellt. Noch ausstehende Leistungen stehen in Spalten 6 und 7. In Spalte 8 finden wir die aktuelle Hochrechnung des Auftrags. Spalte 9 zeigt die Strukturzahlen, Spalte 10 die Abweichung zwischen Angebotskalkulation und voraussichtlichem Ist.

Projektstart: April Projektende: Dezember | | | **Kunde: Muster** | | | | **Komm. Nr.: 22 222** | | |

Spalte 1	2	3	4	5	6	7	8	9	10	11
	Angebots-kalkulation	%	Änder-ungen	Mitlaufende Kalkulation					Abweichung	
				Ist	Bestellt	Noch fehlende Leistung	Gesamt	%	in T€	in %
Bleche	122.288	16	2.100	138.160			138.160	17,5	-13.772	-11,26
Böden	26.600	3		7.734		18.000	25.734	3,3	866	3,26
Flansche+Rohre	63.350	8		5.651	68	50.000	55.719	7,0	7.631	12,05
Dichtungen, Schrauben, Sonstiges	45.600	6		3.272	3.662	35.000	41.934	5,3	3.666	8,04
Abnahmeezeugnisse	0	0		779			779	0,1	-779	0,00
Schweißzusatzwerkstoffe	14.350	2		4.009		14.000	18.009	2,3	-3.659	-25,50
Eingangsfracht/-verpack., Vorfracht	2.250	0		1.026			.026	0,1	1.224	54,40
Summe Material	**274.438**	**36**	**2.100**	**160.631**	**3.730**	**117.000**	**281.361**	**35,6**	**-4.823**	**-1,76**
Prüfungen (ZWP)	4.260	1		3.829	1.010	3.000	7.839	1,0	-3.579	-84,01
Beizen	12.000	2		7.500	7.500		15.000	1,9	-3.000	-25,00
Sandstrahlen/Anstrich	28.500	4		26.045	0	28.000	54.045	6,8	-25.545	-89,63
Abnahme, TÜV-Kosten	5.000	1				5.000	5.000	0,6	0	0,00
Sonstige Kosten	40.240	5		6.862		10.000	16.862	2,1	23.378	58,10
Bezogene Leistung gesamt	**90.000**	**12**	**0**	**44.236**	**8.510**	**46.000**	**98.746**	**12,5**	**-8.746**	**-9,72**
Material + Fremdleistung	**364.438**	**47**	**2.100**	**204.867**	**12.240**	**163.000**	**380.107**	**48,0**	**-13.569**	**-3,72**
Materialgemeinkosten in %	16.217	2	93	9.117	545	7.254	16.915	2,1	-604	-3,72
Summe Materialaufwand	**380.655**	**49**	**2.193**	**213.984**	**12.784**	**170.254**	**397.022**	**50,2**	**-14.173**	**-3,72**
Konstruktionsstd. Eigen	50.483	7	2.087	25.224		2.019	27.244	3,4	25.325	50,17
Konstruktionsgemeinkosten in %	11.949	2	494	5.971		478	6.449	0,8	5.995	50,17
Fremdkonstruktion (Festpreis)	0	0					0	0,0	0	0,00
Leasing	0	0					0	0,0	0	0,00
Summe Konstruktion	**62.432**	**8**	**2.581**	**31.195**	**0**	**2.497**	**33.692**	**4,3**	**31.320**	**50,17**
Fertigungsk.	180.856	23	7.029	230.270		0	230.270	29,1	-42.385	-23,44
Fertigungsk. Leasing	0	0		11.387			11.387	1,4	-11.387	0,00
Bödenmontage	60.000	8		0		0	0	0,0	60.000	100,00
Werkvertr. Festpreis	0	0		0			0	0,0	0	0,00
Summe Fertigungskosten	**240.856**	**31**	**7.029**	**241.657**	**0**	**0**	**241.657**	**30,5**	**6.228**	**2,59**
HERSTELLKOSTEN	**683.943**	**89**	**11.803**	**486.836**	**12.784**	**172.751**	**672.371**	**85,0**	**23.375**	**3,42**
Vertriebsgemeinkosten in %	16.757	2	289	11.927	313	4.232	16.473	2,1	573	3,42
Provision u. Lizenzen	0	0		0		0	0	0,0	0	0,00
Verpackung	0	0		0		0	0	0,0	0	0,00
Ausgangsfracht	13.000	2		0		10.000	10.000	1,3	3.000	23,08
Summe Vertriebskosten	**29.757**	**4**	**289**	**11.927**	**313**	**14.232**	**26.473**	**3,3**	**3.573**	**12,01**
Verwaltungsgemeinkosten in %	33.143	4	572	23.592	620	8.371	32.582	4,1	1.133	3,42
Bankzinsen in %	15.415	2	266	10.973	288	3.894	15.155	1,9	527	3,42
SELBSTKOSTEN	**762.258**	**99**	**12.930**	**533.328**	**14.005**	**199.248**	**746.581**	**94,3**	**28.607**	**3,75**
Erlös	**770.000**	**100**		**0**	**0**	**770.000**	**770.000**	**97,3**	**0**	**0,00**
Mehrpreise sicher	0	0	21.370		0		21.370	2,7	21.370	0,00
Erlös gesamt	**770.000**	**100**	**21.370**	**0**	**0**	**770.000**	**791.370**	**100**	**21.370**	**2,78**
Ergebnis des Auftrages	**7.742**	**1**	**8.440**				**44.789**	**5,7**	**28.607**	**369,53**
Mehrpreise erwartet	0	0						0,0	0	0,00

Tipp

Wir empfehlen, für jedes größere Projekt ein Projektcontrolling nach dem im Beispiel genannten oder einem ähnlichen Schema durchzuführen.

Zielüberwachung, Termineinhaltung, Kostenkontrolle

Das Projektcontrolling (s. Abb. 84) ist im Vergleich zu den anderen Controllinginstrumenten eine zeitlich begrenzte Einrichtung. Es ist im weiteren Sinne Teil der Projektorganisation. Das Projektcontrolling übernimmt bei dem Projekt die Aufgabe der Zielüberwachung, Koordination der heterogenen Gruppen, die Termineinhaltung und die Überwachung der Kosten und des Budgets. Diese Aufgaben des Projektcontrollers haben vor allem beratenden Charakter. Des Weiteren soll so dem Projektleiter ermöglicht werden, sich ganz auf die Führungsaufgaben konzentrieren zu können.

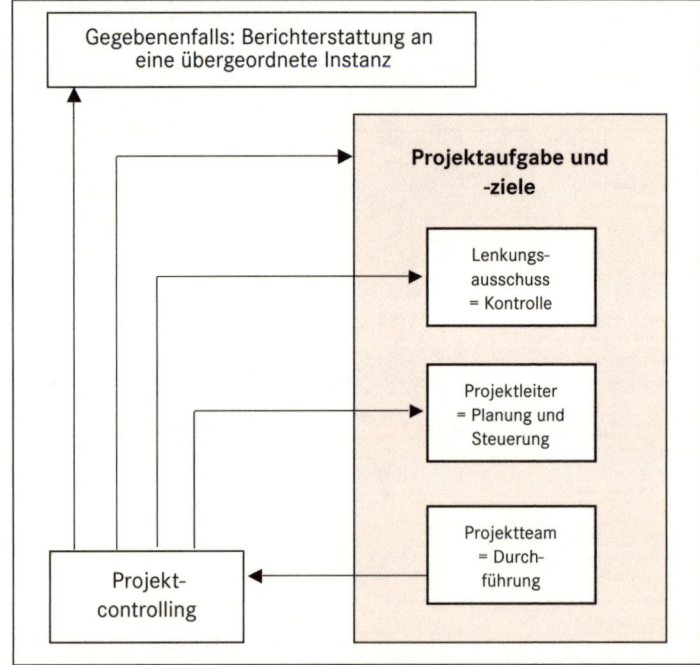

Abb. 84: Stellung Projektcontrolling
(s. www.integrata.de/training/news/news2002_2_6.html, 28.03.03)

Im Gegensatz zu den meisten anderen Controlling-Aufgaben, welche die permanente Überwachung und Steuerung kontinuierlicher Betriebsprozesse zur Aufgabe haben, beschäftigt sich das Projekt-Controlling mit einmaligen, zeitlich und sachlich begrenzten, Prozessen.

Wir können diese Werkzeuge bei Forschungs- und Entwicklungsaufgaben genauso einsetzen wie bei der Einführung eines EDV-Systems. Auch die Einführung von Controllingprozessen selbst ist ein Projekt, das in Teilprojekte zerlegt werden kann, z.B. die Budgetierung für die kommenden Jahre und die anschließende Einführung eines Soll-Ist-Vergleichs. In erster Linie geht es beim Projekt-Controlling darum, den Projektablauf in seinen einzelnen Phasen zu planen und den Fortschritt des Projekts kontinuierlich zu überwachen. Aber auch die Einhaltung des Umfangs, die Qualität der Ausführung und die Einhaltung der veranschlagten Kosten sind Gegenstand des Projekt-Controllings.

Einführung Controlling

5.3.1 Konstruktionsbegleitende Kalkulation

Besonders bei Produktentwicklungen für Einzelfertigungen, bei denen der Endpreis für das Produkt vom Markt oder dem Hauptkunden vorgegeben ist, sollte während des Entwicklungsprozesses eine projektbegleitende Kalkulation durchgeführt werden. Von vornherein gibt es dabei für die Herstellkosten des fertigen Produkts vorgegebene Plankosten, die nicht überschritten werden dürfen (s. Kapitel 4.3.7). Wird dann z.B. während der Konstruktion festgestellt, dass die Materialkosten der Neuentwicklung über den Plankosten liegen und diese Kostenüberschreitung im weiteren Entwicklungsprozess auch z.B. durch ein besseres Fertigungsverfahren nicht wieder eingespart werden können, müssen andere Materialien gefunden werden oder die gesamte Entwicklung ist in Frage zu stellen.

Plankosten einholen

5.3.2 Arbeiten mit Meilensteinen

Bei größeren Aufgaben, die über einen längeren Zeitraum laufen werden, ist es sinnvoll, das Gesamtprojekt in Teilprojekte zu zerlegen und für die Teilprojekte Zwischenziele – so genannte Meilensteine – zu definieren. Dies könnte wie folgt aussehen: **Entwicklung einer neuen Transportkiste für Luftfracht von Maschinenteilen.**

Definition von Zwischenzielen

Teilprojekte könnten dann sein:

1. Informationsbeschaffung über die grundsätzlichen Vorschriften der Luftfracht;
2. Informationsbeschaffung über die in Frage kommenden Maschinenteile der Kundenzielgruppe;
3. Analyse des bisherigen Angebots der Wettbewerber;
4. Optimierung der Wettbewerbskisten nach Gewicht/Stabilität/ Herstellkosten;
5. Konstruktion der neuen Kistenserie;
6. Suche nach optimalen Materialien und Beschlägen;
7. Prototypenbau;
8. Test der Kisten mit Pilotkunden;

9. Entwicklung der Serienkiste und Ausarbeiten des Fertigungs-
prozesses;
10. Markteinführung.

Dabei können die Teilprojekte 1–3 zeitgleich abgearbeitet werden,
während 4–10 nacheinander erfolgen werden.

**Maßnahmenplan
Wer macht was
bis wann?**

In der Praxis sehr bewährt haben sich zwei Instrumente zur
Projektsteuerung. Das erste ist der verbindliche Maßnahmen- oder
Projektplan, in dem alle Teil-aufgaben mit Verantwortlichkeiten und
Zielterminen festgehalten werden. Die Kurzformel lautet: **Wer macht
was bis wann?** Jeder Beteiligte erhält jeweils den aktuellen Projekt-
plan (s. Abb. 85).

Projekt Flugkisten				
Lfd. Nr.	**Was?**	**Wer?**	**Wann?**	**Status**
1.	Informationsbeschaffung über die grundsätzlichen Vorschriften der Luftfracht			
2.	Informationsbeschaffung über die in Frage kommenden Maschinenteile der Kundenzielgruppe			
3.	Analyse des bisherigen Angebots der Wettbewerber			
4.	Optimierung der Wettbewerbskisten nach Gewicht/Stabilität/Herstellkosten			
5.	Konstruktion der neuen Kistenserie (Meilenstein)			
6.	Prototypenbau			
7.	Suche nach optimalen Materialien			
8.	Test der Kisten mit Pilotkunden			
9.	Entwicklung der Serienkisten mit Pilotkunden			
10.	Markteinführung			

Abb. 85: Beispiel Projektplanung

**Planungssoftware
einsetzen**

Bei komplexeren Projekten bietet es sich an, die zeitliche Abfolge
und Abhängigkeit der Teilprojekte in einem Balkendiagramm (Gantt-
Diagramm), das in den Spalten die Monate oder Kalenderwochen
ausweist, darzustellen (s. Abb. 86). Es gibt für die Projektplanung
auch spezielle Software, z.B. MS-Projekt, das ähnliche Übersichten
liefert. Eine entsprechende Fortschreibung kann jedoch auch ganz
einfach mit Excel erfolgen.

Balkendiagramm Flugkiste	KW	01	03	05	07	09	11	13	15	17	19	21	23	25	27	29	31	33	35	37	39	41
Informationsbeschaffung Vorschriften		X	X	X																		
Informationsbeschaffung Kunden		X	X	X																		
Analyse Wettbewerber		X	X	X																		
Optimierung der Wettbewerbskisten				X	X	X	X															
Konstruktion der neuen Kistenserie							X	X	X	X	M											
Prototypenbau										X	X	X										
Suche nach optimalen Materialien												X	X									
Test der Kisten mit Pilotkunden															X	X						
Entwicklung der Serienkiste und Ausarbeitung des Fertigungsprozesses																	X	X	X			
Markteinführung																				X	X	X

Abb. 86: Zeitplan Entwicklung Flugkiste

Sehr wichtige Meilensteine (M), im Beispiel der Abschluss der Konstruktion, werden besonders herausgehoben. An diesen Punkten sind oft wichtige Entscheidungen über den weiteren Projektverlauf zu fällen. So kann die Konstruktion zu dem Ergebnis gekommen sein, dass wesentliche Verbesserungen der Konkurrenzprodukte nicht erreichbar sind. Ein Prototypenbau und damit weitere Kosten können an dieser Stelle noch verhindert werden.

Das zweite Instrument sind gemeinsame regelmäßige Besprechungen aller Beteiligten. Hierbei wird der Status des jeweiligen Teilziels besprochen. Beim Erreichen eines Meilensteins werden die relevanten Daten analysiert und die Entscheidungen über den weiteren Verlauf des Projekts besprochen. Der Projektplan wird aktualisiert. Abweichungen können hinterfragt und deren Auswirkungen auf nachgelagerte Teilziele erkannt werden. Gegebenenfalls müssen die weiteren Ziele an die geänderten Gegebenheiten angepasst werden.

Projektbesprechungen

Wichtig erscheint uns, dass das Oberziel, eine fertige Flugkiste zu haben, immer im Vordergrund steht. Abb. 87 zeigt nochmals zusammenfassend die übersichtliche Vorgehensweise beim Projektcontrolling. Um für neue Projekte zu lernen, ist die Rückschau wichtig. Jedes Projekt sollte auch ein Lernen der Organisation für weitere Projekte bedeuten.

Projektphase	Typische Projektcontrolling-Inhalte
Projektstart (Projektdefinition)	• Problemanalyse • Zieldefinition • Potentialschätzung und Ressourcenrahmen • Projektbewertung und -auswahl • Einbettung in das Projektportfolio
Projektplanung	• Projektstrukturplanung • Ablauf- und Terminplanung (z.B. mit Netzplantechnik) • Kapazitätsplanung • Kostenplanung
Realisierung (Projektüberwachung und Projektsteuerung)	• Leistungsüberwachung • Terminüberwachung • Kostenüberwachung • Abweichungsanalyse • Steuerungsmaßnahmen, Target Timing
Projektreview und Projektabschluss	• Projektübersicht • Abnahme der Projekt-(Meilenstein-) Ergebnisse, Analyse und Erfahrungssicherung • Ressourcenverteilung im Projektportfolio

Abb. 87: Systematik von Projektcontrolling

Was herauskommen kann, wenn Entwicklungsprojekte nicht kontrolliert werden, sondern allen Abteilungen freier Lauf gelassen wird, zeigt Abb. 88.

5.3.3 Szenariotechnik

In der Anfangsphase eines Projekts oder auch eines Planungsprozesses kann deutlich werden, dass es mehrere Wege bzw. mehrere Entwicklungswahrscheinlichkeiten gibt. Dies kann z.B. vom nicht planbaren Eintritt externer, nicht beeinflussbarer Faktoren abhängen. So könnte unser Kistenbauer von einer aktuell diskutierten Änderung der Luftfahrtvorschriften betroffen sein. Es ist zum jetzigen Zeitpunkt aber nicht klar, wann und in welcher Ausgestaltung die Änderung zum Tragen kommt. Im besten Fall gibt es keine Änderung und der Beschluss fällt sehr bald. Im schlechtesten Fall (Worst-Case-Szenario, s. Kapitel 6.8.) gibt es bedeutende Änderungen und die Entscheidung fällt erst in sechs Monaten. Dem Kistenbauer wird nichts anderes übrig bleiben, als mehrere Alternativen durchzuplanen. Dabei bietet es sich an, mit der wahrscheinlichsten Alternative zu beginnen. Ist diese fertig durchgeplant, werden von diesem Basisszenario aus Alternativpläne ausgearbeitet. Diese Vorgehensweise ist immer dann unerlässlich, wenn das Projekt oder die Planung mit hohem Risiko behaftet ist.

Mehrere Alternativen planen

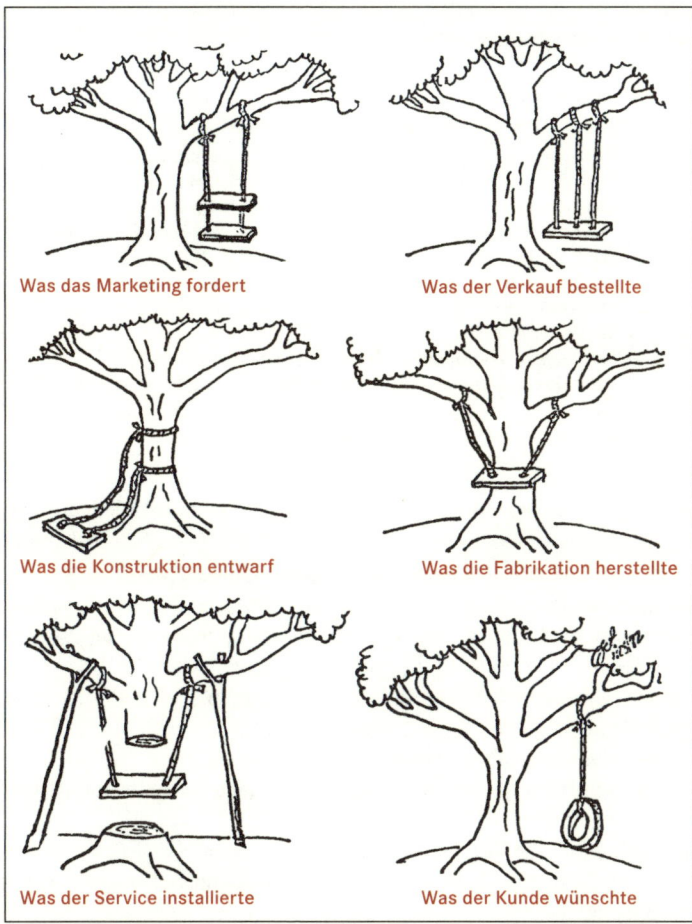

Was das Marketing fordert

Was der Verkauf bestellte

Was die Konstruktion entwarf

Was die Fabrikation herstellte

Was der Service installierte

Was der Kunde wünschte

Abb. 88: Marktorientierte Produktgestaltung (s. Marketing Journal 4/74)

5.4   Analyse mit Kennzahlen

Ein wichtiger Baustein in der Analyse des Unternehmens sind Kennzahlen. Kennzahlen dienen dazu, die messbaren Sachverhalte des
Unternehmens in konzentrierter Form wiederzugeben. Sie helfen bei
der Reduzierung von Komplexitäten, Verdichtung von Informationen
und tragen zur Transparenz des Unternehmens bei.

5.4.1   Arten von Kennzahlen

Folgende Arten von Kennzahlen (s. Abb. 89) werden unterschieden:

Arten von Kennzahlen

- **Absolute Kennzahlen (Grundzahlen):** Einzelzahlen, Summen, Differenzen, Mittelwerte, die direkt aus der Datenbasis entnommen werden.

- **Verhältniskennzahlen**: Zahlen, die entstehen, wenn absolute Zahlen zueinander in Beziehung gebracht werden. Dabei werden unterschieden:

  - *Gliederungszahlen*: Zahlen, die Verhältnisse wesensgleicher Grundzahl ausdrücken; stellen damit Größenordnungen und strukturelle Beziehungen dar;

  - *Beziehungszahlen*: Zahlen, die Verhältnisse wesensverschiedener Grundzahlen ausdrücken; stellen damit Beziehungsgeflechte und Zusammenhänge dar;

  - *Indexzahlen (Messzahlen):* Zahlen, die eine relative Veränderung einer Größe in einem Zeitraum ausdrücken; stellen damit zeitliche Entwicklungen dar.

- **Richtzahlen**: Zahlen, die entstehen, wenn Zahlen eines Unternehmens mit denen eines anderen oder der Branche verglichen werden.

Abb. 89: Übersicht Arten von Kennzahlen (s. RKW Jahrbuch 2002, S. 159)

Kennzahlen richtig einsetzen

Unternehmen die Kennzahlen in Ihrem Unternehmen einsetzen, sollten dies kontinuierlich, regelmäßig und systematisch tun. Eine Kennzahl wird dann besonders aussagefähig, wenn sie im Zeitvergleich oder im Vergleich zu anderen, beispielsweise zu Branchenzahlen, gesehen wird. Nur dann resultiert daraus auch ein maximaler Nutzen.

Kennzahlen sind Grundlage für:

- die Beurteilung der wirtschaftlichen Lage und Situation ihres Unternehmens im Gesamten sowie in Teilbereichen;
- Indikation von Veränderungen;
- das frühzeitige Erkennen von Stärken und Schwächen ihres Unternehmens;
- den Vergleich des Unternehmens mit Wettbewerbern;
- das Feststellen der Entwicklung im Zeitablauf.

Zum effektiven Herausfiltern von relevanten Informationen gilt es sich auf wenige wesentliche Schlüsselkennzahlen zu konzentrieren. In der Folge kann es sinnvoll sein, weitere untergeordnete Kennzahlen zu bilden. Die Kennzahlen sollten unternehmensspezifisch angepasst sein.

Kennzahlen regelmäßig anpassen

Das eingesetzte Kennzahlensystem sollte kein starres, einmal festgeschriebenes System darstellen. Vielmehr sollte es in regelmäßigen Abständen überprüft und gegebenenfalls weiter angepasst und verfeinert werden.

Checkliste zur Aufstellung und Überprüfung eines Kennzahlensystems

✔ Wenden Sie ein Kennzahlensystem an, mit dem Ihr Unternehmen/
Bereich analysiert und bewertet werden kann?

✔ Erfüllt Ihr Kennzahlensystem seinen Sinn und Zweck?

✔ Wie können Sie Ziele und Teilziele Ihres Unternehmens/Bereichs
durch Kennzahlen steuern?

✔ Welche Kennzahlen benötigen Sie zur Steuerung und Kontrolle
Ihres Unternehmens/Bereichs?

✔ Wie werden die einzelnen Kennzahlen berechnet und danach inter-
pretiert?

✔ Sind alle wichtigen in Ihrem Unternehmen/Bereich angewandten
Kennzahlen festgelegt und definiert?

✔ Welcher Verantwortungsbereich benötigt welche Kennzahlen und
in welcher Häufigkeit?

Kennzahlen lassen sich in Struktur- und Prozesskennzahlen sowie
Bereichskennzahlen unterteilen. Die Struktur- und Prozesskenn-
zahlen lassen sich dabei wie folgt einteilen (vgl. RKW Unternehmer
Jahrbuch, S. 160 ff.):

Arten von Struktur- und Prozess-Kennzahlen

● **Finanzierungskennzahlen** geben Auskunft über die Finanzaus-
stattung des Unternehmens.

● **Kapitalstrukturkennzahlen** geben Auskunft über die Kapital-
struktur und -ausstattung des Unternehmens.

● **Liquiditätskennzahlen** dienen zur Darstellung der Fähigkeit des
Unternehmens, seinen Zahlungsverpflichtungen termingerecht
nachzukommen. Dabei werden verschiedene Verhältniszahlen aus
den flüssigen Mitteln und kurzfristigen Verbindlichkeiten gebildet.

● **Produktivitätskennzahlen** ermitteln das Verhältnis zwischen
eingesetzten Produktionsfaktoren und den Ergebnissen der Leistungserstellung.

● **Rentabilitätskennzahlen** zeigen die Ertragskraft des Unternehmens auf. Dabei werden Verhältniszahlen aus einer Ergebnisgrö-
ße und einer diese wesentlich beeinflussenden Größe ermittelt.

● **Vermögensstrukturkennzahlen** werden zur Analyse des Ver-
mögensaufbaus und seiner zeitlichen Entwicklung im Unternehmen eingesetzt.

● *Wertorientierte Kennzahlen* dienen im Wesentlichen dazu, den
Wert und die Wertentwicklung des Unternehmens zu ermitteln.

● **Wirtschaftlichkeitskennzahlen** messen den Werteverzehr des
Unternehmens im Rahmen der Leistungserstellung/-verwertung.
Dies wird über die Differenz von Leistungen zu Kosten bezie-
hungsweise durch Kostenvergleiche dargestellt.

Neben den Struktur- und Prozesskennzahlen gibt es noch eine Reihe von Kennzahlen für die Bereiche Absatz, Beschaffung, Forschung und Entwicklung, Lagerwirtschaft, Personalwirtschaft und Produktion.

5.4.1.1   Finanzierungskennzahlen

Folgende Kennzahlen gibt es zu beachten:

Investitionsquote: zeigt die Nettoinvestitionen bezogen auf das gesamte Anlagevermögen.

$$\text{Investitionsquote} = \frac{\text{Sachanlagenzugänge ./. Sachanlagenabgänge}}{\text{Buchwert der Sachanlagen zum Jahresanfang}}$$

Finanzierungs-
kennzahlen

Innenfinanzierungsgrad: zeigt, in welchem Maße Nettoinvestitionen aus eigenen Mitteln vorgenommen werden.

$$\text{Innenfinanzierungsgrad} = \frac{\text{Cash-Flow}}{\text{Sachanlagenzugänge ./. Sachanlagenabgänge}}$$

Umschlagshäufigkeit des Vermögens: zeigt, wie häufig sich das Vermögen umschlägt.

$$\text{Umschlagshäufigkeit des Vermögens} = \frac{\text{Umsatz}}{\text{Gesamtvermögen}}$$

5.4.1.2   Kapitalstrukturkennzahlen

Folgende Kennzahlen gibt es zu beachten:

Eigenkapital

Eigenkapitalquote: zeigt das Verhältnis zwischen Eigenkapital und Gesamtkapital.

$$\text{Eigenkapitalquote} = \frac{\text{Eigenkapital}}{\text{Gesamtkapital}} \times 100 \, (\%)$$

Fremdkapitalquote: zeigt das Verhältnis zwischen Fremdkapital und Gesamtkapital.

$$\text{Fremdkapitalquote} = \frac{\text{Fremdkapital}}{\text{Gesamtkapital}} \times 100\ (\%)$$

Verschuldungsgrad: zeigt das Verhältnis zwischen Fremdfinanzierung und Eigenfinanzierung des Unternehmens.

$$\text{Verschuldungsgrad} = \frac{\text{Fremdkapital}}{\text{Eigenkapital}} \times 100\ (\%)$$

5.4.1.3   Liquiditätskennzahlen

Folgende Kennzahlen gibt es zu beachten:

Liquidität 1. und 2. Grades: zeigt zeitpunktbezogen die kurzfristige Zahlungsfähigkeit des Unternehmens.

Liquidität
1. und 2. Grades

$$\text{Liquidität 1. Grades} = \frac{\text{Zahlungsmittel}}{\text{kurzfristige Verbindlichkeiten}} \times 100\ (\%)$$

$$\text{Liquidität 2. Grades} = \frac{\text{Zahlungsmittel + kurzfristige Forderungen}}{\text{kurzfristige Verbindlichkeiten}} \times 100\ (\%)$$

Cash-flow: zeigt die Finanzkraft des Unternehmens und damit die Möglichkeit, ohne Zufuhr von weiterem Kapital selbst Schulden zu tilgen und Investitionen zu tätigen.

Finanzkraft
des Unternehmens

	Jahresüberschuss
+	Abschreibungen auf Sach- und Finanzanlagen
+/./.	Zuführung zu den langfristigen Rückstellungen
+	außerordentliche Aufwendungen
./.	außerordentliche Erträge
=	Netto-Cash-Flow
+	Steuern von Einkommen, Ertrag und Vermögen
./.	auszuschüttende Dividende
=	Brutto-Cash-Flow

Working Capital: zeigt, wie hoch das Umlaufvermögen mittel- bis langfristig finanziert ist und ist damit ein Gradmesser für die finanzielle Sicherung und Beweglichkeit des Unternehmens bei kurzfristigen Schwankungen des Finanzbedarfs.

	Umlaufvermögen
./.	kurzfristige Verbindlichkeiten
=	Working Capital

5.4.1.4 Produktivitätskennzahlen
Folgende Kennzahlen gibt es zu beachten:

Arbeitsproduktivität: zeigt das Verhältnis zwischen Leistungsmenge und benötigter Arbeitszeit.

$$\text{Arbeitsproduktivität} = \frac{\text{Leistungsmenge}}{\text{Fertigungsstunden}} \quad \left(\frac{\text{Stück}}{\text{Stunden}}\right)$$

Materialproduktivität: zeigt das Verhältnis zwischen Leistungsmenge und benötigtem Materialeinsatz.

$$\text{Materialproduktivität} = \frac{\text{Leistungsmenge}}{\text{Materialeinsatz}}$$

5.4.1.5 Rentabilitätskennzahlen
Folgende Kennzahlen gibt es zu beachten:

Cash-flow-Kapitalrentabilität: zeigt den Liquiditätsrückfluss des investierten Kapitals.

$$\text{Cash-Flow-Kapitalrentabilität} = \frac{\text{Cash-Flow}}{\text{Gesamtkapital}} \times 100 \ (\%)$$

Cash-flow-Umsatzrentabilität: zeigt die Fähigkeit des Unternehmens, Finanzmittel aus dem Umsatz zu generieren.

$$\text{Cash-Flow-Umsatzrentabilität} = \frac{\text{Cash-Flow}}{\text{Umsatz}} \times 100\,(\%)$$

Eigenkapitalrentabilität: zeigt das prozentuale Verhältnis des Gewinns zum eingesetzten Eigenkapital und stellt somit die interne Verzinsung des Eigenkapitals dar.

$$\text{Eigenkapitalrentabilität} = \frac{\text{Gewinn}}{\text{Eigenkapital}} \times 100\,(\%)$$

Gesamtkapitalrentabilität: zeigt das prozentuale Verhältnis des Gewinns zum eingesetzten Gesamtkapital und stellt somit die interne Verzinsung des Gesamtkapitals dar.

Rentabilität

$$\text{Gesamtkapitalrentabilität} = \frac{\text{Gewinn} + \text{Fremdkapitalzinsen}}{\text{Gesamtkapital}} \times 100\,(\%)$$

Leverage-Faktor: zeigt die Veränderung der Eigenkapitalrendite bedingt durch die Veränderung der Relation von Eigen- zu Fremdmitteln im Zeitvergleich.

$$\text{Leverage-Faktor} = \frac{\text{Eigenkapitalrentabilität}}{\text{Fremdkapitalrentabilität}} \times 100\,(\%)$$

Return on Investment: ermittelt den Rückfluss des eingesetzten Kapitals.

ROI

$$\begin{aligned}\text{ROI} &= \text{Umsatzrentabilität} \times \text{Kapitalumschlagshäufigkeit} \\ &= \frac{\text{Gewinn}}{\text{Umsatz}} \times \frac{\text{Umsatz}}{\text{Gesamtkapital}} \times 100\,(\%)\end{aligned}$$

Umsatzrentabilität: zeigt die markt- und kostenbezogene Erfolgskraft des Unternehmens.

$$\text{Umsatzrentabilität} = \frac{\text{Gewinn}}{\text{Umsatz}} \times 100\,(\%)$$

5.4.1.6   Vermögensstrukturkennzahlen

Folgende Kennzahlen gibt es zu beachten:

Anlageintensität: zeigt das Verhältnis des Anlagevermögens zum Gesamtvermögen.

$$\text{Anlageintensität} = \frac{\text{Anlagevermögen}}{\text{Gesamtvermögen}} \times 100\ (\%)$$

Vorratsintensität: zeigt das Verhältnis der Vorräte zum Gesamtvermögen.

$$\text{Vorratsintensität} = \frac{\text{Vorräte}}{\text{Gesamtvermögen}} \times 100\ (\%)$$

5.4.1.7   Wirtschaftlichkeitskennzahlen

Folgende Kennzahlen gibt es zu beachten:

Deckungsbeitragssatz: zeigt das Verhältnis des Deckungsbeitrags zum Umsatz.

$$\text{Deckungsbeitragssatz} = \frac{\text{Deckungsbeitrag}}{\text{Umsatz}} \times 100\ (\%)$$

Proportionaler Satz: zeigt das Verhältnis der variablen Kosten zum Umsatz.

$$\text{Proportionaler Satz} = \frac{\text{variable Kosten}}{\text{Umsatz}} \times 100\ (\%)$$

5.4.1.8   Kennzahlen des Absatzbereichs

Folgende Kennzahlen gibt es zu beachten:

Angebotserfolg: zeigt das Verhältnis zwischen erteilten und abgegebenen Angeboten.

$$\text{Angebotserfolg} = \frac{\text{erteilte Aufträge}}{\text{abgegebene Angebote}} \times 100\ (\%)$$

Beanstandungsquote: zeigt das Verhältnis zwischen beanstandeten und gesamten Lieferungen.

$$\text{Beanstandungsquote} = \frac{\text{Wert bzw. Anzahl der beanstandeten Lieferungen}}{\text{Wert bzw. Anzahl der gesamten Lieferungen}} \times 100\ (\%)$$

Kundenstruktur: zeigt die Anteile einzelner Kundengruppen an der Gesamtzahl der Kunden.

$$\text{Kundenstruktur} = \frac{\text{Anzahl der Kunden einer speziellen Kundengruppe}}{\text{Gesamtzahl der Kunden}} \times 100\ \%$$

Umsatzstruktur: zeigt die Anteile einzelner Produktgruppen am Gesamtumsatz.

$$\text{Umsatzstruktur} = \frac{\text{Umsatz einer Produktgruppe}}{\text{Gesamtumsatz}} \times 100\ \%$$

5.4.1.9   Kennzahlen des Beschaffungsbereichs

Folgende Kennzahlen gibt es zu beachten:

Bestellstruktur: zeigt das Verhältnis einer bestimmten Bandbreite des Bestellwerts zum Gesamtwert.

Beschaffung

$$\text{Bestellstruktur} = \frac{\text{Wert der Bestellungen mit Bestellwert bis zu x €}}{\text{Gesamtwert der Bestellungen}}$$

Durchschnittliche Beschaffungskosten je Bestellung: zeigt das Verhältnis der Beschaffungskosten zur Anzahl/Gesamtwert der Bestellung.

$$\text{Beschaffungskosten je Bestellung} = \frac{\text{gesamte Beschaffungskosten}}{\text{Anzahl der Bestellungen}} \times 100$$

Preisindex: zeigt die Entwicklung des Preises im Bereichszeitpunkt zum Basiszeitpunkt.

$$\text{Preisindex} = \frac{\text{Preis im Bereichszeitraum}}{\text{Preis im Basiszeitraum}} \times 100\ (\%)$$

5.4.1.10   Kennzahlen des Bereichs Lagerwirtschaft
Folgende Kennzahlen gibt es zu beachten:

Lagerwirtschaft

Durchschnittlicher Lagerbestand: zeigt das durchschnittlich im Lager gebundene Kapital.

$$\text{Durchschnittlicher Lagerbestand} = \frac{\text{Anfangsbestand ./. Endbestand}}{2}$$

Lagerumschlag

Lagerumschlag: zeigt, wie oft sich das Lager innerhalb des Betrachtungszeitraums umschlägt.

$$\text{Lagerumschlag} = \frac{\text{Verbrauch der Periode}}{\text{durchschnittlicher Lagerbestand}}$$

Kapitalbindungskosten: zeigt den Wertverzehr der Lagerware durch damit verbundene Kapitalbindung.

$$\text{Kapitalbindungskosten} = (\text{Bestandswert}) \times \text{Lagerzeit} \times \frac{\text{Zinssatz}}{12}$$

5.4.1.11   Kennzahlen des Bereichs Personalwirtschaft
Folgende Kennzahlen gibt es zu beachten:

Fehlzeitenquote: zeigt das Verhältnis aller Fehlzeiten einer Periode zu den gesamten Werktagen.

$$\text{Fehlzeitenquote} = \frac{\text{Fehlzeiten der Periode}}{\text{Arbeitstage der Periode}} \times 100\ (\%)$$

Fluktuationsziffer: zeigt die Mitarbeiterkündigungen im Verhältnis zum durchschnittlich beschäftigten Personal.

$$\text{Fluktuationsziffer} = \frac{\text{Zahl der Personalabgänge}}{\text{durchschnittliche Mitarbeiterzahl}} \times 100\ (\%)$$

Leistung je Mitarbeiter: zeigt das Verhältnis zwischen Umsatz-erlösen/Gesamtleistung zu durchschnittlicher Mitarbeiterzahl.   *Mitarbeiterumsatz*

$$\text{Leistung je Mitarbeiter} = \frac{\text{Umsatzerlös bzw. Gesamtleistung}}{\text{durchschnittliche Mitarbeiterzahl}} \times 100\ (\%)$$

5.4.1.12   Kennzahlen des Produktionsbereichs
Folgende Kennzahlen gibt es zu beachten:

Fertigungstiefe: zeigt das Verhältnis zwischen Wertschöpfung und Produktionswert.

$$\text{Fertigungstiefe} = \frac{\text{Wertschöpfung}}{\text{Produktionswert}} \times 100\ (\%)$$

Kapazitätsauslastungsgrad: zeigt die effektive Nutzung der vorhan-denen Kapazität.   *Auslastung*

$$\text{Kapazitätsauslastungsgrad} = \frac{\text{Ist-Leistung}}{\text{Kapazität}} \times 100\ (\%)$$

Wertschöpfung: zeigt die Leistungsfähigkeit des Betriebs.

$$\text{Wertschöpfung} = \text{Produktionswert} ./. \text{Vorleistungen}$$

Wertschöpfungsquote: zeigt das Verhältnis zwischen Wertschöp-fung und Gesamtleistung.

$$\text{Wertschöpfungsquote} = \frac{\text{Wertschöpfung}}{\text{Gesamtleistung}} \times 100\ (\%)$$

Tipp

- Definieren Sie für Ihr Unternehmen wichtige Kennzahlen.
- Analysieren Sie diese Kennzahlen im Zeitvergleich.
- Nutzen Sie Kennzahlen als Indikation für Veränderungen.
- Steuern Sie mit Kennzahlen.

5.5   Zusammenfassung

Controlling kann man nicht einschränken auf den Finanzbereich eines Unternehmens. Controlling findet vielmehr in allen Bereichen des Unternehmens statt.

Controlling kann auch in einfacher Form mit einfachen Mitteln erfolgen, wie z.B. durch **Zeitvergleiche, Soll/Ist-Vergleiche, Branchenvergleiche**, etc. Wir raten dazu, ein festes System im Unternehmen einzurichten. Mit Zielrichtung einer Gesamtschau kann dies wie folgt zusammengesetzt sein:

- Erfolgsentwicklung (GuV),
- Bilanzentwicklung,
- Soll/Ist Vergleich BWA,
- Finanzplan,
- Entwicklung Finanzierung.

Richten Sie ein besonderes Augenmerk auf die Größen Umsatz, Materialaufwand/Fremdleistungen und Personalaufwand. Hinterfragen Sie auffällige Abweichungen. Es ist wichtig, diese frühzeitig zu erkennen und gegenzusteuern.

Im Bereich **Einkaufscontrolling** geht es um die Optimierung des Ressourceneinsatzes. Die Aufgabe lautet, beste Ressourcen zu möglichst günstigen Konditionen einzusetzen. Beim **Produktionscontrolling** soll die Produktivität des Unternehmens und damit auch die Durchlaufzeit optimiert werden. Neuere Konzepte wie Kaizen, Kanban und Gruppenfertigung dienen der Steigerung der Produktivität.

Eine vordringliche Aufgabe in Unternehmen ist die **Steuerung der Liquidität**. Drohende Engpässe sollten frühzeitig erkannt und entsprechende Gegenmaßnahmen getroffen werden.

Das **Personalcontrolling** hilft, den Ressourceneinsatz Mensch, der sicherlich der wichtigste Produktionsfaktor ist, zu optimieren.

Projekt- und Auftragscontrolling sind je nach Art des Unternehmens wichtig, um große Projekte zum Erfolg zu führen. Ohne exakte Projektdaten kann das Unternehmen nicht zielgerichtet gesteuert werden.

Für die Steuerung einzelner Bereiche des Unternehmens werden Kennzahlen eingerichtet. Besonders wirksam ist die Verfolgung der Kennzahlen in der zeitlichen Entwicklung.

Bauen Sie sich also das für Ihr Unternehmen geeignete Steuerungssystem auf. Wichtig ist, dass Sie Führungskräfte und Mitarbeiter möglichst aktiv in das System einbinden. So erzielen Sie die größtmögliche Wirkung. Beginnen Sie mit kleinen Schritten und Controlling-Elementen. Controlling im Unternehmen einzuführen ist ein Prozess, der nie richtig abgeschlossen sein wird. Das System sollte immer weiter entwickelt werden.

Mitarbeiter einbinden

Mit einem Tabellenkalkulationsprogramm wie beispielsweise dem am weitesten verbreiteten MS Excel können Sie sich sukzessive ihr Controlling System aufbauen. Fast alle modernen Buchhaltungs- und Kostenrechnungsprogramme bieten heute Schnittstellen zu Excel. In Excel sind Sie ungebunden und können sich leicht eigene Berichte aufbauen. Selbstverständlich können Sie auch Standardsoftware einsetzen.

Beginnen Sie mit den für Ihr Unternehmen wichtigen Bausteinen.

6   Komprimierte Informationen für das Management

Die Unternehmensumwelt verändert sich heute teilweise in rasantem Tempo. Das Management eines Unternehmens benötigt deshalb Informationen, um sich permanent auf neue Anforderungen einstellen zu können.

Um erfolgreich zu sein, müssen Unternehmen in der Lage sein:

- **Vorhandene Kundenbeziehungen** zu halten und neue Marktsegmente zu erschließen.
- **Innovative Produkte und Dienstleistungen**, die von den Zielkunden erwartet werden, auf den Markt zu bringen und sich dort auch zu behaupten.
- Qualitativ **hochwertige Produkte** und **Dienstleistungen** zu günstigen Preisen schnell anbieten zu können.
- Fähigkeiten und **Motivation** der Mitarbeiterinnen und Mitarbeiter zu mobilisieren, um eine kontinuierliche Verbesserung ihrer Prozesse, der Qualität und der Reaktionszeit zu gewährleisten.

Dazu braucht es Werkzeuge und Instrumente, welche die Organisation dazu befähigen, diesen Anforderungen gerecht zu werden. Die Prozesse zur Erstellung und Lieferung von Produkten und Dienstleistungen sollten mit diesen Instrumenten gesteuert werden. Ein Unternehmen muss lernen, kundengerechte Produkte und Dienstleistungen in seinem Marktsegment anzubieten.

Grenzen des traditionellen Rechnungswesens

Das traditionelle Rechnungswesen hat seine Grenzen. Jahres- und Quartalsbilanzen sind oft immer noch die vorherrschenden Steuerungsinstrumente der Unternehmen. Das Informationssystem bleibt oftmals im Rechnungswesen verankert, einem jahrhundertealten Modell, das für kleine Transaktionen in unabhängigen Organisationen entwickelt wurde, nicht aber für komplexe Prozesse in vernetzten Unternehmen. Das immaterielle Anlagevermögen eines Unternehmens wird immer wichtiger. Das Management braucht heute weitergehende flexible Werkzeuge, um den Anforderungen gerecht zu werden.

6.1   Ziel der Information des Managements

Das Management eines Unternehmens braucht einen Überblick über die Lage des Unternehmens sowie des Umfelds.

✔ Wie sieht die **Rentabilität** des Gesamtunternehmens und einzelner Teilbereiche aus?

✔ Wie entwickelt sich die **Liquidität** des Unternehmens?

✔ Was sind die **Engpassfaktoren** im Unternehmen?

✔ Wie entwickeln sich einzelne **Produkte oder Produktbereiche**?

✔ Welche **Stärken** hat das Unternehmen?

✔ Welche **Schwächen** sind vorhanden?

✔ Welche **Chancen** hat das Unternehmen?

✔ Welche **Risiken** sind aktuell vorhanden?

Checkliste

6.2   Aufbau eines Informationssystems für das Management

Ein Managementinformationssystem (MIS) sollte auf die Unternehmensgröße angepasst werden. Die Grundfragen des Informationsbedarfs sind in unterschiedlich großen Unternehmen vergleichbar. Intensität und Ausprägung sind jedoch abhängig von der Unternehmensgröße.

Managementinformationssystem auf die Größe des Unternehmens anpassen

Im Mittelpunkt stehen immer:

- Rentabilität und
- Liquidität.

Nachfolgende Abb. 90 zeigt den möglichen Aufbau eines Berichtssystems.

Die Budgetierung ist eine der Grundlagen eines MIS. In dieser wird die Richtung des Unternehmens festgelegt. Der Finanzplan informiert, ob die zur Verfügung stehende Liquidität ausreicht. Der monatliche Soll-Ist-Vergleich zeigt, ob die Planzahlen erreicht wurden. Er gibt Hinweise auf Fehlentwicklungen, die konsequent hinterfragt werden sollten. Die Entwicklung der Angebote und des Auftragsbestandes haben als Frühindikatoren eine hohe Bedeutung. Der aktuelle Status über die Finanzierung des Unternehmens liefert Transparenz über Verschuldung, Finanzierungsstruktur und Kosten der Finanzierung. Die Informationen über die Entwicklung von Produkten, Produktgruppen und Sparten sind äußerst wichtig, da diese

Budget als Grundlage

Was?	Wichtigkeit	Wann? (mindestens)
Erfolgsplanung/Budget und evtl. Forecast	Hoch	Jährlich
Soll-Ist-Vergleich Erfolgsrechnung mit Abweichungsanalyse und Kommentierung	Hoch	Monatlich
Finanzplan unterteilt nach Dekaden oder Monaten	Hoch	Monatlich
Entwicklung des Eigenkapitals	Mittel	Vierteljährlich
Aktueller Auftragsbestand mit Reichweite	Hoch	Monatlich
Informationen über die Struktur der aktuellen Aufträge	Mittel	Monatlich
Entwicklung der Angebote	Mittel	Monatlich
Entwicklung der Vorräte, Roh-, Hilfs- und Betriebsstoffe, unfertige Erzeugnisse, fertige Erzeugnisse	Mittel	Monatlich
Aktueller Status über die Finanzierung des Unternehmens	Hoch	Vierteljährlich
Entwicklung des Personals	Mittel	Monatlich
Übersicht über den Stand der Investitionen	Mittel	Vierteljährlich
Entwicklung einzelner Produkte und Produktgruppen	Hoch	Vierteljährlich
Entwicklung der Deckungsbeiträge in einzelnen Sparten	Hoch	Vierteljährlich
Entwicklung in verschiedenen Märkten	Mittel	Vierteljährlich
Balanced Scorecard	Mittel	Vierteljährlich

Abb. 90: Wichtige Informationen für die Geschäftsleitung

entscheidend für den Erfolg oder Nichterfolg des Unternehmens sind. Ebenso maßgeblich ist die Entwicklung in Verkaufsgebieten und die Entwicklung in einzelnen Märkten.

Die Einzelauswertungen können auch noch verdichtet werden. So kann ein Geschäftsführer mit wenig Zeitaufwand den aktuellen Status und die Entwicklung des Unternehmens verfolgen.

Verdichtung von Information

Ein Beispiel für die Verdichtung der Informationen ist die Balanced Scorecard. Sie bewertet das Unternehmen aus unterschiedlichen Perspektiven und betrachtet das gesamte Unternehmen in seiner Umwelt.

6.3   Controlling mit IT-Unterstützung

Das Controlling hat, die Aufgabe, die Geschäftsleitung bzw. das Management mit den für die Unternehmenssteuerung notwendigen Informationen zu versorgen. Um diesen notwendigen Informationsfluss effizient, standardisiert und reibungslos zu gestalten, sind entsprechende EDV-Instrumente notwendig und sinnvoll.

6.3.1   ERP-Systeme

EDV-Instrumente

Aufgrund einer zunehmenden Geschäftsprozessorientierung wurden zur Steuerung von Unternehmen ERP(Enterprise Resource Planning)-Systeme entwickelt. ERP ist ein komplexer Werkzeugkasten zur Steuerung sämtlicher betrieblicher Prozesse. Beispielsweise könnten folgende Prozesse abgebildet werden:

- Anfrage
- Vorkalkulation
- Angebotserstellung
- Bestellung
- Auftragsbestätigung
- Betriebsauftrag
- Stückliste
- Produktionsplan
- Materialdisposition
- Lagerverwaltung
- Konstruktion/CAD
- Betriebsdatenerfassung

- Begleitende Nachkalkulation
- Qualitätsprüfung
- Lieferscheine
- Fakturierung
- Versandpapiere
- E-Commerce
- Finanzbuchhaltung
- Debitorenbuchhaltung
- Kreditorenbuchhaltung
- Kostenrechnung
- Controlling

ERP-Instrumente

Kein Unternehmen gleicht dem anderen. Prozesse in Vertrieb, Einkauf, Produktion und Verwaltung weichen von Unternehmen zu Unternehmen ab und sind einem dynamischen Wandel unterworfen. Deshalb ist es wichtig, die Prozesse zugeschnitten auf das Unternehmen darzustellen.

Die meisten betrieblichen Komplettpakete sind eher branchenneutral. Es wird ein breites Repertoire an Modulen angeboten. Das Unternehmen sucht sich die passenden Module aus.

Abbildung von Prozessen

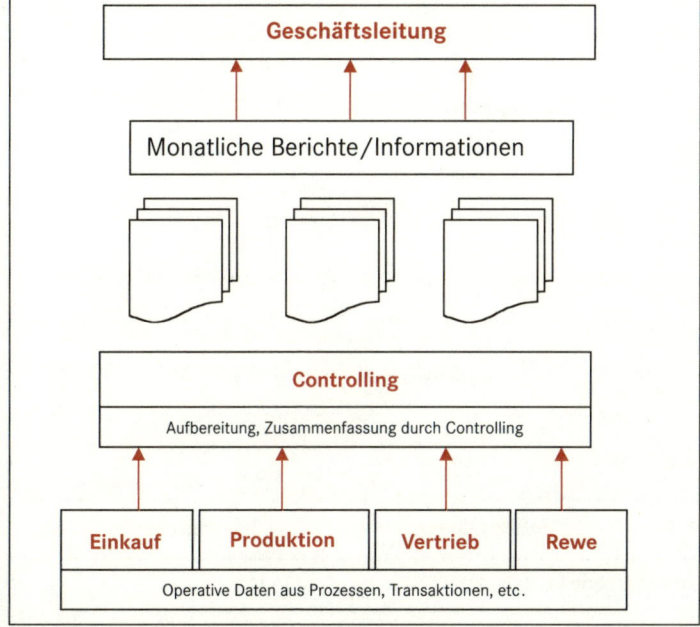

Abb. 91: Klassisches Informationsmanagement

Aktuelle Anbieter für ERP-Systeme sind u.a.: SAP, Baan, Bäurer, Infor, ProALPHA, PSIPENTA, AP, ABAS, Navision, Brain.
Die Informationen aus den Unternehmensprozessen kommen aus der ERP-Welt und werden im Controlling aufbereitet und zusammengefasst. Daraus werden wiederum Daten für das Management verdichtet (s. Abb. 91).

6.3.2   IT-gestützte Managementinformationssysteme (MIS)

Der Begriff des Management-Informationssystems (MIS) wird heute je nach Standpunkt leicht unterschiedlich erklärt. S.a. weiter unten. Grundsätzlich beschreibt er die Beschaffung und Strukturierung von Informationen für entscheidungsrelevante Prozesse im Unternehmen.

Abb. 92 zeigt den Informationsbedarf einzelner Ebenen des Unternehmens auf. Ein Managementinformationssystem sollte diese Informationsbedürfnisse befriedigen.

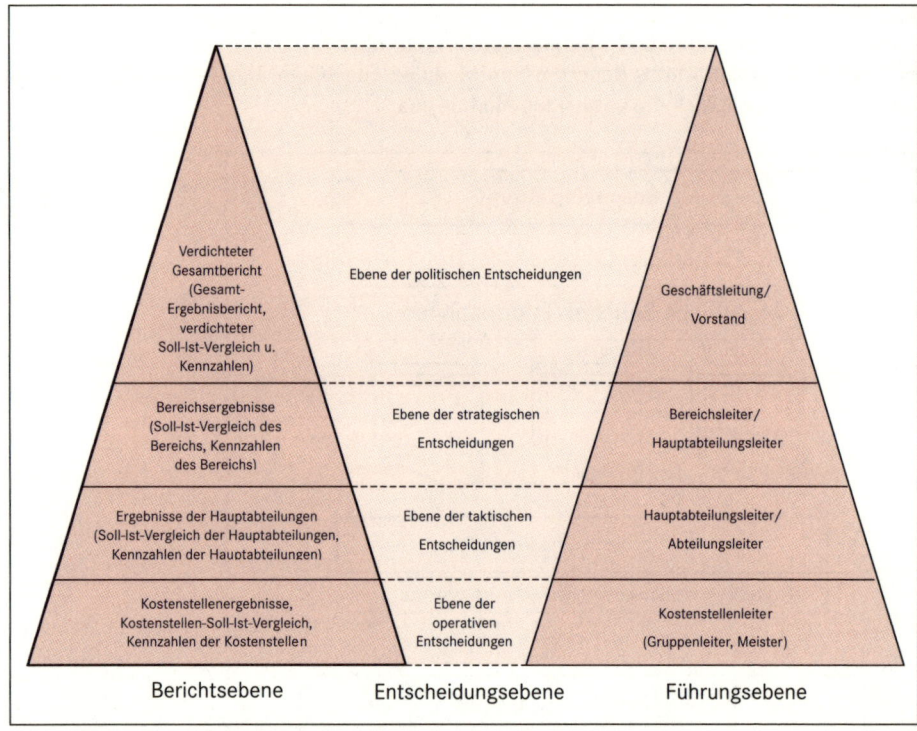

Abb. 92: Bericht- und Führungsebene (s. Baus 2000, S. 121)

Managementinformationssysteme sind Bericht- und Kontrollsysteme, welche Daten zur führungsrelevanten Information für die verschiedenen Managementebenen zur Verfügung stellen. Die Daten werden in solchen Systemen übersichtlich und aktuell dargestellt. Sie sollen die Grundlage für die Entscheidungen des Managements bzw. der GL bilden. Weiterhin sollen auch externe Daten erfasst und praktisch mit den internen Daten verknüpft werden. Hierzu eignen sich Datenverarbeitungssysteme, welche die wichtigen Informationen aus dem ERP-System des Unternehmens generieren und für die Geschäftsleitung entsprechend aufbereiten.

Ebenen der Information

Nachfolgend sind die Anforderungen und Charakteristika eines solchen Informationssystems dargestellt:

- Extrahieren, Filtern, Verdichten und Aufspüren von kritischen Daten;
- Trendanalyse und Frühwarnung;
- Darstellung von Informationen in graphischer und tabellarischer Form;
- zeitnahe Wiedergabe von Unternehmensdaten;
- führungsorientierte Weiterverarbeitungsmöglichkeit;
- schnelle und übersichtliche Lesbarkeit.

Anforderungen an ein Informationssystem

Mögliche Probleme oder Fehlerquellen bei der Erstellung eines MIS, die Sie beachten sollten, sind:

- zu viele Detailinformationen, welche die Geschäftsleitung überfordern (Zahlenfriedhöfe);
- unzureichende Zeitvergleiche. Aufgrund der großen Datenmenge werden historisch vergleichbare Daten oft schon nach wenigen Monaten gelöscht;
- irrelevante Informationen, die automatisch vom DV-System zur Verfügung gestellt werden;
- fehlende qualitative und strategische Informationen;
- externe Informationen werden meistens nicht berücksichtigt;
- beschränkte Analysemöglichkeiten, weil die Daten zu wenig realitätsnah und vor allem unstrukturiert abgebildet werden.

Fehlerquellen eines MIS

Abb. 93 zeigt, dass ein Management-Informationssystem Daten aus dem Gesamtunternehmen mittels ERP-System komprimiert und um externe Informationen ergänzt. So kann das Management mit einem minimalen Zeitaufwand die Situation analysieren und Entscheidungen daraus ableiten.

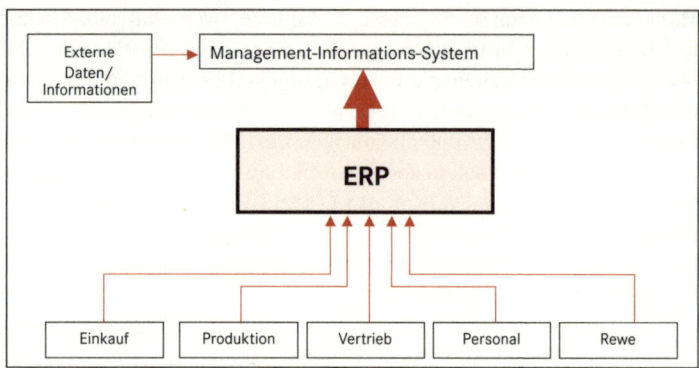

Abb. 93: Einordnung des Management-Informationssystems

6.3.3 Tabellenkalkulationsprogramme

Es müssen nicht gleich teure Softwarepakete in einem Unternehmen eingeführt werden, um sinnvolles Controlling zu betreiben. Selten finden Sie Produkte, die genau Ihren Bedürfnissen entsprechen. So besitzen viele Anwendungen Funktionalitäten, die Sie gar nicht brauchen, und andere Funktionen fehlen wiederum. Natürlich gibt es auch »maßgeschneiderte« Systeme, die aber zum einen wesentlich teurer und zum anderen, zumindest bei der Einrichtung, zeitintensiv sind.

Controlling mit Tabellenkalkulation

Es geht auch mit vergleichsweise günstigen und einfachen Mitteln, beispielsweise mit Programmen, die Sie sowieso schon im Haus haben, wie einem Tabellenkalkulationsprogramm (etwa das am weitesten verbreitete Excel von Microsoft oder vergleichbare Programme). Mit Excel können Sie ohne weiteres Ihre Unternehmensplanung aufbauen, Soll-Ist-Vergleiche einrichten oder differenzierte Auswertungen vornehmen. Sie können das Informationssystem auf Ihr Unternehmen zuschneidern.

Dabei muss man nicht, wie viele vermuten, ein Experte für dieses Programm sein oder gar Programmiertechniken beherrschen. Im Gegenteil, mit einer soliden Grundkenntnis und einem Grundverständnis lassen sich durchaus die oben aufgeführten Verfahren gestalten. Ein weiterer Vorteil an Excel ist, dass das System weit verbreitet ist und viele damit umgehen können.

6.3.4 Projektmanagement-Software

Zur Steuerung von Projekten gibt es eine Reihe von Projektmanagement-Software. Sie ermöglicht es, Projekte im Team und unternehmensweit zu planen und zu verwalten. Mit dieser Software lassen sich Projektpläne schnell und effizient verwalten, der Projektstatus kommunizieren und Projektinformationen schnell in aussagekräftigen Berichten zusammenfassen. Des Weiteren können Funktionen für das unternehmensweite Ressourcenmanagement und die Portfolio-Verwaltung zur Verfügung gestellt werden. Mit Berichten in Echtzeit bleiben Sie immer über den aktuellen Projektstatus informiert. Szenario-Analyse-Tools ermöglichen das Durchspielen mehrere Möglichkeiten. Mit diesen Werkzeugen können Projektmanager und Entscheidungsträger in Unternehmen Projekt- und Ressourceninformationen für die Abteilungen bzw. für das gesamte Unternehmen abfragen.

Management von Projekten

Die Projekt- und Ressourceninformationen werden an zentraler Stelle gespeichert. Über Webportale erhalten auch externe Teammitglieder Zugriff auf die Daten. Projekte können mit einer solchen Lösung intelligenter und effizienter verwaltet werden. Aufgaben und Ressourcen können einfach und schnell zugewiesen werden. Der Projektstatus kann jederzeit überwacht und entsprechende Berichte erstellt werden. Somit können Projekte im gesamten Unternehmen überwacht und optimal gesteuert werden.

Ein solches System liefert Informationen über die Ressourcenverwendung und Qualifikationen im gesamten Unternehmen. Es stehen Funktionen für die Portfolio-Verwaltung, Überwachung, Analyse und Modellierung zur Verfügung. Projektpläne, die mit Hilfe von Projektmanagement-Software auf dem Project Server veröffentlich wurden, können via Web von Projektmanagern oder Führungskräften auch unternehmensweit analysiert werden. Über gewisse Standards können Sie Terminpläne, Kosten und Einsatzquoten unternehmensweit besser beurteilen.

Projektkommunikation über Web

6.4   Reporting – Berichterstattung

Reporting ist die regelmäßige Berichterstattung über die wirtschaftliche Entwicklung des Unternehmens und einzelner Geschäftseinheiten, Ressorts und Produktgruppen. Je größer und komplexer ein Unternehmen ist, über das berichtet werden soll, desto umfangreicher wird grundsätzlich auch das Berichtswesen sein.

Informationen bereit stellen

Um die Informationen beschaffen, bearbeiten und bereitstellen zu können, muss das Reporting bestimmte Mindestanforderungen erfüllen. Die ergeben sich beispielsweise aus den Antworten auf die W-Fragen nachstehender Abb. 94:

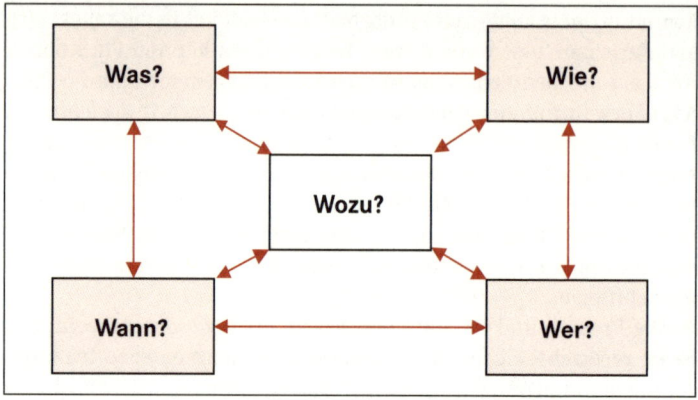

Abb. 94: Aufbau und Ablauf der Berichterstattung (s. Ziegenbein 1998, S. 474)

6.4.1 Ziele des Reporting

Wozu berichten?

Mit der zentralen Frage »**Wozu?**« ist der Zweck des Berichts angesprochen. Dieser hängt sehr davon ab, für wen der Bericht sein soll. Bei kleineren Unternehmen ist dies außer der Geschäftsleitung meist die Bank oder sonstige Geldgeber. Das Berichtswesen hat zum Ziel, die Empfänger in der erforderlichen Tiefe über die aktuelle Situation des Unternehmens zu informieren.

6.4.2 Beispiel eines Reporting an eine Bank

Der Empfänger des Reports hat einen bestimmten Informationsbedarf. Nachfolgend sind einige Standardinhalte aufgelistet:

Jahresbudget: Rechtzeitig vor Beginn des neuen Geschäftsjahres sollte das Budget erarbeitet und verabschiedet werden. Wichtige Positionen sollten erläutert werden.

Standardinhalte Reporting

Finanzplan: Zusammen mit der Jahresplanung wird auch ein Finanzplan aufgestellt (siehe Kapitel 3.4). Erläutern Sie den Finanzplan bezüglich der Spitzen in der Liquiditätsbelastung, Besonderheiten und Kapitalbedarf.

Soll-Ist-Vergleich: Auf der Basis der bestehenden Jahresplanung wird ein monatlicher Soll-Ist-Vergleich, wie in Kapitel 5.1.2.1 beschrieben, ausgearbeitet. Alle Abweichungen, die über eine definierte Toleranz hinausgehen, sollten genauer analysiert werden. Weshalb weichen diese Kosten oder Erlöse von der Planung ab?

Forecast: Zeigt der Soll-Ist-Vergleich größere Abweichungen, so ist eine aktuelle Hochrechnung auf das Jahresergebnis unter veränderten Rahmenbedingungen sinnvoll oder geboten. Diese Hochrechnung nennen wir Forecast. Hieraus ergeben sich möglicherweise neue Maßnahmen.

Aktuelle Auftragssituation/Lagerbestände: Die Entwicklung der Auftragssituation ist einer der wichtigen Frühindikatoren und ist somit für die Banken als Informationsempfänger interessant.

Aktueller Status der Maßnahmen: Hier wird der aktuelle Status der Maßnahmen erläutert. Was ist plangemäß umgesetzt, wo gibt es Abweichungen? Neue Maßnahmen werden aufgenommen und erläutert.

Inhalte Reporting

Vorräte: Die Fortschreibung der Entwicklung der Vorräte ist notwendig zur Ermittlung einer korrekten Gesamtleistung, wie auch für einen stimmigen Materialaufwand. Stehen diese Daten nicht zur Verfügung, kann kein korrektes Monatsergebnis errechnet werden.

Fazit: In einer Zusammenfassung wird noch einmal auf die Besonderheiten eingegangen. Es wird eine zusammenfassende Wertung gegeben und ein Ausblick auf den weiteren Verlauf des Geschäfts.

6.4.3   Anforderungen an das Reporting

Ein Reporting sollte folgenden Anforderungen genügen:

Qualität: Die Informationen müssen aussagefähig und entscheidungsrelevant, korrekt, zuverlässig, vollständig und widerspruchsfrei sein. Der Empfänger muss sich voll auf diese Angaben und Zahlen verlassen können.

Aktualität: Im Reporting müssen die Informationen so zeitgerecht wie möglich zur Verfügung gestellt werden. Es macht keinen Sinn, »veraltete Daten« darzustellen.

Einheitlichkeit: Einheitliche Definitionen und Regeln sind für die Aussagefähigkeit von Vergleichen und Zeitreihen eine unbedingte Vorraussetzung. Es sollten einheitliche Begriffe verwendet werden.

Merkmale eines Reporting

Systematik: Eine strenge Systematik ist nötig, um trotz Vielfalt, Komplexität und Datenmenge Übersichtlichkeit und Transparenz zu erreichen. Es ist notwendig, immer das gleiche System zu verwenden, um die Empfänger nicht zu verwirren.

Grundsätzlich sind ausschweifende Formulierungen zu vermeiden. Die Informationen müssen so knapp und sachlich wie möglich zusammengefasst sein. Die Berichtsempfänger haben meist nur wenig Zeit.

6.4.4   Empfänger

Empfänger von Berichten können folgende Zielgruppen sein:

- Geschäftsleitung,
- Aufsichtsorgane wie Aufsichtsrat und Beirat,
- Eigner,
- übergeordnete Unternehmen (z. B. Muttergesellschaft),
- Kapitalgeber (Banken, Leasinggesellschaften),
- Beteiligungsgesellschaften.

Informationsempfänger

6.4.5   Termine

Die Terminierung der Berichte richtet sich nach Empfänger und Zielsetzung. Das Management sollte natürlich immer sehr kurzfristig – mindestens monatlich – über das Geschehen im Unternehmen informiert werden. Eventuell genügt unter Umständen auch ein Quartalsreporting.

6.4.6   Beispiel für ein Reporting

In Abb. 95 ist ein kurzes Muster des verbalen Teils eines Bankreporting dargestellt:

**Reporting per Dezember
Firma Mustermann**

1. **Soll-Ist-Vergleich per Dezember n (siehe Anlage 1)**

   In n liegt die Gesamtleistung des Unternehmens 20 T€ unter der Planung. Die Materialaufwandsquote hat sich gegenüber der Planung um 4,2% auf 49,2% erhöht.

   Die geplante Kürzung der Mietaufwendungen erfolgte erst zum 01.08.n. Die KFZ-Kosten liegen um 4 T€ über der Planung. Bei den Gesamtkosten gibt es eine Negativabweichung von 9,8 T€.

   Das Ergebnis liegt mit 24,5 T€ um 34,9 T€ unter Plan.

   Die Zielsetzung, den Umsatz auszuweiten, wurde nicht erreicht.

2. **Überarbeitete Planung n+1 (siehe Anlage 2)**

   Es ist geplant, das Engagement in der Sanierung von Flachdächern bei Industriebauten und Garagen sowie Balkonen auszuweiten. Durch die Verarbeitung eines neuartigen Produkts, das qualitativ erheblich besser ist als das herkömmliche, möchten wir potenzielle Kunden überzeugen.

   Mit diesem Produktangebot möchten wir künftig ein Umsatzwachstum erreichen.

   Die Planung für n+1 wurde überarbeitet und an die aktuelle Kostensituation angepasst.
   Wie im ursprünglichen Konzept vorgesehen, ist eine Reduzierung der Mietaufwendungen auf 1.076 € ab März eingeplant.

   Es ist für n+1 ein Gewinn von 63 T€ bei einem Umsatz von 279,2 T€ geplant. Um dies zu erreichen, muss der Markt aktiver bearbeitet werden.

3. **Finanzplan Betrieb n+1 (siehe Anlage 3)**

    Die Liquiditätssituation ist angespannt. Durch das schwache Ergebnis in n wurde weiter Liquidität verbraucht.

    Durch eine Neuaufnahme eines Kredits in Höhe von 40 T€ soll die Kontokorrentüberziehung abgebaut werden.

    Nur wenn in n+1 das Planergebnis erreicht wird, kommt der Betrieb mit der Liquidität zurecht.

4. **Marketingplan (siehe Anlage 4)**

    Es sind zusätzliche Marketingmaßnahmen, vor allem im Bereich Dachsanierung, geplant.

    Im beigefügten Marketingplan sind die Aktivitäten im Einzelnen aufgeführt. Zu prüfen ist, ob Anzeigen zusammen mit dem Hersteller der Beschichtungsmasse möglich sind.

5. **FAZIT**

    Das Zielergebnis in n wurde um 35 T€ verfehlt, da es nicht gelang, den Umsatz auszuweiten. Vorgeschlagene Marketingaktivitäten wurden nur vereinzelt umgesetzt. Die Liquiditätssituation wird durch ein neues Darlehen über 40 T€ verbessert.

    Dennoch ist der permanente Kapitalverzehr in Form von über dem Ertrag liegenden Entnahmen nicht längerfristig verkraftbar. Es muss nachhaltig eine Umsatzsteigerung erreicht werden.

    Die festgelegten Maßnahmen müssen künftig konsequent umgesetzt werden.

Abb. 95: Beispiel eines Reporting für die Bank

6.5   SWOT-Analysen

SWOT steht für: strengths – Stärken, weaknesses – Schwächen, opportunities – Chancen, threats – Bedrohungen und Risiken. SWOT-Analysen dienen dazu,

- **Stärken** zu erhalten und auszubauen,
- **Schwächen** zu mindern und zu beseitigen,
- **Chancen** zu nutzen,
- **Bedrohungen und Risiken** zu meiden oder zu begrenzen.

Dabei setzt sich die SWOT-Analyse aus der Stärken-Schwächen-Analyse und der Chancen-Risiko-Analyse zusammen. Beide Analysen können jeweils auch einzeln für entsprechende Aufgaben angewandt werden.

Stärken und Schwächen

Risiken
und Chancen

Bezieht sich die SWOT-Analyse schwerpunktmäßig auf die Gegenwart, wird auch von einer **Unternehmensanalyse** gesprochen. Steht demgegenüber die Zukunft im Vordergrund, liegt der Fall einer vornehmlich auf Prognosen und Projektionen beruhenden **Potenzialanalyse** vor (vgl. Müller/Uecker/Zeebold, S. 282 ff.).

Der SWOT-Analyse liegt folgende Überlegung zu Grunde: Nur wer seine Stärken und Schwächen kennt und sie auf die Chancen und Risiken der Märkte abstimmt, kann im Wettbewerb bestehen. Es handelt sich hierbei um ein Modell, das die internen Faktoren eines Unternehmens mit den externen Gegebenheiten abgleicht und daraus eine Strategie entwickelt. Dies kann sowohl für die Entwicklung und spätere Etablierung eines neuen Produkts als auch für die Ausrichtung des ganzen Unternehmens angewandt werden.

Letztlich soll mit der SWOT-Analyse beurteilt werden, wie das Unternehmen mit seinen gegebenen Kompetenzen und Ressourcen auf die zu erwartenden Veränderungen des Marktes von morgen reagieren muss: vielleicht mit neuen Kernkompetenzen, Serviceangeboten oder ganz anderen Geschäftsfeldern.

6.5.1 Stärken-Schwächen-Analyse

Die Stärken-Schwächen-Analyse (s. Abb. 96) bezieht sich nur auf interne Faktoren, also auf das Unternehmen selbst, wobei die Stärken und Schwächen eine relative Größe sind und erst im Vergleich mit den Konkurrenten Aussagekraft bekommen (vgl. auch Kapitel 6.6). So kann beispielsweise, je nach Marktanteil der Mitbewerber, ein Marktanteil von 5% in der einen Situation als Schwäche, in einer anderen Situation dagegen als Stärkegesehen werden.

Vorgehensweise

Kriterien für
Stärken und
Schwächen

In einem ersten Schritt müssen die Kriterien definiert werden, welche für die Lagebeurteilung des jeweiligen Unternehmens relevant sind. Dabei ist zu beachten, dass Ursachen und nicht die Symptome erfasst werden.

Der nächste Schritt besteht darin, die Kriterien zu gewichten und zu beurteilen. Das folgende Beispiel zeigt, wie die Stärken-Schwächen-Analyse in einer Tabelle aufgestellt und durchgeführt werden kann:

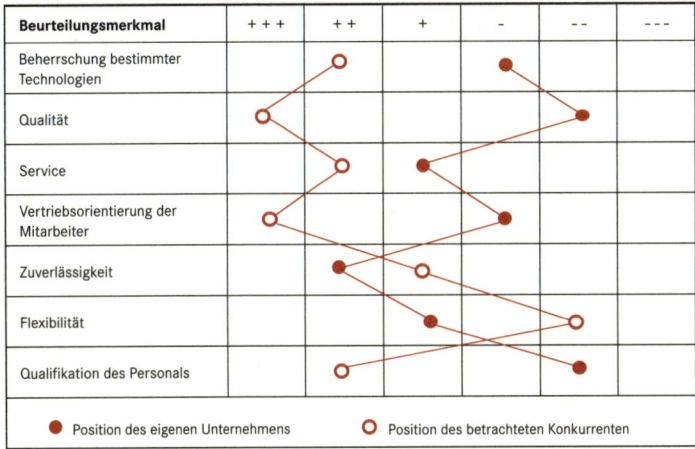

Beurteilungsmerkmal	+ + +	+ +	+	–	– –	– – –
Beherrschung bestimmter Technologien		○		●		
Qualität	○				●	
Service		○	●			
Vertriebsorientierung der Mitarbeiter	○			●		
Zuverlässigkeit	●		○			
Flexibilität				●		○
Qualifikation des Personals	○				●	

● Position des eigenen Unternehmens   ○ Position des betrachteten Konkurrenten

Abb. 96: Stärken-Schwächen-Profil im Zusammenhang mit einer Konkurrenzanalyse

Beispiel:

Zur Bewertung haben wir bei der Demo GmbH die fünf Bereiche Vertrieb, Einkauf/Logistik/Lager, Finanz- und Rechnungswesen, Produktion/ Leistungserbringung und das Management als Kriterien ausgewählt. Diesen Kriterien wurden entsprechend Unterpunkte zugeordnet, welche für das Unternehmen von Bedeutung sind. Um die einzelnen Bereiche gleich zu gewichten, beträgt die Maximalpunktzahl für jeden Bereich 60. Diese 60 Punkte werden gleichmäßig auf die jeweiligen Unterpunkte verteilt.

Die Bewertungsskala (s. Abb. 97) geht von eins bis sechs, wobei sechs die Bestmarke darstellt. Nach der Beurteilung anhand der Skala müssen die Punkte mit dem Verteilerschlüssel (Maximalpunktzahl der Untergruppe dividiert durch sechs) multipliziert werden. Danach werden die Punkte pro Bereich addiert und der Maximalpunktzahl gegenübergestellt. Beispiel Produktpalette: 7,5/6 x 5 = 6,25.

Demo GmbH	Bewertung		+++	++	+	-	--	---	Bemerkung
Bereich	Punkte		6	5	4	3	2	1	
	max.	erreicht							
Vertrieb	60,0	47,50							
Produktpalette	7,5	6,25		1					
Logistik	7,5	5,00			1				
Preisgestaltung	7,5	6,25		1					
Flexibilität	7,5	7,50	1						
Schnelligkeit	7,5	7,50	1						
Kundenstruktur	7,5	6,25		1					
Kundenakquise	7,5	3,75				1			
Mitarbeiter	7,5	5,00			1				
Einkauf/Logistik/Lager	60,0	31,67							
Organisation	10,0	6,67			1				
Lagerhaltung	10,0	3,33					1		
Fuhrpark	10,0	3,33					1		
Materialeinsatz	10,0	5,00				1			
Preisverhandlung	10,0	6,67			1				
Mitarbeiter	10,0	6,67			1				
Finanz- und Rechnungswesen	60,0	45,00							
Qualität Buchhaltung	6,0	4,00			1				
Kalkulation	6,0	5,00		1					
Kostenrechnung	6,0	4,00			1				
Liquidität	6,0	5,00		1					
Liquiditätssteuerung	6,0	4,00			1				
Ertragskraft	6,0	5,00		1					
Kostenstruktur	6,0	4,00			1				
Rechnungsausgang	6,0	5,00		1					
Rechnungseingang	6,0	5,00		1					
Mitarbeiter	6,0	4,00			1				
Produktion/Leistungserbringung	60,0	51,43							
Organisation	8,6	7,14		1					
Betriebsabläufe	8,6	5,71			1				
Termintreue	8,6	8,57	1						
Qualität	8,6	8,57	1						
Kostenbewusstsein	8,6	7,14		1					
Produktivität	8,6	7,14		1					
Mitarbeiter	8,6	7,14		1					
Management	60,0	38,75							
Strategische Unternehmensführung	7,5	3,75				1			
Zielorientiertheit	7,5	3,75				1			
Unternehmensleitbild	7,5	2,50					1		
Führungsqualität	7,5	5,00			1				
Engagement/Einsatz	7,5	6,25		1					
Innovationskraft	7,5	6,25		1					
Motivationsfähigkeit	7,5	5,00			1				
Entscheidungskompetenz	7,5	6,25		1					

Abb. 97: Beispiel Stärken-Schwächen-Analyse

Um das Ergebnis zu verdeutlichen, empfiehlt es sich, eine graphische Darstellung zu erstellen (s. Abb. 98). Bei unserer Demo GmbH wurde dies in Form eines Spinnennetzes umgesetzt. Der äußere Rahmen stellt dabei das Maximum dar, wobei die graue Linie die Lage des Unternehmens widerspiegelt. Bei der Demo GmbH zeigt sich dabei deutlich, dass vor allem im Bereich Einkauf/Lager/Logistik noch viel Potenzial schlummert, hingegen die Bereiche Produktion/Leistungserbringung und Vertrieb sehr gut ausgerichtet sind.

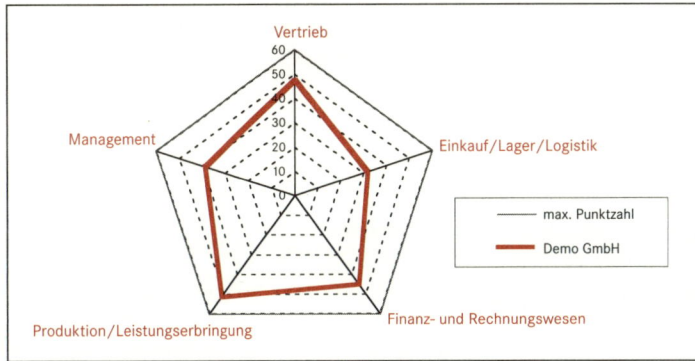

Abb. 98: Graphische Darstellung Stärken-Schwächen

6.5.2 Chancen-Risiken-Analyse (Beurteilung der Marktattraktivität)

Die Chancen-Risiko-Analyse beschäftigt sich im Gegensatz zur Stärken-Schwächen-Analyse nur mit externen Daten und Informationen. Diese werden von den Veränderungen auf dem Markt bestimmt, auf die das Unternehmen keinen Einfluss hat. Sie dient dazu, das Potenzial des Marktes, auf dem das Unternehmen tätig ist, zu erfassen und auszuwerten. Auch für die Bewertung neuer Märkte oder das Entwickeln neuer Produkte kann dieses Instrument sehr hilfreich sein und das Management mit wichtigen Informationen versorgen.

Chancen und Risiken ermitteln

Folgende Kriterien und Informationen über den Markt und den Wettbewerb sind dabei für eine Analyse interessant:

Marktstruktur

- Eintrittsbarriere,
- Austrittsbarriere,
- Struktur und Stärke der Abnehmer,
- Struktur und Stärke des Wettbewerbs,
- ...

Marktpotenzial/-volumen

- Marktwachstum,
- Marktsättigung,
- Investitionsverhalten,
- Konsumverhalten,
- …

Kundenstruktur

- Kundengröße,
- Nachfragemacht,
- Gebiete,
- …

Wettbewerb/Konkurrenz

- Zahl der Wettbewerber,
- Größe der Wettbewerber,
- Marktanteile der Wettbewerber,
- Branchenregeln,
- …

Oft ist es sinnvoll oder sogar notwendig, neben der Branche auch das Umfeld und die allgemeinen Rahmenbedingungen näher zu betrachten:

Gesetzliche/staatliche Rahmenbedingungen

- Steuerrecht,
- Umweltrecht,
- Subventionen/Förderpolitik,
- Arbeitsrecht,
- Sozialgesetzgebung,
- …

Ökonomische Rahmen- und Umweltbedingungen

- Wirtschaftslage,
- Inflation,
- Stabilität der Währung,
- Verfügbarkeit von Rohstoffen,
- …

Gesellschaftliche Rahmenbedingungen

- Einstellung/Wertevorstellungen,
- Mentalität,
- …

Ökologische Rahmenbedingungen

- Luftreinhaltung,
- Abfallentsorgung und -vermeidung,
- Rationelle Nutzung von Rohstoffen,
- ...

Es ist zu beachten, dass bei diesem Analyseinstrument kein festes Vorgangsschema existiert. So ist auch nicht im Vorhinein festgelegt, welche Kriterien in Ihre Beurteilung einfließen. Es ist vielmehr wichtig, die Kriterien in die Analyse aufzunehmen, welche für Ihr Unternehmen von Bedeutung sind. Zur Durchführung empfehlen wir, ein ähnliches Schema wie bei der Stärken-Schwächen-Analyse anzuwenden.

Kriterien für die Analyse

Abb. 99 zeigt ein Anwendungsschema einer SWOT-Analyse. Stärken, Schwächen, Chancen und Risiken werden aufgelistet. Die einzelnen Faktoren können wiederum kombiniert werden.

Unternehmens-analyse / Umwelt-analyse	Stärken/ Strengths (S)	Schwächen/Weaknesses (W)
	1. 2. 3. Auflisten der Stärken 4. 5. 6.	1. 2. 3. Auflisten der 4. Schwächen 5. 6.
Chancen/Opportunities (O) 1. 2. 3. Auflisten der Chancen 4. 5. 6.	**SO-Strategie** 1. 2. 3. Einsatz von Stärken zur 4. Nutzung von Chancen 5. 6.	**WO-Strategien** 1. 2. Überwindung der 3. eigenen Schwächen 4. durch Nutzung von 5. Chancen 6.
Bedrohungen/ Threats (T) 1. 2. 3. Auflisten der 4. Bedrohungen bzw. 5. Risiken 6.	**ST-Strategien** 1. 2. 3. Nutzung der eigenen 4. Stärken zur Abwehr von 5. Bedrohungen 6.	**WT-Strategien** 1. 2. Einschränkung der 3. eigenen Schwächen 4. und Vermeidung von 5. Bedrohungen 6.

Abb. 99: Anwendungsschema der SWOT-Analyse (s. Götz/Mikus, 2000, S. 107)

6.6   Benchmarking – von den Besten lernen

Systematischer Vergleich mit Best-Praktiken

Benchmarking ist die Suche nach besseren Problemlösungen durch **systematischen Vergleich mit Best-Praktiken** im eigenen Unternehmen, in der Branche und auch bei branchenfremden Unternehmen. Ziel ist es, die eigene Leistungsfähigkeit zu verbessern und von anderen zu lernen. Dabei geht es weniger um den Vergleich mit der Norm (Durchschnitt, wie beispielsweise bei Betriebsvergleichen), als vielmehr um den Vergleich mit den Besten (Champions, Marktführer, Weltmeister, Center of Excellence).

Der **Begriff Benchmark** stammt aus der Vermessungsmarkierung und bezeichnet eine festgelegte Position, die als Bezugspunkt oder Standard dient, an dem etwas gemessen oder beurteilt werden soll. In der Landvermessung sind dies Höhenmarken, an denen Höhenunterschiede zu anderen Positionen ermittelt werden. Auf die Betriebswirtschaft übertragen sind Benchmarks Spitzenleistungen, die Maßstab für Verbesserungen sein sollen. Um das Benchmarking als Verfahren zu operationalisieren, ist es für die Messung typisch, Benchmarks durch Kennzahlen zu quantifizieren (vgl. Baus S. 181).

Spitzenleistungen als Maßstab für Verbesserungen

Vergleiche können mit folgenden Faktoren betrieben werden:

- Sachleistungen,
- Dienstleistungen,
- betriebliche Funktionsbereiche,
- Verfahren/Techniken,
- übergreifende Abläufe,
- Prozesse.

Internes und externes Benchmarking

Aus diesem Vergleich mit Besseren oder Spitzenunternehmen können ganz neue Impulse zur Verbesserung der Effizienz und der Wettbewerbssituation gezogen werden. Eigene Schwachstellen werden erkannt und durch modifizierte Adaption beseitigt.

Geht es um Leistungsvergleiche im eigenen Unternehmen, wird von **internem**, ansonsten von **externem Benchmarking** gesprochen. Ist beim externen Benchmarking der Vergleichspartner ein Unternehmen der eigenen Branche, so nennt man dies **Wettbewerbs-Benchmarking**. Wenn Vergleichsgegenstand gleiche Leistungen/Funktionen in branchenfremden Spitzenunternehmen sind, so spricht man vom **funktionalen Benchmarking**. Beim **generischen Benchmarking** wird durch den Vergleich mit völlig anderen Prozessen die Übertragung von branchenfremden Praktiken zur Leistungsverbesserung bei eigenen Prozessen erreicht (s. Abb. 100; vgl. Baus, S. 183).

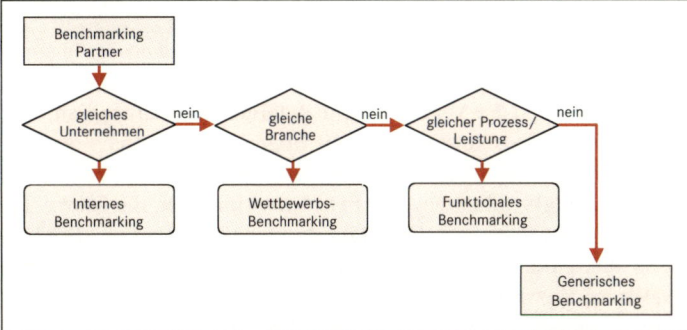

Abb. 100: Unterscheidung von Benchmarking-Formen nach Vergleichs-
partnern (s. Baus 2000, S. 183)

Abb. 101 zeigt den klassischen Benchmarking-Prozessablauf nach
Camp:

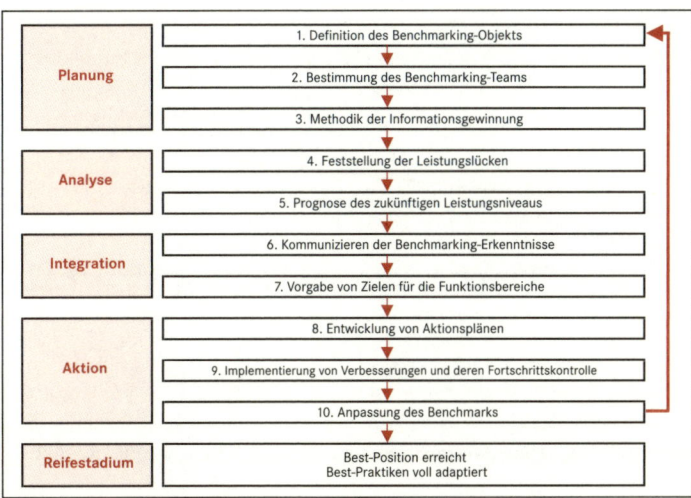

Abb. 101: Ablauf des Benchmarking-Prozesses nach Camp

Planungsphase

Zunächst sollte das Benchmarking-Objekt festgelegt, danach das
Benchmarking-Team definiert und schließlich die Methodik zur In-
formationsgewinnung festgelegt werden.

Alles, was gemessen werden kann, ist als Vergleichsobjekt geeignet. Das Team braucht Fähigkeiten, Zeit und Ressourcen. Bezüglich
der Methodik gibt es die Möglichkeiten, interne Informationen zu
nutzen, öffentlich zugängliche Informationen zu erschließen oder
Daten mittels Feldforschung und empirischen Studien zu erheben.

Planung des
Benchmarking

Analysephase

In der vergleichenden Analyse werden Leistungslücken des eigenen Unternehmens ermittelt.

Leistungslücken des eigenen Unternehmens

Die Grundlage des Vergleichs mit anderen sind Kennzahlen, welche die Quantifizierung von sowohl finanziellen als auch qualitativen Sachverhalten beinhalten. Unbefriedigende Finanzkennzahlen können ein guter Einstieg zum Benchmarking sein. Sie öffnen Türen zu Messgrößen wie Qualität, Kundenzufriedenheit, Produktivität u.a. Falls qualitative Aspekte nicht zuverlässig durch physikalische Messgrößen erfasst werden können – wie Design oder Image – müssen sie hilfsweise durch Wertungsverfahren (z.B. Scoring- oder Nutzwertverfahren) quantifiziert werden.

Auf Basis der Analyse wird das künftige Leistungsniveau prognostiziert, inklusive der voraussichtlichen Entwicklung (s. Abb. 102).

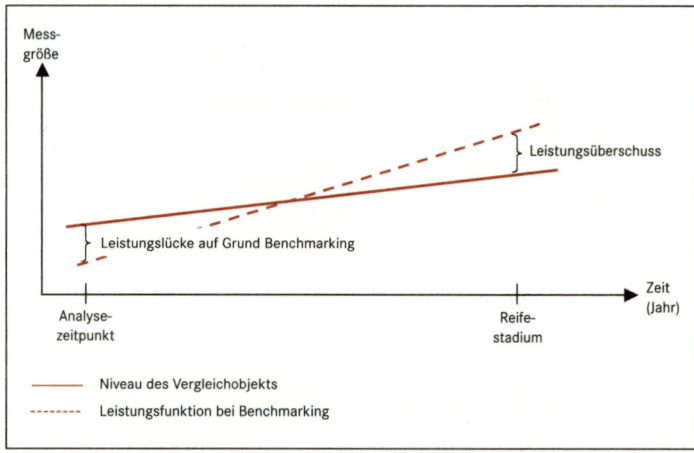

Abb. 102: Projektion der Benchmarking-Lücke, (s. J.Baus 2000, S. 187)

Integrationsphase

Die Resultate des Benchmarking werden im Unternehmen an die Geschäftsleitung und die Prozessverantwortlichen kommuniziert. Dadurch sollte die notwendige Akzeptanz für die Zielvorgaben bei den entsprechenden Funktionsbereichen erreicht werden.

Aktionsphase

Zur Umsetzung der angestrebten Ziele gehören konkrete Aktions- Aktionspläne
pläne. Zur konsequenten Umsetzung von Verbesserungsmaßnahmen
gehört auch die laufende Überwachung des Leistungsfortschritts.
Das Aufzeigen dieses Fortschritts dient auch der Motivation. Ändern sich die Umweltbedingungen für das Unternehmen, sind Anpassungen der Benchmarks und der Aktionsziele erforderlich, unter
Umständen sogar ein neuer Benchmarkprozess.

Reifephase

In der Reifephase erntet das Unternehmen den Ertrag der Anstren-
gungen.

6.7   Balanced Scorecard (BSC)

Die Balanced Scorecard (BSC; übersetzt: ausgewogener Berichts- Führen mit
bogen, in den 1990er Jahren von den Amerikanern Kaplan und Nor- Kennzahlen
ten entwickelt) ist ein Managementsystem zur strategischen Führung
eines Unternehmens mit einem Kennzahlensystem. Sie übersetzt
Mission und Strategie eines Unternehmens in Ziele und Kennzahlen
und ist dabei in vier verschiedene Perspektiven unterteilt:
- die wirtschaftliche Perspektive,
- die Kundenperspektive,
- die interne Prozessperspektive,
- die Lern- und Entwicklungsperspektive.

Das klassische Controlling wurde bisher nur über die finanziellen
Kennzahlen geführt. Das hat folgende Nachteile:
- Die finanziellen Kennzahlen beruhen überwiegend auf den Ver- Nachteile finan-
  gangenheitswerten bzw. auf der kurzfristigen Jahres-Budgetie- zieller Kennzahlen
  rung.
- Abweichungen sind nur mit einem Zeitversatz in den Finanz-
  kennzahlen zu sehen.
- Es gibt nur eine bedingte Ursachenermittlung.
- Es gibt nur eine indirekte Steuerung des Unternehmens durch
  die finanziellen Kennzahlen.

Diese Nachteile sollen durch die ganzheitliche und ausgewogene Betrachtung der BSC überwunden werden.

Bei der BSC werden aus der Unternehmensstrategie die Maß- Mehrdimensionale
größen für konkretes operatives Handeln abgeleitet. Wichtig bei der Darstellung von
BSC ist, dass nur diejenigen Maßgrößen gemessen werden, die für Leistungsfaktoren
die Zukunftsentwicklung des Unternehmens von Bedeutung sind.

Für eine zeitnahe und auf den langfristigen Erfolg ausgerichtete Steuerung reicht die eindimensionale finanzielle Perspektive nicht aus. Kennzeichnend für die BSC ist die mehrdimensionale Darstellung von finanziellen und nicht-finanziellen Leistungsfaktoren.

Die BSC schafft ein gemeinsames Modell des gesamten Unternehmens. Die zu entwickelnden Kennzahlen sollen eine Balance halten:

- einerseits zwischen **extern orientierten Messgrößen** für Anteilseigner/Teilhaber und Kunden und **internen Messgrößen** für kritische Geschäftsprozesse, Innovation, Lernen und Wachstum,
- andererseits zwischen Messgrößen der Ergebnisse **vergangener** Tätigkeiten und den Kennzahlen, welche **zukünftige** Leistungen antreiben sollen.

Übersetzung von Vision und Strategie

Vision und Strategie sind herunterzubrechen auf eine für die Mitarbeiter handlungsrelevante Ebene. Die strategische Planung kann mit dem Jahresbudgetierungsprozess integriert werden. Zu definierende Meilensteine und regelmäßige Standortbestimmungen ermöglichen die Feststellung kurzfristiger Planfortschritte innerhalb eines langfristigen Plans.

In der nachfolgenden Abb. 103 ist das Grundgerüst einer BSC dargestellt. Mit Hilfe der BSC werden die Vision und Strategie des Managements in die o.g. vier Perspektiven

Finanzen – Kunden – Mitarbeiter – Prozesse

übersetzt.

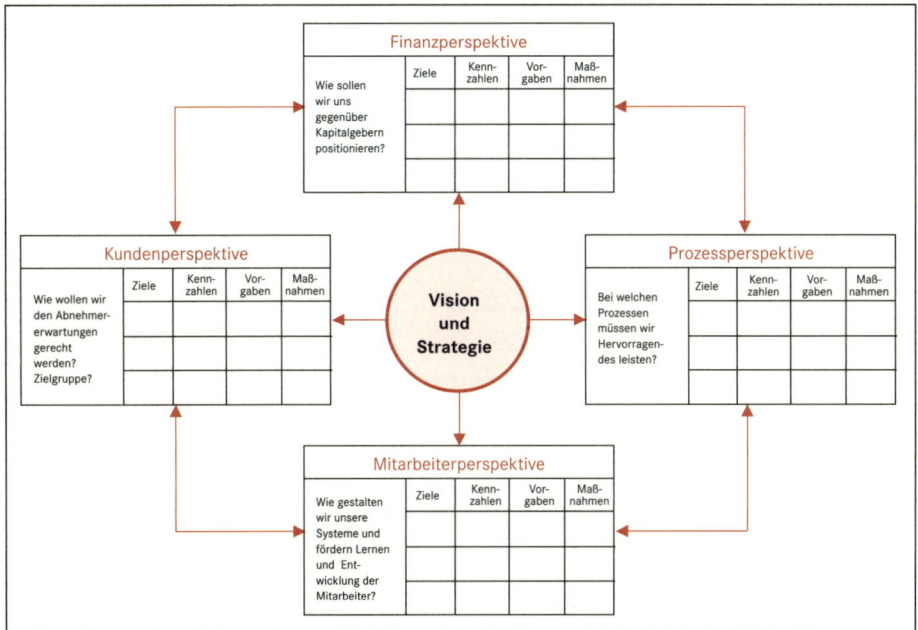

Abb. 103: Balanced Scorecard (s. Bernhard/Hoffschröer 2001, S. 178)

Pro Perspektive sollten mindestens drei bis fünf Ziele definiert und dazu die entsprechenden Kennzahlen, Vorgaben und Maßnahmen festgelegt werden. Dies kann wie in Abb. 104 aussehen.

Die Kennzahlen werden in periodischen Abständen, meist monatlich, ausgewertet. Zeigen sich größere Abweichungen, müssen diese ermittelt und evtl. daraus die Strategie neu angepasst werden.

6.7.1   Wirtschaftliche Perspektive
Je nach der Phase, in der das Unternehmen sich befindet, können sich die finanzwirtschaftlichen Ziele stark unterscheiden. Folgende Phasen gibt es:

Wachstum
In der Anfangsphase des Lebenszyklus erfordern Entwicklung und Förderung neuer Produkte und Dienstleistungen beachtliche Ressourcen. Umsatzwachstum in neuen Märkten und mit neuen Produkten, Dienstleistungen und Kunden stehen im Vordergrund.

Finanzwirtschaftliche Ziele

Kategorie	Ziele	Kennzahlen	Vorgaben	Maßnahmen
Finanzen	Shareholder-Erwartungen erfüllen	ROI (Return on Investment)	Anstieg von 10 % auf 16 %	
Finanzen	Profitables Wachstum erreichen	Umsatz-wachstum	15 % Wachstum	
Finanzen	Betriebliche Performance verbessern	Bruttomarge	20 % Bruttomarge	
Kunden	Herausragenden Service bieten	Reaktionszeit	5 % Verbesserung	
Kunden	Kundenwahrnehmungen verbessern	Ausgaben für Promotion	Anstieg um 100 T€ p.a.	
Kunden	Kundenzufriedenheit verbessern	Customer Satisfaction Index	12 % Verbesserung	
Kunden	Marktanteil erhöhen	Marktanteil	13 % Wachstum bzw. Anstieg	
Prozesse	Stückkosten verringern	Stückkosten	Reduzierung um 15 %	
Prozesse	Durchlaufzeiten reduzieren	Durchlauf-zeiten	Reduzierung um 10 %	
Prozesse	Neue Produkte entwickeln	Anzahl unterstützter Produkt-varianten	25 % Anstieg	
Prozesse	Neue Produkte entwickeln	Anzahl neuer Produkte	2 neue Produkte pro Monat	
Mitarbeiter	Verbesserung der Technologieausstattung	Mitarbeiter-zufriedenheit	10 % Anstieg	
Mitarbeiter	Verbesserung der Technologieausstattung	IT-Ausgaben / Mitarbeiter	6 T€ pro MA/Jahr	
Mitarbeiter	Verbessern der Mitarbeiterkompetenz	Mitarbeiter-produktivität	25 % Produktivitätsverbesserung	

Abb. 104: Beispiel für Ziele

Reife

Der Marktanteil wird weiter ausgebaut, mindestens aber gehalten. Der Fokus liegt auf der Überbrückung von Engpässen, Kapazitätserweiterungen und kontinuierlicher Verbesserung, alles unter Bedingungen hoher Rentabilität.

Ernte

Finanzwirtschaft-liche Ziele

Hier steht die Erwirtschaftung einer exzellenten Rendite aus dem verfügbaren Kapital im Vordergrund. Es gibt kaum noch Ausgaben für Forschung und Entwicklung oder Kapazitätsausweitungen.

Für jede dieser drei Phasen gibt es drei der jeweiligen Geschäftsstrategie zugrundeliegende finanzwirtschaftliche Themen:
- Ertragswachstum und -mix,
- Kostensenkung und Produktivitätsverbesserung,
- Nutzung von Vermögenswerten/Investitionsstrategie.

In Abb. 105 werden aus diesen Themen abgeleitete finanzwirtschaftliche Ziele den verschiedenen Unternehmensphasen zugeordnet:

Wachstumsphase	Reifephase	Erntephase
Ertragswachstum und -mix		
Hohe Umsatzwachstumsrate und hoher Marktanteil pro Zielregion, Zielmarkt und Zielkundenkategorie.		
Gänzlich neue Produkte und Dienstleistungen, messbar durch den jeweiligen Prozentsatz der Erträge.	Neue Anwendungsgebiete für bereits bestehende Produkte, messbar durch den Umsatz in diesen Gebieten. Absatz existierender Produkte an neue Kunden und Märkte.	
	Rentabilität von Produkten, Dienstleistungen und Kunden steigern. Prozentualen Anteil unrentabler Produkte und Kunden senken.	
	Steigerung des Kooperationsertrags über Geschäftseinheiten hinweg (neue Formen von Zusammenarbeit).	
		Anheben der Preise für Produkte, Dienstleistungen und Kunden, wo die Erträge die Kosten nicht decken.
Kostensenkung und Produktivitätsverbesserung		
Steigerung des Ertrags pro Mitarbeiter; Konzentration auf Produkte und Dienstleistungen mit größerer Wertschöpfung.	Senkung der Einheitskosten für den Output	
Kostensenkungsstrategien v.a. durch Automatisierung und Standardisierung von Prozessen stehen meist noch im Widerspruch zur Flexibilität von Kundenwünschen und Dienstleistungen in neuen Marktsegmenten.	Steigerung der Rentabilität, verbesserter Return On Investment, Erreichung eines wettbewerbsfähigeren Kostenniveaus, Kontrolle der Gemeinkosten.	
	Verbesserung der Kommunikationskanäle.	
	Ermutigung von Kunden u. Zulieferern, kostspielige manuelle Abläufe durch kostengünstigere elektronische Transaktionsablaufmöglichkeiten zu ersetzen.	
	Senkung der allgemeinen Vertriebs- und Verwaltungskosten.	
Vermögensverwendung und Innovationsstrategie		
Hohe Investitionen (Prozentanteil am Umsatz)		
Hoher Forschungs- und Entwicklungsanteil		
	Günstiger Cash-to-Cash-Zyklus	
	(Lagerdauer - Umschlagsdauer von Forderungen + Umschlagsdauer von Verbindlichkeiten -> höhere Effizienz des Working Capital Managements).	
	Verbesserung des Nettoumlaufvermögens; insbesondere bei langen Produktionszyklen Durchsetzung von zeitigen Fortschrittszahlen für bereits geleistete Arbeiten.	
	Steigerung des Return On Capital Employed (ROCE) pro Hauptvermögenskategorien.	
	Hohe Anlagennutzungsrate	
		Amortisation
		Durchsatz

Abb. 105: Abgeleitete finanzwirtschaftliche Ziele der Unternehmensphasen

Zukunftspotenziale beachten

Bei der Repräsentation der wirtschaftlichen Perspektive in einer Balanced Score-card ist darauf zu achten, dass Indikatoren, die den Stand des Unternehmens in traditionellen Reporting-Größen anzeigen (ROI, CFEOI usw.), gemischt werden mit Indikatoren, die auf eine Beschreibung des Marktwertes zielen und damit eher das Potenzial der Firma für die Zukunft im Visier haben.

6.7.2   Kundenperspektive

Bei der Kundenperspektive geht es darum, die Kunden- und Marktsegmente zu bestimmen, in denen das Unternehmen konkurrenzfähig sein soll. Das Instrumentarium unterscheidet die zwei Dimensionen **Marktsegmentierung** und **Wertangebot**.

Kunden- und Marktsegmentierung

Unternehmen müssen sich in dem Kreis ihrer potenziellen Kunden diejenigen Segmente aussuchen, in denen sie konkurrieren wollen. Wenn sie es jedem recht machen wollen, werden sie schließlich niemanden zufrieden stellen.

Formulierung einer Strategie

Das Vorteilhafte am BSC-Verfahren ist sein Zwang, Managementaufgaben auch wirklich wahrzunehmen. Für den **Prozess der Strategieformulierung** ist es wichtig, mit Hilfe einer gründlichen Marktanalyse und -bewertung die verschiedenen Markt- oder Kundensegmente und die Kundenwünsche in Bezug auf

- Preis,
- Qualität,
- Funktionalität,
- Image,
- Service

Konzentration und Vernetzung Kernkompetenz

herauszufinden (und sich dabei nicht nur für, sondern möglicherweise auch gegen etwas zu entscheiden). Mit dem Übergang in das Informationszeitalter beobachtet man einerseits eine Konzentration der Unternehmen auf ihre so genannten Kerngeschäfte und andererseits eine wachsende **Vernetzung** von Unternehmen untereinander, zu Lieferanten und Kunden. Die schärfer herausgearbeitete **Kernkompetenz** muss wesentlich präziser als früher platziert werden. So wundert es nicht, wenn neben dem immer noch wichtigen Preis der Ware oder der Dienstleistung die Fähigkeit, innovativere und kosteneffektivere Ansätze anzubieten, an Bedeutung gewinnt.

Erst wenn ein Unternehmen seine Zielsegmente auf dem Markt identifiziert hat, kann es damit anfangen, Ziele und Kennzahlen für diese festzulegen. Dabei lässt sich unterscheiden zwischen:

- Kernkennzahlengruppe (Grundkennzahlen) und
- Kennziffern, die auf das Wertangebot für die Kunden bezogen sind.

Grundkennzahlen wiederum lassen sich untergliedern in:

Grundkennzahlen untergliedern

⬤ **Marktanteil**
Umfang eines Geschäfts in einem gegebenen Markt (Anzahl der Kunden, Umsätze, ausgegebene Beträge, verkaufte Einheiten usw.). Rückgriff auf Schätzungen über die Marktgröße, Messung des Anteils an den Geschäften dieser Kunden.

⬤ **Kundenakquisition**
Ausmaß, in dem eine Geschäftseinheit neue Kunden anlockt oder gewinnt (in absoluten oder relativen Zahlen). Mögliche Messzahlen auch Anteil der neuen Kunden geteilt durch die Anzahl der aussichtsreichen Aufträge. Marketingkosten pro hinzu gewonnenem Kunden. Erlöse von neuen Kunden pro in Marketing investierte Geldeinheit usw.

⬤ **Kundentreue**
Ausmaß der Dauerhaftigkeit der Beziehungen, die eine Geschäftseinheit zu ihren Kunden erhält oder gewinnt. Wachstum des Geschäfts mit neuen Kunden.

⬤ **Kundenzufriedenheit**
Zufriedenheitsgrad der Kunden vor dem Hintergrund spezifischer Leistungskriterien innerhalb der Wertvorgaben durch die strategische Planung des Unternehmens. Regelmäßige Umfragen über die Kundenzufriedenheit (Fragebögen, Telefon- oder persönliche Interviews).

⬤ **Kundenrentabilität**
Nettogewinn, der mit einem Kunden oder in einem Marktsegment erzielt wurde unter Berücksichtigung der dafür entstandenen einmaligen Ausgaben.

Eine sehr wichtige Kennziferngruppe betrifft natürlich die **Kundenzufriedenheit**. Es reicht heute nicht mehr aus, sich auf eine hinreichende Kundenzufriedenheit zu verlassen. Kunden müssen ihre Kauferfahrung auch als höchst zufriedenstellend erleben, erst dann kann das Unternehmen auf ein wiederholtes Kaufverhalten hoffen.

Kundenzufriedenheit

Zufriedene Kunden sind noch keine rentablen Kunden. Hier entsteht ein möglicher Zielkonflikt. Kundenrentabilitätskennzahlen sind daher erforderlich. Sie können offen legen, dass bestimmte Zielkunden unrentabel sind.

Wertangebote an die Kunden

Wertangebote an die Kunden umfassen alle diejenigen Aspekte, welche die Lieferfirmen durch ihre Produkte und Dienstleistungen anbieten, um bei den Kunden der Zielsegmente **Treue** und **Zufriedenheit** zu erreichen. Sie variieren stark von Branche zu Branche und in den verschiedenen Marktsegmenten einer Branche. Dennoch gibt

Wertangebote

es sich wiederholende Eigenschaften. Diese betreffen Produkt- und Serviceeigenschaften wie:

- Kundenbeziehungen,
- Image und Reputation.

Kundenbeziehungen Während Produkt- und Serviceeigenschaften hauptsächlich die Funktionalität des Produkts beschreiben, geht es bei den Kundenbeziehungen um die Lieferung an den Kunden inklusive Reaktions- und Lieferzeiten und um die Zufriedenheit des Kunden. Auch hier sind die Besonderheiten der Branche und des Umfelds von entscheidender Bedeutung. Image und Reputation sind immaterielle Faktoren, die ein Unternehmen für seine Kunden attraktiv machen.

6.7.3   Interne Prozess-Perspektive

Die BSC-Methode richtet ihr Augenmerk auf das Management der vollständigen Wertschöpfungskette und umfasst **den Innovationsprozess, den Betriebsprozess und den Serviceprozess**.

Ziel des Innovationsprozesses ist die Identifizierung der aktuellen und zukünftigen Kundenwünsche und die Entwicklung neuer Lösungen für diese Wünsche. Die folgenden beiden Fragen stehen im Mittelpunkt des Innovationsprozesses:

Innovationsprozess
- Welche Vorteile werden Kunden aus den Produkten von morgen noch gewinnen?
- Wie können wir durch Innovation unserer Konkurrenz bei der Sicherung unserer Position am Markt zuvorkommen?

Die traditionelle Orientierung an den Fertigungsprozessen reicht nicht mehr aus, weil der Wettbewerbsvorteil heute eher in der Gewährleistung eines kontinuierlichen Stroms innovativer Produkte und Dienstleistungen liegt. Die Ermittlung der Marktgröße, der Besonderheiten der Kundenwünsche und der preislichen Eckpunkte für die Zielprodukte oder -dienstleistungen mit Methoden der Marktforschung stehen im Vordergrund.

Bei der Schaffung des Produktions- und Dienstleistungsangebots geht es um die Aufgaben der Entwicklung neuer Produkte bzw. Dienstleistungen, der Ausnutzung vorhandener Technologien für diese Innovationen und der gezielten Platzierung auf dem Markt.

Typische Kennzahlen sind:

Kennzahlen
für Innovationen
- Prozentzahl des Umsatzes aus neuen Produkten,
- Einführung neuer Produkte im Vergleich zur Konkurrenz,
- Zeitspanne bis zur Entwicklung der nächsten Produktgeneration,
- Verhältnis des Betriebsgewinns zu den Gesamtentwicklungskosten für eine (Fünf-Jahres-)Periode.

6.7.4   Lern- und Entwicklungs-Perspektive

In dieser Dimension der BSC stehen Innovationen zur **Förderung der Potenziale von Mitarbeitern, Systemen und Organisationsprozessen** im Vordergrund. Die Gefahr für diese Perspektive ist, dass Kürzungen dieser Investitionen schnell kurzfristige finanzielle Erfolge bringen, jedoch langfristig schaden.

6.7.4.1   Mitarbeiterpotenziale

Das Informationszeitalter bedeutet das Ende des Taylorismus: Ideen zur Verbesserung von Prozessen und Leistungen für die Kunden müssen von den Mitarbeitern an der **Basis** kommen, die viel direkter mit den Prozessen und Kunden zu tun haben. Um **kreative Fähigkeiten** zur Erreichung der Unternehmensziele zu mobilisieren, sind umfangreiche **Weiterbildungsprozesse** erforderlich.

Personelle Potenziale

Als Messgrößen für das Mitarbeiterpotenzial werden Mitarbeiterzufriedenheit, Personaltreue und Mitarbeiterproduktivität vorgeschlagen, wobei der Mitarbeiterzufriedenheit die Rolle des treibenden Faktors der beiden anderen Kennzahlen zugewiesen wird. Die Antriebsgrößen für Mitarbeiterzufriedenheit, Mitarbeitertreue und -produktivität sind Weiterbildung, Informationssystem-Potenziale sowie Motivation, Empowerment und Ausrichtung an den Unternehmenszielen.

6.7.4.2   Potenziale von Informationssystemen

Mitarbeiter-Motivation und -Fähigkeiten sind notwendige, aber nicht hinreichende Bedingungen für den Erfolg. Darüber hinaus müssen den Mitarbeitern umfassende Informationen über Kunden, interne Prozesse und finanzielle Konsequenzen ihres Handelns schnell und verlässlich zur Verfügung stehen.

Motivation und Fähigkeit

Vorschlag für eine Kennzahl: Strategische Informationsdeckungs-Kennziffer (Information Coverage Ratio); sie soll das Verhältnis von erhältlichen Informationen zu strategisch erwünschtem Informationsbedarf ausdrücken.

6.7.4.3   Motivation, Empowerment und Zielausrichtung

Hier geht es um die Freiheit, eigene Entscheidungen zu treffen und selbständig zu handeln. Für die individuelle und unternehmensweite Zielausrichtung ist es wichtig, inwieweit die Mitarbeiter mit den BSC-Zielen konform gehen.

Entscheidungsfreiheit

6.7.5   Typische Fehler bei der Erstellung einer Balanced Scorecard

Die **Balanced-Scorecard-Methode** führt zwar dazu, dass ein Unternehmen für die wichtigsten Prozesse seines Handelns **Kennzahlen**

Die häufigsten Fehler der BSC

entwickelt, die sich regelmäßig beobachten lassen. Wichtiger jedoch ist es, das BSC-Verfahren als **Management-Methode** zu begreifen, eine Methode, die dazu verhelfen soll, dass die Ziele des Unternehmens auf allen seinen Ebenen kontrolliert verfolgt werden. Die Erfahrung hat gezeigt, dass charakteristische Fehler den Erfolg des Verfahrens gefährden. Die wichtigsten Fehler sind:

Handeln unter Zeitdruck

Zeitdruck

Es hat keinen Zweck, das Verfahren über Gebühr zu beschleunigen. Von unverzichtbarer Wichtigkeit ist es, dass die Ziele auf den jeweiligen Ebenen so lange erarbeitet werden, bis sie von allen Beteiligten auch mit Überzeugung vertreten werden können. Die Balanced Scorecard muss ein gemeinsam vertretbares Ergebnis sein.

Mangelnde Kommunikation

Kommunikation

Die BSC ist zwar eine Top-down-Methode, aber nicht darauf angelegt, das Geheimnis von Geschäftsführung oder Vorstand zu bleiben. Nur wenn das System innerhalb des Unternehmens kommuniziert wird, kann es den vollen Nutzen entfalten.

Verwechslung von Maßnahmen und Zielen

Das BSC-Verfahren sieht vor, für seine vier verschiedenen Ebenen Ziele zu formulieren. Aus diesen Zielen werden dann einerseits Maßnahmen abgeleitet, die beschreiben sollen, durch welche konkreten Handlungen die Ziele erreicht werden sollen. Auf der anderen Seite sollen für die Ziele Kennzahlen gefunden werden, die den Fortschritt bei der Zielerreichung messen sollen. Oft werden Kennzahlen auf Maßnahmen und nicht auf Ziele bezogen.

Unrealistische Ziele

Ziele dürfen durchaus anspruchsvoll und herausfordernd sein, müssen aber für die jeweils betroffenen Akteure auch erreichbar sein. Sie müssen Aktivitäten beschreiben, die auch im Kompetenzbereich der jeweiligen Personen liegen. Es hat keinen Zweck, den Hausmeister für die Umsatzsteigerung verantwortlich zu machen.

Zielkonflikte

Zielkonflikte

Die einzelnen Ziele widersprechen sich oder einzelne Ziele sind nur auf Kosten anderer Ziele zu erreichen. Oft finden sich auch Widersprüche zu anderen, zum Teil gesetzlichen Regelungen (z. B. zum Betriebsverfassungsgesetz, wenn mit Führungskräften mitbestimmungspflichtige Tatbestände als Ziele ausgemacht werden).

Mangelnde Objektivität bei der Zielerreichung

Über die Beurteilung der Zielerreichung darf in dem betroffenen Personenkreis kein Dissens möglich sein. Wenn es sich nicht um messbare Größen handelt, müssen objektivierbare Bewertungsverfahren gefunden werden. Ziele in der Form, den Prozentsatz der Mitarbeiter mit Verkaufsorientierung zu erhöhen, sind so lange problematisch, wie zum einen nicht allen Betroffenen klar ist, was Verkaufsorientierung ist, und zum anderen, wie man diese feststellt.

Objektive Bewertung

Weisungen statt Spielregeln

Verordnete Ziele werden von den Mitarbeitern als von außen auferlegter Zwang betrachtet und kaum mit Überzeugung und Initiative verfolgt. Was zu tun ist, muss für alle Beteiligten eher in Form von Spielregeln einer gemeinsamen Aktion definiert sein, die von selbstverantwortlichen Subjekten getragen und nicht von Befehlsempfängern durchgeführt wird.

Keine Verordnungen

Vorschnelle Suche nach Software-Lösungen

Die meisten anwendenden Unternehmen können es nicht lassen: Her mit einer Software, die das Verfahren unterstützt – und schon landet man bei SAPs Business Information Warehouse oder anderen überdimensionierten Datengräbern. **Software taugt nicht dazu, das Einschalten der kleinen grauen Zellen zu ersetzen**. Die Folge ist garantiert eine Überbetonung der vergangenheitsorientierten Kennzahlen, die leicht messbare Vorgänge beschreiben. Auf der Strecke bleiben dann die zukunftsorientierten Indikatoren, die das aktuelle Handeln leiten sollen.

Software

6.7.6   Wie wird eine Balanced Scorecard aufgestellt?

Aus der Unternehmensstrategie werden die Ziele als Ganzes definiert, z. B. höchste Rentabilität durch Qualitätsführerschaft.

Schritte zur BSC

Die eigentliche Aufgabe der BSC ist es nun, die strategischen Erfolgsfaktoren in Ziele für die verschiedenen Perspektiven zu konkretisieren. In der BSC sollen sämtliche Erfolgsfaktoren ausgewogen abgebildet werden, die nachhaltig den wirtschaftlichen Erfolg des Unternehmens bestimmen. Dabei geht es nicht nur um eine Auflistung von relevanten Erfolgsfaktoren, sondern diese sollen möglichst in einem gegenseitig sich verstärkenden Wirkungszusammenhang stehen.

1. Schritt: Definition der Ziele

Für die einzelnen Bereiche sind entsprechend die Ziele zu definieren. Die Ziele sollten aus einer Mischung von Früh- und Spätindikatoren bestehen. Ein Frühindikator kann z. B. die Qualität der Kundenbezie-

Ziele

hung und ein Spätindikator die Kundenrentabilität sein. Führt eine Leistungsverbesserung nicht zu finanziellen Erfolgen, so muss man die strategischen Ziele überarbeiten und neu formulieren.

2. Schritt: Definition der Kennzahlen

Kennzahlen

Nach den Zielen werden die Kennzahlen als Maßgröße festgelegt. Anhand der Maßgrößen werden die Ziele gemessen. Grundsatz: Nur was sich messen lässt, kann man optimal steuern.

3. Schritt: Definition der Zielvorgaben

Zielvorgaben

Wenn die Ziel- und Maßgrößen feststehen, muss der anzustrebende Zielerreichungsgrad vorgegeben werden. Der Zielsetzung sollte der gesamte Zeithorizont der Strategie zugrunde liegen. Davon abgeleitet werden die Jahres-Soll-, Quartals- und Monatsvorgaben. Z.B. kann eine Strategie sein, innerhalb von vier Jahren die Gesamtkapitalrendite von 5% auf 10% zu steigern usw.

4. Schritt: Definition von Maßnahmen

Maßnahmen

Hier werden konkrete Maßnahmen definiert, um die vorgegebenen Ziele zu erreichen. Je besser die Strategie definiert wird, umso einfacher lassen sich die daraus abzuleitenden Maßnahmen formulieren, z.B. Umsatzwachstum durch Firmenakquisition.

6.7.7   Balanced Scorecard als Controllinginstrument

BSC und Controlling

Erfolgsfaktoren wie Kundenzufriedenheit, Prozesseffizienz und Innovationskraft sowie Shareholder Value bestimmen zunehmend den nachhaltigen Erfolg des Unternehmens. Die gewinnmaximale Steuerung war schon immer Aufgabe des Controllings. Operative Maßnahmen wurden bereits bisher aus strategischen Vorstellungen abgeleitet. Der Quantensprung für das Controlling besteht in dem integrativen Element der BSC, deren Mehrdimensionalität und Ausgewogenheit das Unternehmen ganzheitlich steuert.

Die Vorgaben werden von dem Zentralcontrolling mittels der Balanced Scorecard auf die einzelnen Bereiche heruntergebrochen (s. Abb. 106).

Um die BSC wirkungsvoll einzusetzen und die notwendigen Daten zu erhalten, zu analysieren und zu präsentieren, bedarf es der Unterstützung der entsprechenden DV-Systeme. Die Informationen sollten zentral zusammengeführt und verdichtet werden. Eine Zentralisierung der Daten soll einen schnellen Zugriff der relevanten Kennzahlen garantieren.

Informations-managenment

Der Controller der Zukunft wird eher ein Informationsmanager sein, der Instrumente wie die BSC aktiv für die Unternehmenssteuerung nutzt.

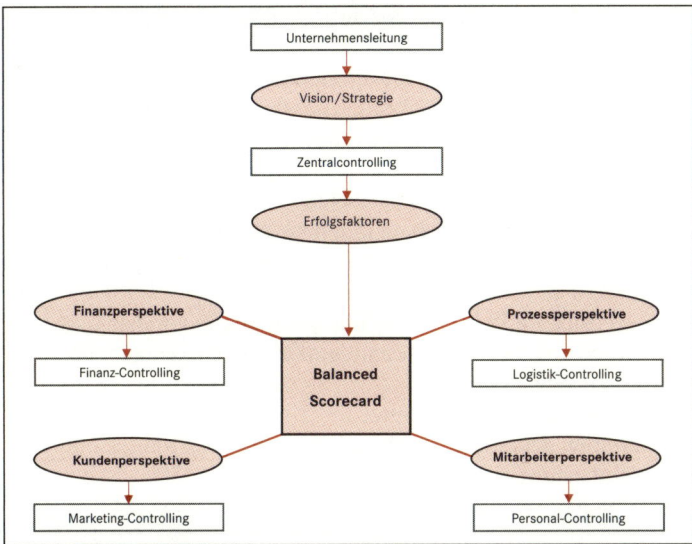

Abb. 106: Balanced-Scorecard-orientierte Controlling-Organisation
(s. Baus 2000, S. 196)

6.8 Management von Veränderungen – Change Management

Wer sich nicht verändert, bleibt auf der Strecke. Dies gilt umso mehr in der heutigen schnelllebigen Zeit. Das Konsumverhalten von Menschen verändert sich teilweise radikal. Was gestern noch galt, zählt morgen nicht mehr viel. Deshalb ist das Management von Veränderungen im Unternehmen unumgänglich und ein ständiger fortlaufender Prozess.

Konsumverhalten ändert sich

Häufig liegen die Veränderungsbarrieren in den Unternehmen selbst. Wie können diese Barrieren erkannt und überwunden werden? Wie kann eine Neuausrichtung des Unternehmens erreicht werden? Wie können alte Zöpfe abgeschnitten werden?

6.8.1 Gründe für den Einsatz von Change Management

Nicht selten werden eine schwache Branchenkonjunktur oder eine ungünstige Wirtschaftslage für fehlendes Wachstum verantwortlich gemacht. Es gibt jedoch in allen Branchen Unternehmen, die deutlich schneller wachsen als der Branchendurchschnitt. Von entscheidender Bedeutung ist die Fähigkeit, auf die Dynamik der Märkte und Kundenanforderungen entsprechend zu reagieren. Demzufolge ist die Fähigkeit wichtig, das Unternehmen

Auf die Dynamik der Märkte reagieren

ständig und konsequent auf neue Paradigmen und Kundenpriori-
täten auszurichten.

Um langfristig auf dem Markt agieren zu können und den sich
immer schneller wandelnden Kundenanforderungen gerecht zu werden, sollten Sie in ihrem Unternehmen für die Zukunft folgende Voraussetzungen schaffen:

Erfolgsfaktoren

- Nähe zum Markt und zum Kunden;
- Schnelle Reaktionsfähigkeit und hohe Flexibilität;
- Verlagerung operativer Entscheidungskompetenzen an die Front
  bzw. Basis;
- Steigerung der Produktivität und der Qualität;
- Schaffen von Motivation, Kommunikation und Kooperation;
- Optimierung der Kosten;
- Straffung der Produktpalette;
- Reduktion des administrativen Überbaus;
- Vereinfachung von Abläufen.

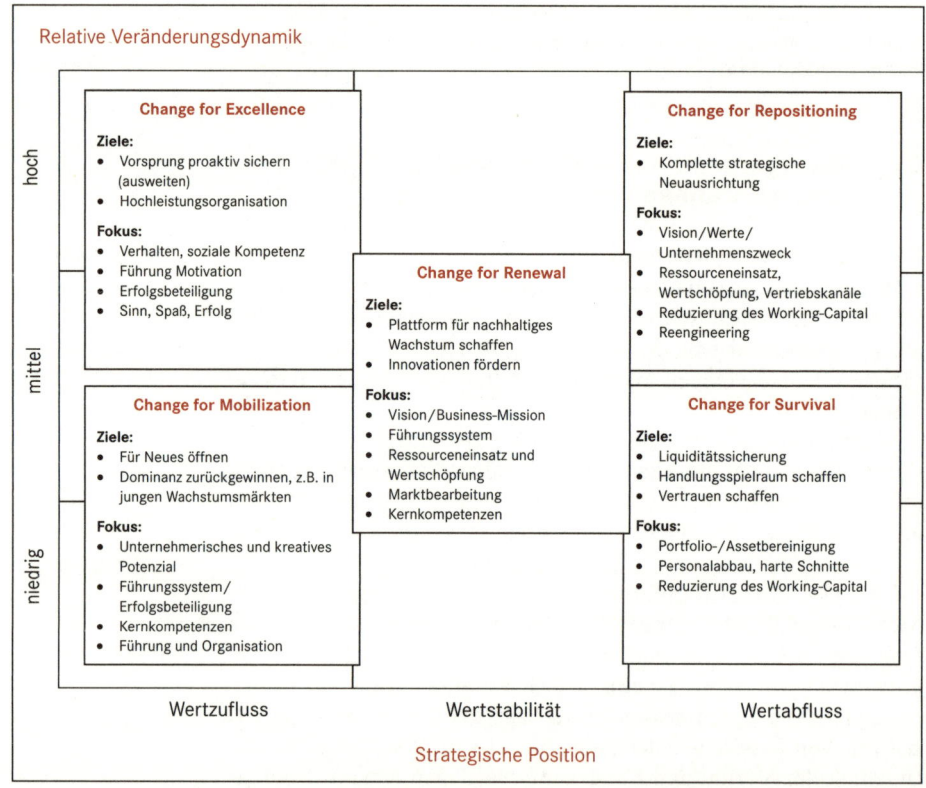

Abb. 107: Idealtypische Changeprogramme (s. Dietmar Fink 2000, S. 195)

Die Abb. 107 zeigt fünf idealtypische Change-Programme mit unterschiedlichen Zielen und unterschiedlichem Fokus. Die Auswahl des geeigneten Change-Programms ist abhängig von der relativen Veränderungsdynamik und der strategischen Position des Unternehmens.

Eine aktuelle Grundlagenuntersuchung hat die entscheidenden Wachstums- und Veränderungsbarrieren identifiziert und näher untersucht. Das Ergebnis: Die Barrieren liegen in den Unternehmen selbst und sind überwiegend hausgemacht. (vgl. Dietmar Fink, S. 196 f.). **Veränderungs-barrieren**

Die sieben wichtigsten sind:
1. keine wachstumsfördernde Unternehmenskultur;
2. mangelnde Managementkompetenz;
3. falsche Ausrichtung des Business-Designs;
4. mangelndes Innovationsvermögen;
5. eine leistungshemmende Organisation;
6. zu einseitige Fokussierung auf den Shareholder Value;
7. ein suboptimales Projektmanagement.

Diese Untersuchung wurde zwar bei Großunternehmen durchgeführt, ist aber nach unseren Erfahrungen auch bei mittelständischen Unternehmen gültig.

6.8.2 Die verschiedenen Phasen des Veränderungsprozesses

Nachfolgend wird (s. Abb. 108) der idealtypische Verlauf für die Ein- und Durchführung von Change Management in einem Unternehmen in einer kurzen Darstellung (siehe auch Graphik »Phasen« der Veränderung) aufgezeigt:

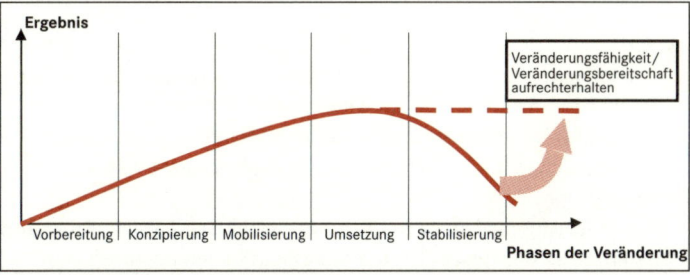

Abb. 108: Phasen der Veränderung

Nach Umsetzung der Veränderung sollte auch für eine Stabilisierung gesorgt werden. Damit wird eine Nachhaltigkeit erzielt.

6.8.2.1   Vorbereitung des Change Prozesses

Bei dem Veränderungsprozess wird zwischen einer Makro- und einer Mikroebene unterschieden (s. Abb. 109). Im Makrobereich befinden sich die Führungseigenschaften Navigation und Führung. Die Mikroebene steht dagegen mit Befähigung und Identifikation für die Mitarbeiter. Dieses Modell ist noch um Angebot und Nachfrage ergänzt. Denn eine gut gestaltete Veränderung als Angebot bringt noch gar nichts, wenn die Bereitschaft sie anzunehmen und zu verinnerlichen, also die Nachfrage, nicht oder nur wenig vorhanden ist.

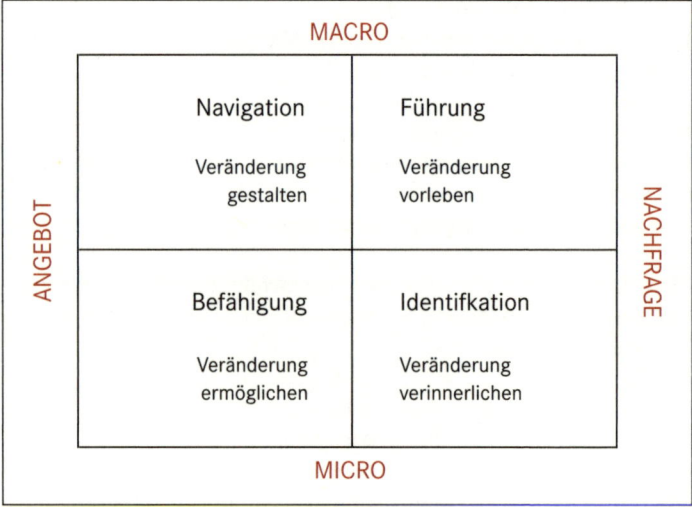

Abb. 109: Bereiche des Change-Management-Plans

Grundsätze

Um Veränderungsprozesse erfolgreich durchzuführen, empfehlen wir, sich an folgende besonders relevante Handlungsgrundsätze zu halten:

- Veränderungen sollten auf der Basis einer fundierten Stärken-Schwächen-Analyse des Unternehmens vollzogen werden.
- Die geplante Veränderung sollte den Kriterien einer humanen und wirtschaftlichen Arbeits- und Organisationsgestaltung Rechnung tragen.
- Veränderungsprozesse sollten eine effektive Information und Beteiligung der Beschäftigten auf allen Ebenen auslösen.

6.8.2.2   Konzipierung

Nachdem die grundsätzliche Bereitschaft zur Veränderung festgestellt wurde, gilt es nun in einem nächsten Schritt, das genaue Vorgehen beim Change Management zu entwickeln und einen detaillierten Plan zu gestalten, um eine erfolgreiche und vor allem nachhaltige Veränderung im Unternehmen zu erreichen (s. Abb. 110).

Nach unseren Erfahrungen kann es bei unprofessionellem Vorgehen leicht zu folgenden Fehlern bei einem Veränderungsprojekt kommen:

- zu wenig Planung, Vorbereitung und Konzeption;   **Mögliche Fehler**
- Festhalten an etablierten Macht- und Führungsstrukturen;
- Führungskräfte leben die Veränderung nicht selbst;
- keine Vorbildfunktion durch die Führung;
- die Mitarbeiter haben kein klares Verständnis für die Gründe der Veränderung;
- Mitarbeiter sind nicht beteiligt und integriert in den Veränderungsprozess;
- die Mitarbeiter fürchten die Auswirkungen des Veränderungsprozesses;
- unrealistische Zeitvorstellungen;
- unzureichende Veränderungskompetenz;
- einseitige Ausrichtung auf Prozesse, Informatik, etc.

Unter genauer Betrachtung der genannten Fehlerursachen wird deutlich, dass der Unternehmensführung bzw. der Führungsebene eine entscheidende Rolle im Veränderungsprozess zuteil wird.

Wandlung

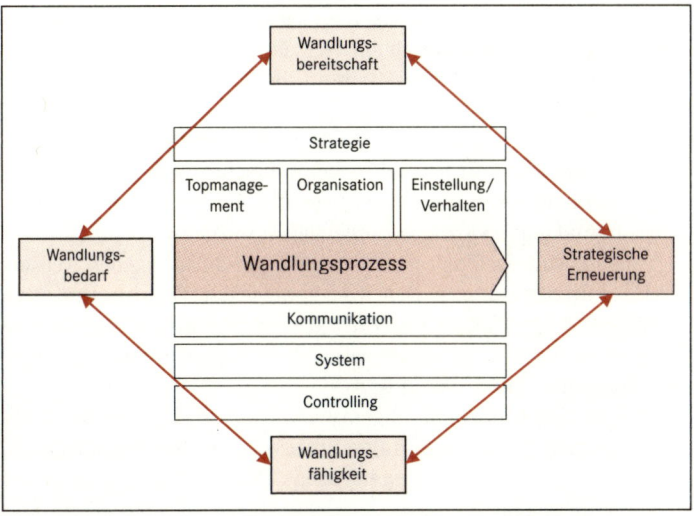

Abb. 110: Organisation des Wandels

Checkliste

Checkliste zur Erstellung eines Vorgangsplans

✔ Wie viele Mitarbeiter werden von der geplanten Veränderung direkt betroffen sein?

✔ Welche Bereiche, Abteilungen oder Organisationseinheiten sind in den Veränderungsprozess einbezogen?

✔ Wer sind die Hauptbeteiligten (»Zentrum der Veränderung«), wer die Mitbeteiligten?

✔ Was soll sich konkret ändern?

✔ Wie einschneidend sind die Veränderungen aus subjektiver Sicht für die Beteiligten?

✔ Wie wirkt sich die Veränderung auf die Mitbeteiligten aus?

✔ Sind externe Stellen von den Veränderungen betroffen? Wenn ja, welche (z. B. Kunden, Lieferanten, Kommunen)?

✔ Ist für ausreichende interne und gegebenenfalls auch externe Kommunikation gesorgt?

✔ Sind die Veränderungen für die Eigentümer/Aktionäre des Unternehmens von Interesse?

6.8.2.3   Mobilisierung

Veränderung als Führungsaufgabe

Den Führungskräften kommt im Veränderungsprozess eine sehr wichtige Rolle zu. Sie müssen sozusagen als Vorbild mit gutem Beispiel vorangehen und ihren Mitarbeitern praktisch den Veränderungsprozess vorleben. Dies setzt voraus, dass sie sich voll und ganz mit dem Projekt identifizieren und sich aktiv an der Projektarbeit beteiligen.

Anforderungen an Führungskräfte

Der Veränderungsprozess stellt an die Führungskräfte folgende Anforderungen:

- Führungskräfte müssen bei der Veränderung ihrer Organisation ein Bewusstsein für besondere Verantwortung entwickeln.
- Der Veränderungsprozess muss von den Führungskräften konsequent und glaubwürdig vorangetrieben werden.
- Neuen Lösungen muss ein Vertrauensvorschuss gegeben werden.
- Die Führung muss für die neue Ausrichtung und den angestrebten Wandel ein Vorbild sein und diesbezüglich ihre bisherige Rolle angemessen reflektieren und, wenn nötig, zielgerichtet und spürbar verändern.
- Nachhaltige Unternehmensentwicklung verlangt von den Führungskräften eine ausgeprägte Prozess- und Verhaltensdisziplin.
- Die Führung muss ein angemessenes Verständnis von Karriere und Führung etablieren.

Aktive Beteiligung von Mitarbeitern

Umfassende Veränderungen (Struktur, Prozesse sowie Verhaltensweisen und Verhaltensorientierungen) können in einem Unternehmen nur durchgeführt werden, wenn sie von den Mitarbeitern mitgetragen oder zumindest akzeptiert werden. Dabei sollten Sie den Mitarbeitern die Möglichkeit geben, sich aktiv an dem Veränderungsprozess zu beteiligen und ihn sogar mitzugestalten. Neben der höheren Akzeptanz und Identifikation der Mitarbeiter mit der Veränderung kann so auch der Aufwand, alle Änderungen bis ins Detail zu planen, in Grenzen gehalten werden.

Widerstände

Veränderungen in Organisationen rufen in der Regel Widerstände hervor. Der Mensch ist ein »Gewohnheitstier« und sträubt sich von daher von Natur aus gegen alles Neue. Es handelt sich hier meist um eine emotionale Sperre, die Individuen gegenüber Änderungen aufbauen. Dem liegt die Befürchtung zu Grunde, dass sich durch die anstehende Veränderung ihre zukünftige Situation verschlechtern wird.

Menschliche Widerstände

Diese natürlichen Ängste schlagen sich dann meistens in Widerständen nieder. Hierbei wird zwischen offenen Widerständen (z. B. der expliziten Ablehnung) und versteckten Widerständen (z. B. Dienst nach Vorschrift) unterschieden.

Widerstände treten nicht nur in den unteren Hierarchieebenen auf, sondern auch im höheren Management. Für alle Mitarbeiter gilt jedoch, dass die Widerstände um so stärker sind, je mehr potenzielle Nachteile mit den anstehenden Veränderungen verbunden sind. Können jedoch die positiven Aspekte und Vorteile des Veränderungsprozesses den betroffenen Mitarbeitern aufgezeigt und verdeutlicht werden, ist schnell mit der Unterstützung der Betroffenen zu rechnen.

Was Sie auf jeden Fall bei der Durchführung eines Veränderungsprozesses beachten sollten, ist, sich niemals über Widerstände hinwegzusetzen bzw. ihnen keine Beachtung zu schenken. Ein solches Verhalten führt mit relativ großer Wahrscheinlichkeit zu Blockaden, die ein solches Projekt schon im Keim ersticken.

Um die angesprochenen Widerstände zu überwinden oder sie erst gar nicht aufkommen lassen, empfehlen wir, folgende Punkte zu beachten und durchzuführen:

Mitarbeiter in die Prozesse integrieren

- offene Kommunikation,
- ausführliche Information,
- Durchschaubarkeit, Vorhersehbarkeit und Beeinflussbarkeit bzw. Kontrolle der Veränderung,
- nachvollziehbarer und realistischer Zeitplan in der Planung und Umsetzung der Veränderung,
- Integration der Beteiligten an der Planung und Realisierung,
- den persönlichen Vorteil der Veränderung für die Beteiligten verdeutlichen.

6.8.2.4   Veränderung

Bei der Durchführung des Veränderungsprozesses gilt es, sich an den dazu erstellten Plan zu halten. Mit Hilfe des Change Controllings können sie den laufenden Prozess permanent beobachten, um bei eventuellen Abweichungen schnell zu reagieren. Sehr wichtig ist die Kommunikation mit den beteiligten Mitarbeitern, um mögliche Unzufriedenheit und daraus resultierende Widerstände schon im Keim zu ersticken. Um diesen möglichen Hindernissen professionell begegnen zu können, empfehlen wir, sich mit den Themen Moderation und Konfliktmanagement intensiv auseinander zu setzen.

Abb. 111 zeigt die wichtigsten möglichen Änderungen in den einzelnen Dimensionen wie z.B. Prozesse, Produkte, Mitarbeiter, etc. auf. Ein Wandel kann dabei durchaus auch nur zwei oder drei Dimensionen betreffen. Dieses Schema dient praktisch als Strukturelement. Mit ihm können anhand des Soll-Konzepts die geplanten Veränderungen definiert und den entsprechenden Führungskräften und Mitarbeitern zugeordnet werden.

Dimension Prozesse

- Veränderungen bestehender Prozesse (Ziele, Messbarkeit, Input/Output, Hinzufügen/Wegfall von Aktivitäten, Schnittstellen, Kunden)
- Einführung eines neuen Prozesses/Wegfall eines bestehenden Prozesses
- Veränderung der Richtlinien/Regeln
- Veränderung der Bewertungs- und Messstandards
- Veränderung der Qualitätskriterien

Dimension Produkte

- Anpassung eines bestehenden Produktes
- Ablösung eines bestehenden Produktes
- Einführung eines neuen Produktes/Wegfall eines bestehenden Produktes

Dimension Organisation

- Veränderung der Aufgabengebiete (Rollen-/Funktionswechsel)
- Veränderung der Zuständigkeiten und Berichtslinien
- (De-) Zentralisierung
- Veränderung der Mitarbeiterzuordnung
- Zusammenlegung/Aufspaltung von Abteilungen/Teams
- organisationsübergreifende Integration von Abteilungen/Teams
- Veränderung der Organisationskultur

Dimension Führungskräfte

- Wegfall/Aufbau von Managementebenen
- Veränderung der Führungsspanne
- Veränderung der Führungskultur
- Veränderung der Kompetenzen
- Verlagerung der Entscheidungshierarchien
- Veränderung der Führungsgremien

Dimension Mitarbeiter

- neue/veränderte Skills, Fähigkeiten
- neue Verhaltensweisen, Einstellungen
- Veränderungen von Entscheidungsspielräumen
- Aufbau/Abbau von Mitarbeitern

Dimension Technik / Infrastruktur

- Veränderung eines bestehenden Systems
- Wegfall eines bestehenden Systems/Einführung eines neuen Systems
- Erhöhung/Verringerung des Automatisierungsgrades
- Veränderung der Arbeitsumgebung (Ausstattung)
- räumliche Veränderung

Dimension Information

- Veränderung der Informationsversorgung
- Veränderung der Kommunikationswege

Abb. 111: Veränderungsdimensionen (s. Dietmar Fink 2000, S. 178)

Abb. 112 verdeutlicht sehr gut den Vorgang der Veränderung, unabhängig von der Dimension, in der die Veränderung durchgeführt wird. Dabei wird erst einmal der Verstand der Beteiligten angesprochen, wobei sie durch schlagkräftige Argumente von der Erfordernis und der Verbesserung, welche die Veränderung mit sich bringt, überzeugt werden. Im nächsten Schritt sollen dann durch Übungen und Erinnerungen die neuen Handlungsweisen und Prozesse vertieft und gefestigt werden. Die Folge daraufhin ist die Gefühlseinsicht, wodurch das neue Verhalten zur Selbstverständlichkeit wird.

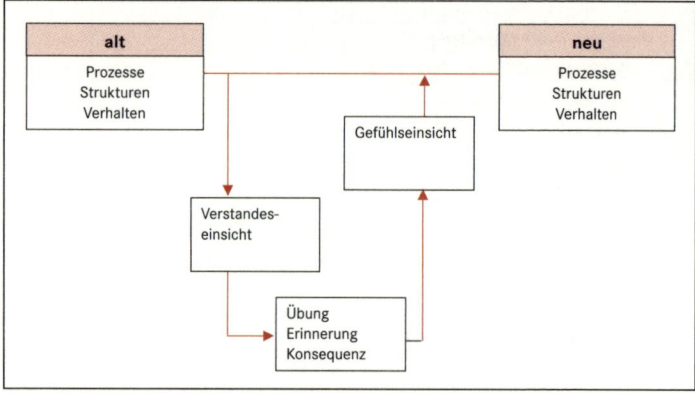

Abb. 112: Schritte bei der Veränderung

Beispiel:

Unternehmer Ungesund bekommt von seinem Arzt den dringenden Rat, wegen seiner angeschlagen Lunge mit dem Rauchen aufzuhören. Da Herrn Ungesund viel an seinem Leben liegt und er in letzter Zeit immer wieder Schmerzen hatte, sind die Argumente des Doktors für ihn durchaus einleuchtend. Er sieht die anstehende Veränderung also ein. Nun gilt es, aus dieser Einsicht die Konsequenz zu ziehen und mit Disziplin und der Unterstützung seines Umfeldes mit dem Rauchen aufzuhören. Da er die unschönen Vorhersagen des Arztes noch im Ohr hat, gelingt ihm das auch ohne weitere Probleme. Nach einem längeren Zeitraum fällt ihm auf, dass Zigaretten keine Rolle mehr in seinem Leben spielen und das Bedürfnis danach auch nicht mehr vorhanden ist. Er ist mit anderen Worten zur so genannten Gefühlseinsicht gekommen. Er hat damit also erfolgreich den Prozess der Veränderung vom Raucher zum Nichtraucher vollzogen.

6.8.2.5   Stabilisierung

Den Wandel aktiv gestalten

In der Phase der Stabilisierung geht es darum, die neuen Strukturen und Elemente, die der Veränderungsprozess mit sich gebracht hat, zu festigen. Sehr schnell kann das Neue zur Routine werden. Der alte Trott kehrt wieder, und das Unternehmen, noch mit dem Gedanken behaftet, sich gerade verändert zu haben, macht im Prinzip genau da weiter, wo es vor dem Veränderungsprozess stehen geblieben ist. Natürlich hat man sich verbessert und sozusagen auf eine höhere Stufe gestellt. Nach unserer Auffassung ist Change Management aber etwas anderes. Durch die Einführung von Change Management sollten idealerweise Strukturen in ihrem Unternehmen geschaffen werden, die es ermöglichen, schnell und gezielt vor allem auf äußere Veränderungen einzugehen. Machen Sie aus Ihrem Unternehmen eine lernende Organisation. Schaffen Sie ein Umfeld, das hohe Lern-, Innovations- und Wandlungsfähigkeiten entwickelt und fördert. Mit anderen Worten bedeutet Change Management, den Wandel aktiv zu gestalten, anstatt den Veränderungen hinterherzulaufen. Denn erfolgreiches unternehmerisches Management heißt heutzutage immer mehr Management von Veränderungsprozessen.

6.8.3   Change-Controlling

Das Einführen von Change-Controlling (auch Umsetzungs-Controlling genannt) führt dazu, dass im Voraus die Ziele des Veränderungsprozesses klar definiert und formuliert werden. Dadurch wird ein Maßstab geschaffen, der es ermöglicht, das Voranschreiten und den Erfolg des Prozesses zu beobachten und zu beurteilen. Fehlentwicklungen können früh erkannt und dann auch beeinflusst werden. Eventuelle Fehleinschätzungen oder falsch entwickelte Pläne können durch das Ändern oder Anpassen der Ziele schnell wieder auf die Erfolgsspur gebracht werden. Ohne den Einsatz würden solche Fehlentwicklungen vermutlich erst viel später bemerkt werden, denn die eigenen Erwartungen passen sich normalerweise unmerklich der Wirklichkeit an. Aber Change-Controlling hat nicht nur den Zweck, unnötiges und kraftraubendes Zurückrudern zu vermeiden, sondern es soll vor allem den Beteiligten eindeutige Ziele und einen klaren Weg, wie diese Ziele zu erreichen sind, aufzeigen. Außerdem gibt es meistens noch den positiven Nebeneffekt, dass durch die Einführung des Change-Controllings den Mitarbeitern die Ernsthaftigkeit des Veränderungsprozesses an sich, und wie dieser umgesetzt werden soll, verdeutlicht wird.

Controlling der Veränderung

6.9   Risikomanagement

Unternehmertum bringt immer auch Risiken mit sich. Ohne Risiken einzugehen, ist Erfolg kaum möglich. Das Management sollte Risiken erkennen und versuchen, sie möglichst zu minimieren.

Aktives Risikomanagement

Risiken sind unabhängig und treten in den unterschiedlichsten Formen auf. Aber nicht alle Risiken gefährden das Unternehmen existenziell. Entscheidend für eine Beurteilung sind vielmehr die Auswirkungen der einzelnen Risiken auf die Gesamtrisikolage des Unternehmens.

Man könnte auch sagen, dass das Risikomanagement eine Art Vorsorgetherapie ist, die ernsthafte Krisen in Unternehmen frühzeitig erkennen und entsprechend vorbeugen soll. Die Einführung eines Risikomanagements ist wichtig für das Steuerungs- und Kontrollsystem des Unternehmens. Des Weiteren ist die Wirkung eines aktiven Risikomanagements nach außen nicht zu unterschätzen. Vor allem gegenüber Verhandlungspartnern, wie z. B. den Banken, wirkt ein aktives Risikomanagement positiv.

6.9.1 Verschiedene Arten von Risiken

Man kann die Risiken, die das unternehmerische Handeln betreffen, grob in drei Kategorien einteilen:

Risiken der höheren Gewalt

Risikostrategien

Mit Risiken der höheren Gewalt sind unvorhersehbare Naturkatastrophen wie z. B. Feuer, Erdbeben, Stürme, Unwetter, etc. gemeint, welche verheerende Auswirkungen auf das betroffene Unternehmen haben können. Die Folgen können das Ende eines Unternehmens bedeuten.

Politische und ökonomische Risiken

Unter den politischen und ökonomischen Risiken versteht man Veränderungen in der Gesellschaft oder in Wirtschaftsräumen, hervorgerufen durch Regierungswechsel, Kriege oder Krankheiten, die eine negative Wirkung auf Unternehmen haben können.

> **Beispiel:**
> *Durch die Feststellung der Rinderseuche BSE brach der Rindfleischkonsum total ein. Darüber hinaus ging in der Folge der gesamte Fleischkonsum in Deutschland stark zurück. Darunter litten viele Bauern und Metzger.*

Unternehmensrisiken

Die Unternehmensrisiken beziehen sich auf die Geschäftstätigkeit des Unternehmens. Beispielsweise können Produkte, Innovationen oder Absatzmärkte Risiken beinhalten.

Unter dem Unternehmensrisiko wird die Gefahr verstanden, dass Ereignisse oder Handlungen ein Unternehmen daran hindern, seine Ziele zu erreichen bzw. seine Strategie erfolgreich umzusetzen.

Risiken in verschiedenen Bereichen

Die Unternehmensrisiken kommen aus dem direkten Unternehmensumfeld, werden deshalb am bewusstesten wahrgenommen und sind wohl am besten einschätzbar. Es ist aber wichtig, dass sowohl die politischen und ökonomischen wie auch die Risiken höherer Gewalt betrachtet und in das Risikomanagement des Unternehmens integriert werden. Allgemein wird angenommen, dass das Risikomanagement sich rein auf den Finanzbereich des Unternehmens bezieht. Risiken können jedoch in allen Bereichen des Unternehmens entstehen. Letztendlich sind sie alle zeitverzögert im Finanzbereich sichtbar.

Beispiele für Risiken, die auftreten können:

- Personalrisiken,
- Beschlagnahmung von Vermögen im Ausland,
- Naturgewalten,
- F-&-E-Risiken,
- Währungsrisiken,
- Systemausfall,
- Putsch in Schwellenländern,
- Technologiesprünge,
- veränderte Kundenwünsche,
- Gesetzesänderungen,
- Forderungsausfall,
- Dumping eines Konkurrenten,
- Veruntreuung/Vertrauensbruch,
- Informationstechnologie,
- verspätete Rohstofflieferung,
- demographische Veränderung,
- usw.

Abb. 113 zeigt die Risiken, die im Finanzbereich von Unternehmen auftreten können.

Risiken können sich schnell und sehr kurzfristig auswirken und das Unternehmen, meist für eine kurze Zeit, lahm legen. Sie können aber auch eine Auswirkung in Form von schleichenden Prozessen im Unternehmen haben (z. B. verändertes Kundenverhalten/-wünsche).

6.9.2 Das Gesetz zur Kontrolle und Transparenz im Unternehmensbereich (KonTraG)

Das KonTraG ist zum 01.05.1998 in Kraft getreten. Damit hat der Gesetzgeber die Bedeutung des Risikomanagements betont und hierfür einen gesetzlichen Rahmen geschaffen. Das KonTraG sieht vor, »dass der Vorstand geeignete Maßnahmen zu treffen, insbesondere ein Überwachungssystem einzurichten hat, damit den Fortbestand der Gesellschaft gefährdende Entwicklungen früh erkannt werden« (§ 91 Abs. 2 AktG).

Im GmbH-Gesetz ist keine entsprechende Regelung zu finden. Es ist aber davon auszugehen, dass je nach Größe für eine GmbH nichts anderes gilt.

6.9.3 Organisation des Risikomanagements

Die Geschäftsleitung sollte die Strukturen für ein effektives Risikomanagement schaffen. Durch sie werden die Entscheidungsträger mit den nötigen Informationen versorgt. Dabei geht es nicht um das

Behandeln von Einzelrisiken, wie man es heute in der Praxis noch oft antrifft. Das Management von Risiken sollte ein fester Bestandteil des Managementsystems sein, das die Geschäftsführung bei der Lenkung und Entwicklung des Unternehmens unterstützt und die Risikolage zu jeder Zeit unter Kontrolle hat.

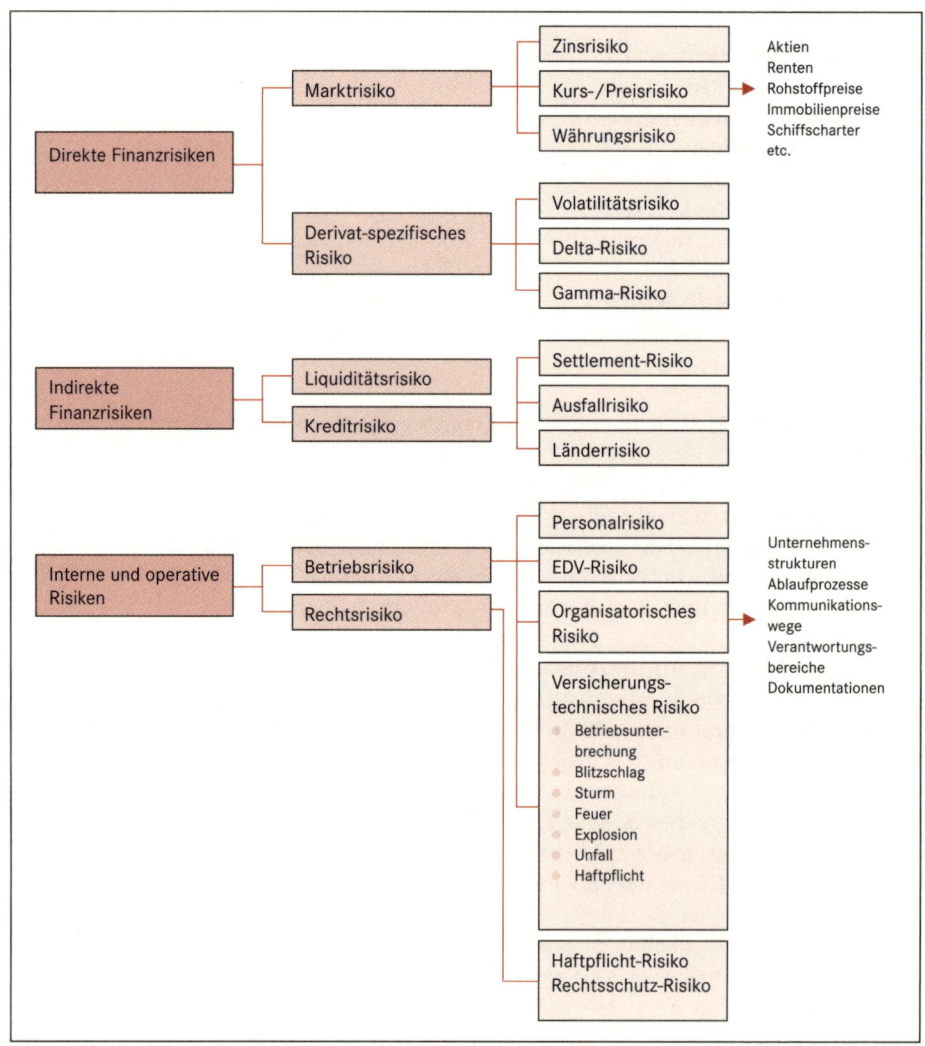

Abb. 113: Risiken im Finanzbereich (s. Detlef Keitsch 2000, S. 19)

6.9.3.1 Risiko- und Kontrollstruktur

Ein wichtiger Erfolgsfaktor für den Umgang mit Risiken ist eine ausgewogene Balance zwischen Risiken auf der einen Seite und einer angemessenen Kontrolle auf der anderen Seite. Wie so oft kommt es auch hier auf den goldenen Mittelweg an. Die Rede ist vom »kontrolliert handelnden Geschäftsmann«, der um Gewinnchancen wahrzunehmen ein kalkulierbares Risiko eingeht. Die Risiko- und Kontrollstruktur ist die Voraussetzung für die Einführung und dauerhafte Durchführung von Risikomanagement. Sie soll weiterhin dafür sorgen, dass die Mitarbeiter eines Unternehmens risikobewusst handeln und kommunizieren. Ein solches Verhalten lässt sich aber nur bedingt durch Anweisungen und Kontrollmaßnahmen erzwingen. Um es wirklich erfolgreich zu gestalten, sollte es Teil der Unternehmenskultur sein und so langfristig im Unternehmen aktiv gelebt werden.

Risikobewusst handeln und kommunizieren

Es gibt verschiedene Faktoren, die für die Kontrollstruktur eines Unternehmens entscheidend sind:

* Unternehmensphilosophie und Führungsstil der Geschäftsleitung;
* Schulung, Einstellung bzw. Wertegerüst und Fähigkeiten der Mitarbeiter;
* die Fähigkeit, flexibel und schnell auf Umfeldänderungen zu reagieren;
* eine gut funktionierende Kommunikation, sowohl horizontal als auch vertikal.

Wichtige Faktoren der Kontrollstruktur eines Unternehmens

Zusammenfassend ist zu sagen, dass für die erfolgreiche Entwicklung der Risiko- und Kontrollstruktur vor allem die beteiligten Menschen im Unternehmen verantwortlich sind. Dabei kommt es sowohl auf die Führungskräfte, die mit gutem Beispiel voran gehen, als auch auf die »passenden« Mitarbeiter, die das System umsetzen und leben, an.

6.9.3.2 Elemente einer Risikomanagement-Organisation

Die Organisation für das Risikomanagement in einem Unternehmen setzt sich aus mehreren Elementen zusammen.

Die Basis für eine Risikomanagement-Organisation sind die **risikopolitischen Grundsätze** eines Unternehmens. Sie sollten im Einklang mit den Zielen und Werten des Unternehmens festgelegt werden.

Risikopolitische Grundsätze

Um das Risikomanagement mit den für das Unternehmen festgelegten Grundsätzen erfolgreich umzusetzen, empfiehlt es sich, eine **Risikomanagement-Funktion** im Unternehmen einzurichten. Diese Funktion, wahrgenommen durch Mitglieder der Geschäftsleitung oder, bei größeren Unternehmen, einer Stabstelle, soll der Koordination dienen. Sie soll die Führungskräfte bei der Bearbeitung der in ihrem Bereich anfallenden Risiken unterstützen und diese dann unter Berücksichtigung der Grundsätze zusammenführen. Des Weiteren ist es auch ihre Aufgabe, die Risikomanagement- und Planungssysteme weiterzuentwickeln und an die aktuellen Gegebenheiten anzupassen.

Verankerung in Bereichen und Prozessen

In der heutigen Zeit ist es sehr wichtig, dass das Risikomanagement nicht nur zentral gesteuert wird, sondern auch in den einzelnen **Unternehmensbereichen und -prozessen** verankert ist. Als letztes Element des Risikomanagementprozesses ist die **Interne Revision** zu nennen. Ihre Aufgabe ist es, den Risikomanagement-Prozess zu begleiten. Sie soll die Wirksamkeit des Risikomanagements beobachten und in regelmäßigen Abständen überprüfen und so die Qualität und Effizienz sichern. Die Stellung der internen Revision im Unternehmen bewegt sich zwischen der Geschäftsleitung und dem Aufsichtsgremium. Sie kann aber unternehmensextern an Dritte weitergegeben werden.

6.9.4   Risikomanagement-Prozess

Identifikation, Analyse, Steuerung, Überwachung

Der Risikomanagementprozess umfasst alle Aktivitäten, welche im Zusammenhang mit Risiken stehen. Dazu gehören Identifikation, Analyse, Steuerung und Überwachung der Risiken.

Wichtig ist, dass Risikomanagement nicht als einmaliger, sondern als permanenter Prozess gelebt wird, weil sich nicht alle Risiken einfach abstellen lassen, sondern vielmehr ständig neue Risiken hinzukommen können. Deshalb muss neben der Beobachtung bekannter Risiken das Unternehmen in regelmäßigen Abständen auf neue oder potenzielle Risiken durchleuchtet werden. Des Weiteren erscheint es uns wichtig, die Risiken nicht isoliert von den anderen Unternehmensprozessen zu betrachten. Bei einer erfolgreichen Implementierung eines Risikomanagement-Systems kommt es viel mehr auf die sinnvolle Integration in die übrigen Unternehmensprozesse an.

Tipp

- Integrieren Sie Risikomanagement als dauerhaften Prozess in die Unternehmensabläufe.
- Verankern Sie das Risikomanagement in der Unternehmenskultur. Es sollte von allen Beteiligten gelebt werden, nach dem Motto: »Jeder Mitarbeiter ist ein Risikomanager«.
- Sorgen Sie für eine klare, offene Information und Kommunikation in Ihrem Unternehmen, denn ohne dies ist Risikomanagement nicht möglich.
- Vergessen Sie jedoch nicht: »Keine Chancen ohne Risiken«.

6.9.4.1   Risikoidentifikation

Bei der Risikoidentifikation geht es um die strukturelle Erfassung möglicher Risiken in einem Unternehmen. Geschäfte, Prozesse und Bereiche, die besonders risikoträchtig sind, sollen hier herausgefiltert werden.

Um die entsprechenden Risiken in einem Unternehmen zu erkennen, ist es wichtig, die Ziele und die Strategie des Unternehmens zu kennen. Zur Analyse der eigenen Strategie, der Stärken und Schwächen gibt es verschiedene Instrumente wie z. B. die SWOT-Analyse (siehe auch Kapitel 6.3).

Erstellen einer Risikocheckliste

Ziel der Identifikation ist die Aufnahme aller möglichen Risiken in einen Risikokatalog oder eine Checkliste, auch solcher Risiken, die vielleicht schon abgedeckt sind und eigentlich nicht weiter betrachtet werden müssten. So kann sichergestellt werden, dass jede mögliche Gefährdung des Unternehmens an einer definierten Stelle festgehalten wird. Dabei empfiehlt es sich, nach dem »Top-down« Prinzip von den Unternehmensrisiken angefangen über die Bereichsrisiken bis hin zu den Risiken der einzelnen Prozesse vorzugehen (s. auch Abb. 114).

Der Risikokatalog dient als Grundlage für den nächsten Schritt, die Risikoanalyse.

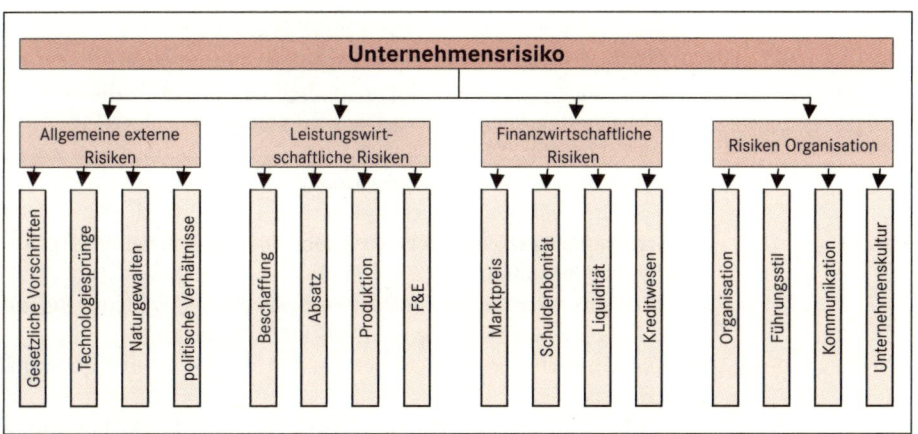

Abb. 114: Risikoraster

6.9.4.2   Risikoanalyse

Um die identifizierten Risiken später richtig steuern zu können, müssen sie genau analysiert und bewertet werden (um welches Risiko handelt es sich und wie hoch ist es?). Diese nun analysierten Eigenschaften der einzelnen Risiken sollten in den Risikokatalog als Zusatzinformationen aufgenommen werden. Der nächste Schritt ist

Risiken bewerten

es, bereits vorhandene Kontrollen und Maßnahmen hinsichtlich ihrer Effektivität zu bewerten. Ein weiterer Schritt in der Analysephase ist, die Häufigkeit des Auftretens eines Risikos zu beurteilen und das Restrisiko einzuschätzen. Um hier einen groben Überblick zu erhalten, erscheint es uns sinnvoll, alle Unternehmensrisiken und die daraus folgenden Restrisiken in einer sog. Risikomatrix abzubilden (s. auch Abb. 115). Durch die Matrix lässt sich außerdem erkennen, welche Risiken projektgefährdend sind und welches Ausmaß zu erwarten ist.

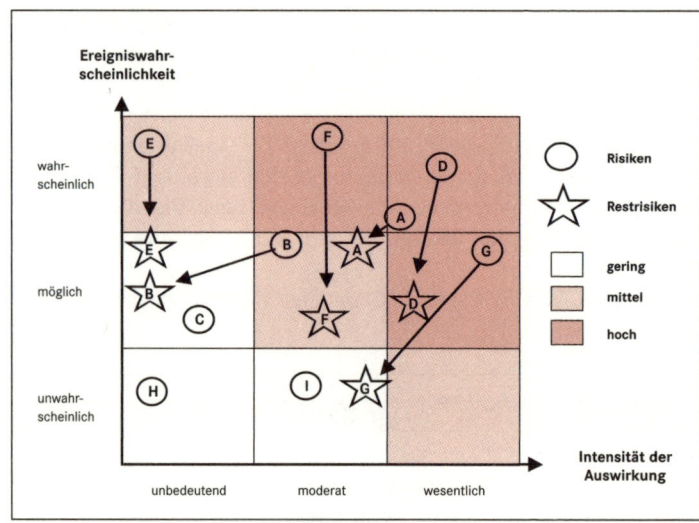

Abb: 115: Beispiel für ein Risikoportfolio

Risikoanalyse

Zusammenfassend sind vor allem folgende Punkte bei der Risikoanalyse zu beachten:

- Die Risikoanalyse ist Informationsbasis für den weiteren Risikomanagementprozess sowie für die Risikosteuerung.
- Die Einzelrisiken werden hier qualitativ bewertet und quantitativ gemessen.
- Anhand des Ergebnisses der Risikoanalyse lässt sich ein so genanntes Risikoportfolio des Unternehmens abbilden.
- Für eine erfolgreiche Risikosteuerung ist eine kontinuierliche Erfassung der Analyseergebnisse erforderlich.

Risikofaktoren	Bewertung		
	Hoch	Mittel	Niedrig
Projekte Allgemein			
Innovationsgrad	x		
Erforderliches Know-how		x	
Kapazitätsbindung	x		
Koordinationsproblematik	x		
Informationsproblematik			x
Projektvolumen		x	
Kunden			
Klar formulierte Anforderungen			x
Zahlungsausfall			x
Reklamationshäufigkeit		x	
Schlüsselperson beim Kunden	x		
Projektvolumen			x
Interne Faktoren			
Fähigkeiten Projektleiter			x
Fähigkeiten Projektteam			x
Umfeldrestriktionen			
Vorschriften, Normen			x

Abb. 116: Bewertung von Risikofaktoren

6.9.4.3 Risikosteuerung

Risikosteuerung bedeutet die aktive Beeinflussung der im Rahmen der Risikoanalyse ermittelten Einzelrisiken und damit der gesamten Risikoposition eines Unternehmens. Eine effektive Risikosteuerung setzt voraus, dass die Informationen zeitnah mittels eines Berichtswesens den Entscheidungsträgern zugänglich gemacht werden. Die Risikosteuerung zielt auf eine Verringerung der Eintrittswahrscheinlichkeit bzw. Begrenzung des zu erwartenden Schadens. Dabei unterscheidet man (s. Abb. 117) vier verschiedene Arten der Steuerung: Vermeiden, Vermindern, Überwälzen und Akzeptieren.

Risiko vermeiden

Hier werden Risiken behandelt, die sich durch einfache Maßnahmen vermeiden lassen. Es ist jedoch zu beachten, dass das betreffende Risiko wirklich eliminiert und nicht verlagert wird, nur um dann zu einem späteren Zeitpunkt völlig unerwartet wieder aufzutauchen.

Risiken vermeiden

Risiko vermindern

In diesem Fall geht es darum, das Schadensausmaß durch vorbeugende Maßnahmen zu verringern oder zu versuchen, die Eintrittswahrscheinlichkeit zu minimieren.

Risiken vermindern

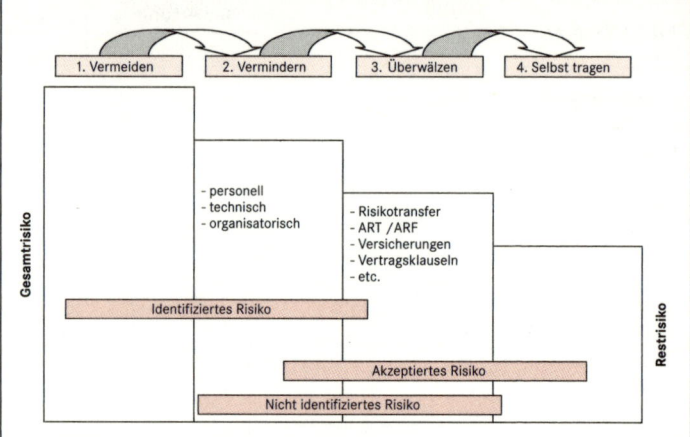

Abb. 117: Prozess der Risiko-Steuerung

Risiko überwälzen

Risiken überwälzen Der klassische Fall einer Risikoüberwälzung ist der Abschluss einer entsprechenden Versicherung. Es handelt sich hier also nicht um eine aktive Behandlung bzw. Minimierung, sondern um eine Übertragung des Risikos nach außen.

Risiko-Akzeptanz

Risiken akzeptieren Die letzte Variante der Risikosteuerung ist die Risiko-Akzeptanz. Dies heißt nichts anderes, als dass es durchaus möglich ist, ein mögliches Risiko in Kauf zu nehmen. Die Rede ist hier von einem kalkulierbaren Risiko. Dabei empfiehlt es sich, einen entsprechenden Maßnahmenplan für den Fall des Eintretens in der Hinterhand zu haben.

Die Risikosteuerung hat also die Beeinflussung und vor allem die Verringerung der Eintrittswahrscheinlichkeit und des Schadensausmaßes der Risiken zum Ziel.

6.9.4.4   Risikoüberwachung

Risiken überwachen durch Soll-Ist-Vergleich Die Risikoüberwachung soll sicherstellen, dass die definierten Risiken auch tatsächlich der gewollten Risikolage im Unternehmen entsprechen. Wichtig hierbei ist die fortlaufende Kontrolle der Risiken. Sie erfolgt durch einen zeitnahen Soll-Ist-Vergleich. Durch den Soll-Ist-Vergleich lässt sich feststellen, ob die Risiken sich im Limit bewegen. Sollten Überschreitungen vorliegen, müssen notwendige Steuerungsmaßnahmen getroffen werden.

Die Risikoüberwachung sollte permanent und zeitnah erfolgen. Dadurch verkürzt sie die Reaktionszeit und trägt somit zur Schadensminimierung bei.

Ein wesentlicher Bestandteil der Risikoüberwachung ist das interne Kontrollsystem.

Überwachung des Risikomanagement-Systems

Hier wird das ganze System betrachtet mit dem Ziel, die Schwachstellen im Risikomanagement-System zu erkennen und aufzudecken.

6.9.4.5 Risikokommunikation/ Aktives Portfoliomanagement

Es ist wichtig, die festgestellten Risiken ständig im Auge zu behalten und zu überwachen. Dabei empfiehlt es sich, eine Datenbank anzulegen. Neben der Aufzählung der einzelnen Risiken sollten dort die geplanten und eingeleiteten Maßnahmen und die damit verbunden Termine aufgeführt sein.

Kommunikation

6.9.4.6 Zusammenfassung Risikomanagement

Das Risikomanagement ist als modernes Unternehmenssteuerungsinstrument zu verstehen. Durch aktives Risikomanagement soll das Unternehmen in der Lage sein, Risiken zu minimieren, damit Kosten zu vermeiden und das Ergebnis und den Unternehmenswert dauerhaft zu steigern. Risikomanagement ist nicht allein von der Unternehmensgröße und Branche abhängig. Es ist ein Instrumentarium, das die Wettbewerbsfähigkeit des Unternehmens dauerhaft verbessern und sicherstellen soll. Ein effektives Risikomanagement muss alle Ebenen, Funktionen und Prozesse des Unternehmens durchdringen. Der wichtigste Erfolgsgarant sind die Mitarbeiter. Nur durch deren Motivation und Teamarbeit kann ein Risikomanagement funktionieren.

Risiken minimieren und vermeiden

Abb. 118 zeigt die zeitliche Entwicklung von Unternehmenskrisen. Meistens fängt eine Krise bereits mit strategischen Fehlentwicklungen an. Wichtig ist, Frühwarnsignale rechtzeitig zu erkennen und gegenzusteuern. Frühindikatoren können Veränderungen des Marktes und des Wettbewerbsumfeldes, technologische Veränderungen, aber auch unternehmensinterne Veränderungen sein. Der strategischen Krise folgt oft die Erfolgskrise und zuletzt eine Liquiditätskrise.

Unternehmenskrisen

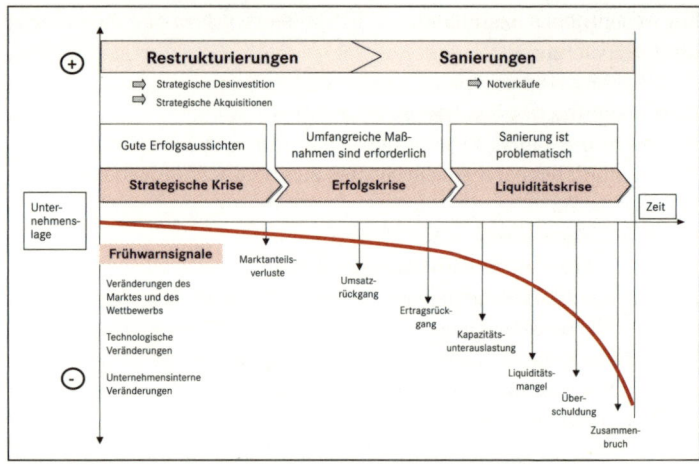

Abb. 118: Zeitliche Entwicklung von Unternehmenskrisen
(s. Buth/Hermanns 1998, S. 330)

6.10   Zusammenfassung

Ein Unternehmen erfolgreich durch bewegte Zeiten zu führen braucht ein effizientes Navigationssystem. Je besser die Informationen sind, umso wirksamer werden die unternehmerischen Entscheidungsprozesse sein.

Managementinformationssystem

Ein **Managementinformationssystem** sollte in Abhängigkeit von der Unternehmensgröße und der Ausprägung des Unternehmens erstellt werden. Die Umsetzung erfolgt auf EDV-Basis. Wichtig scheint uns, ein festes Informations- und Steuerungs-System einzuführen und zu definieren. Dies kann beispielsweise auf einem ERP-System basieren, ergänzt um sinnvolle Module wie beispielsweise einer Balanced Scorecard, Reporting-Tools auf Excel-Basis sowie einem Maßnahmenplan. Ab einer gewissen Unternehmensgröße halten wir ein Risikomanagementsystem für notwendig und sinnvoll.

Modulweiser Aufbau

Fangen Sie an, ein entsprechendes System auszubauen. Es muss nicht von Anfang an perfekt sein. Sie können das System sukzessive modulweise ergänzen. Durch laufende Verbesserungen wird das System weiter entwickelt. Je besser Sie Ihre Mitarbeiter in das System integrieren, desto größer wird der Erfolg sein.

Um über die Situation des Unternehmens zu informieren, benötigen Sie ein Reporting-System. Mit diesem System werden das Management, Eigner, Aufsichtsorgane und externe Kapitalgeber prägnant über die Entwicklung des Unternehmens informiert.

Mit einer **SWOT-Analyse** untersuchen Sie Stärken und Schwächen sowie Chancen und Risiken des Unternehmens. Wir empfehlen, diese Analysen beispielsweise jährlich zu überarbeiten.

SWOT-Analyse

Die **Balanced Scorecard** ist ein wunderbares Instrument, um das Unternehmen aus vier unterschiedlichen Perspektiven, beispielsweise monatlich oder vierteljährlich, zu beleuchten und zu steuern. Sie liefert Informationen zu den Perspektiven Finanzen, Kunden, Mitarbeiter und Prozesse.

Balanced Scorecard

Das **Management von Veränderungen, auch Change Management genannt,** ist eine der wesentlichen Aufgaben der Geschäftsleitung. Ein Unternehmen braucht eine Kultur der Veränderung, um im steten Wandel der Umwelt bestehen zu können.

Change Management

Das **Risikomanagement** versucht, Risiken frühzeitig aufzuspüren und Risiken zu vermeiden. Wir können es als eine Art Abwehrsystem des Unternehmens bezeichnen.

Risiken aufspüren und vermeiden

Glossar

Abschreibung
Methode zur Ermittlung des Betrags, der die Wertminderung von Gegenständen des Anlagevermögens erfasst. Dieser Betrag wird als Aufwand in der GuV erfasst.

Anlagespiegel
Eine Übersicht über die einzelnen Positionen des Anlagevermögens.

Anlagevermögen
Teil des Unternehmensvermögens, der nicht zur Veräußerung bestimmt ist.

Balanced Scorecard
Die Balanced Scorecard ist ein Managementsystem zur strategischen Führung eines Unternehmens mit einem Kennzahlensystem. Sie übersetzt Mission und Strategie eines Unternehmens in Ziele und Kennzahlen und ist dabei in vier verschiedene Perspektiven unterteilt: die wirtschaftliche Perspektive, die Kundenperspektive, die interne Prozessperspektive und die Lern- und Entwicklungsperspektive.

Benchmarking
Benchmarking ist die Suche nach besseren Problemlösungen durch systematischen Vergleich mit Best-Praktiken im eigenen Unternehmen, in der Branche und bei branchenfremden Unternehmen. Ziel ist es, die eigene Leistungsfähigkeit zu verbessern und von anderen zu lernen. Dabei geht es weniger um den Vergleich mit der Norm (Durchschnitt, wie beispielsweise bei Betriebsvergleichen), als vielmehr um den Vergleich mit den Besten (Champions, Marktführer, Weltmeister, Center of Excellence).

Bestandsveränderung
Änderung der Bestände des Vorratsvermögens. Betrifft vor allem die Halb- und Fertigerzeugnisse und Roh- Hilfs- und Betriebsstoffe.

Betriebsabrechnungsbogen
Ein System bzw. eine Vorgehensweise zur Verteilung der Kosten auf die Kostenstellen sowie zur Errechnung von Kostensätzen, Zuschlagssätzen etc.

Betriebsergebnis
Das Ergebnis einer Abrechnungsperiode, das sich aus der Differenz Gesamtleistung abzüglich betriebliche Kosten errechnet. Außerordentliche Aufwendungen und Erträge sowie Steuern sind nicht enthalten.

Bewegungsbilanz
Rohbilanz, die die Bewegungen des Vermögens und Kapitals (Mehrung und Minderung), Einnahmen und Ausgaben, Aufwendungen und Erträge für eine Rechnungsperiode darstellt.

Bilanzentwicklung
Darstellung der Bilanzstruktur über einen Zeitraum von mehreren Jahren.

Bottom up
»Von unten nach oben«; z.B. wenn Mitarbeiter Ziele erarbeiten und die folgenden Hierarchieebenen diese Ziele übernehmen.

Break even
Kann man als Kostendeckungspunkt übersetzen. An diesem Punkt werden die Kosten einer definierten Leistungseinheit gedeckt. Bei einer bestimmten Menge wird dieser Kostendeckungspunkt erreicht.

Budget
Der Haushaltsplan eines Unternehmens; meistens Synonym für die Erfolgs- und Bilanzplanung. Plan, in dem die benötigten Ressourcen, z.B. Personal, Material, etc. abgebildet sind.

Budgetierung
Der Prozess, in dem das Budget festgelegt wird.

Dabei orientiert man sich i. d. R. an Vergangen-
heitswerten oder Vergleichswerten (Benchmarking).

Businessplan
Geschäftskonzept, in dem die unternehmerischen Vorhaben, Ziele, Strategien und Maßnahmen inhaltlich und quantitativ dargestellt
sind.

Cash flow
Finanzielle Stromgröße, die den in einer Periode erfolgswirksam erwirtschafteten Zah-
lungsmittelüberschuss angeben soll. Der Cash
Flow ist Ausdruck der Innenfinanzierungskraft
eines Unternehmens. Er erfasst daneben auch
die durch Finanzierungsentscheidungen sowie
durch Investitions- und Ausschüttungsentschei-
dungen ausgelösten Ein- und Auszahlungen.

Chargen
Losgröße einer Produktion.

Deckungsbeitrag
Vereinfacht ausgedrückt Erlöse abzüglich direkt
zurechenbarer bzw. variabler Kosten einer Leistungseinheit. Dieser Deckungsbeitrag steht zur
Verfügung, um die fixen Kosten abzudecken.

Deckungsbeitragsrechnung
Eine stufenweise Betrachtungsweise der Erfolgsrechnung nach Deckungsbeitragsgesichtspunkten.

DuPont-Schema
Wurde im Chemiekonzern DuPont entwickelt.
Nicht die absolute Größe Gewinnmaximierung,
sondern die relative Größe Gesamtkapitalrentabilität (ROI) wird angestrebt.

Eigenfinanzierung
Finanzierung des Unternehmens aus Eigenkapital.

Erfolgsentwicklung
Entwicklung der Struktur der Gewinn- und Verlustrechnung über mehrere Jahre.

Erfolgsrechnung
Ermittlung des Erfolgs eines Unternehmens in
einem bestimmten Zeitraum. Normalerweise erfolgt dies ähnlich der Struktur der GuV.

ERP
Abkürzung für Enterprise Resource Planning.
Integrierte Software zur Steuerung der betrieb-
lichen Prozesse.

Fertigerzeugnisse
Produkte, welche das Unternehmen hergestellt
hat und die fertig im Lager liegen.

Finanzbuchhaltung
Die eigentliche Buchhaltung des Unternehmens. In dieser werden alle Geschäftsvorfälle
des Unternehmens erfasst.

Finanzierung
Art, Herkunft und Konditionen des im Unternehmen verwendeten Kapitals.

Finanzplan
Planung der Liquiditätsentwicklung eines Unternehmens. Die Einzahlungen werden den Auszahlungen gegenüber gestellt. Der Finanzbedarf
des Unternehmens wird fortgeschrieben.

Forecast
Vorausschau/Hochrechnung einer Erfolgsrechnung auf das Jahresende. Wird meist unterjährig erstellt.

Fremdfinanzierung
Finanzierung des Unternehmens mit Fremdkapital

Fremdleistung
Bezug von Leistungen von außerhalb des Unter-
nehmens zur Erbringung bzw. Erstellung der
Leistungen und Produkte des Unternehmens.

Gruppenfertigung
Organisation einer Fertigung in Gruppen. Die
Gruppe oder das Team ist verantwortlich für ei-
nen definierten Leistungserstellungsprozess.

Hierarchie
Führungsebenen im Unternehmen.

Innovation
Leitvorstellung bzw. Denkhaltung von Unter-
nehmern und Managern: Beim innovativen
Unternehmen finden Neuerungen ihren Niederschlag in der Unternehmens- und Produktpo-
litik. Entwicklung neuer Produkte, Verfahren,
Leistungen etc.

Kaizen

Kaizen (Kai = Veränderung; Zen = zum Besseren) ist die Philosophie, dass kontinuierliche, unendliche Verbesserung in allen Bereichen unter Einbeziehung aller Mitarbeiter, Geschäftsleitung, Führungskräfte und Arbeiter anzustreben ist.

Kanban

Ein System zur Planung und Steuerung von Produktionen mit dem Ziel von niedrigen Beständen bei gleichzeitiger Erhöhung der Lieferbereitschaft.

Kapitalflussrechnung

Eine verfeinerte finanzwirtschaftliche Bewegungsbilanz unter zusätzlicher Verwendung von Aufwands- und Ertragspositionen, die Investitions- und Finanzierungsströme sowie ihre Auswirkungen auf die Liquidität darstellen.

KMU

Kleine und mittlere Unternehmen.

Kostenrechnung

Ein System zur Verteilung der Kosten im Unternehmen nach Arten, Stellen und Trägern. Die Kostenrechnung dient ergänzend zur Finanzbuchhaltung der differenzierten Betrachtung des Leistungserstellungsprozesses und liefert Informationen zur Kalkulation etc.

Kostenträgerrechnung

Teilbereich der Kostenrechnung, in dem die Kosten auf die Kostenträger verteilt werden. Kostenträger können Produkte und Leistungen sein. Die Kostenträgerrechnung kann gleichzeitig Kalkulation sein.

Liquidität

Fähigkeit und Bereitschaft eines Unternehmens, seinen Zahlungsverpflichtungen termingerecht und betragsgenau nachzukommen.

Logistik

Darunter versteht man die Organisation der Leistungserstellungsprozesse im Unternehmen. Dies beinhaltet beispielsweise die Beschaffung von Material, den Transport der Waren zum Kunden, die Organisation der internen Ressourcenbereitstellung usw.

Make or buy

Fachbegriff für die Untersuchung, ob ein Produkt selbst gefertigt oder zugekauft wird.

Management by objectives

Eine Managementform, die mit Zielvorgaben führt. Sie ist gekennzeichnet durch gemeinsame Zielvereinbarungen mit den Mitarbeitern sowie weitgehende Delegation von Entscheidungsbefugnissen an die Mitarbeiter.

Managementinformationssystem

Ein (meist EDV-gestütztes) System zur Verdichtung von wichtigen Informationen aus dem Betriebsprozess für das Management.

Materialaufwand

Aufwendungen für Material im Unternehmen.

Operativ

Die kurzfristige Orientierung des Unternehmens in der Perspektive bis zu einem, maximal zwei Jahren.

Outsourcing

Verlagerung eines (Teil-) Leistungserstellungsprozesses außer Haus.

Prozesskostenrechnung

Kostenrechnungsmethode, die die Kosten anhand der Prozesse verrechnet, welche zur Erstellung der Leistung notwendig sind. Dazu zählen auch Prozesse in der Verwaltung.

Rentabilität

Verhältnis einer Erfolgsgröße zum eingesetzten Kapital einer Rechnungsperiode.

Reporting

Zusammenfassender Bericht über den Status eines Unternehmens zu einem bestimmten Stichtag.

Revision

Prüfung von Geschäftsvorfällen im Unternehmen.

Risikomanagement

Darunter versteht man eine Art Vorsorgetherapie, die ernsthafte Krisen in Unternehmen frühzeitig erkennen und entsprechend vorbeugen soll.

Rohertrag

Differenz zwischen Warenverkaufspreis und der eingesetzten Warenmenge, bewertet mit dem Wareneinstandspreis.

In der GuV: Gesamtleistung minus Wareneinsatz. Der Rohertrag steht zur Verfügung, um die übrigen Kosten außer dem Material und Fremdleistungen zu decken.

Strategie
Umschreibung, Charakteristik und/oder Kennzeichnung von Verfahrensweisen, mit denen sich eine Organisation gegenüber ihrem Umfeld zu behaupten versucht. Strategien sind meist auf weite Sicht konzipiert.

Strategisch
Langfristig gesehen, das heißt in der Perspektive ab ca. zwei Jahren.

SWOT-Analyse
Mit SWOT-Analysen werden folgende Unternehmensfaktoren mit folgenden Zielen untersucht: Stärken (Strengths) erhalten und ausbauen, Schwächen (Weak-nesses) mindern und beseitigen, Chancen (Opportunities) nutzen, Bedrohungen und Risiken (Threats) meiden oder begrenzen. Dabei setzt sich die SWOT-Analyse aus den zwei Analyse-Instrumenten Stärken-Schwächen-Analyse und Chancen-Risiko-Analyse zusammen.

Tabellenkalkulationsprogramm
EDV-Software zur Gestaltung, Berechnung und Organisation von Rechenoperationen wie beispielsweise Planungen, Kalkulationen etc.

Taktisch
Zwischen strategisch und operativ positioniert. Die Perspektive zwischen ein bis zwei Jahren.

Top down
Von oben nach unten; z.B. wenn Ziele von der Geschäftsleitung vorgegeben werden.

Umlaufvermögen
Vermögensgegenstände wie Vorräte und Forderungen, die zusammen mit dem Anlagevermögen und den aktiven Rechnungsabgrenzungsposten die Aktiva in der Bilanz ergeben.

Umsatzerlöse
Erlöse aus der gewöhnlichen Geschäftstätigkeit eines Unternehmens. Davon abgezogen werden Erlösschmälerungen wie Skonti, Rabatte, Boni und die Umsatzsteuer.

Unfertigerzeugnisse
Produkte, welche angefangen sind und sich noch im Fertigungsprozess befinden.

Unternehmensplanung
Der gesamte Prozess der Beschäftigung mit der Zukunft im Unternehmen.

Vision
Idealisiertes Zielbild des Unternehmens in der strategischen Perspektive.

Zielfindungsprozess
Vorgehensweise im Unternehmen, um Ziele zu definieren.

Literaturverzeichnis

Barth, Hartmund: Controlling – Ein Instrument zur Gewinnsteuerung, Heilbronn 1994

Baus, Josef: Controlling, Berlin 2000

Bernhard, M.G./Hoffschröer, S.: Report Balanced Scorecard, Düsseldorf 2001

Bühner, Rolf: Management Lexikon, Oldenbourg 1997

Czenskowsky/Schünemann/Zdrowomyslaw: Grundzüge des Controlling, Gernsbach 2002

Däumler, Klaus-Dieter: Grundlagen der Investitions- und Wirtschaftlichkeitsrechnung, 2000

Eisele, Wolfgang: Technik des betrieblichen Rechnungs-wesens, 6. Auflage, München 1999

Fink, Dietmar: Management Consulting Fieldbook, München 2000

Horvath & Partner: Das Controllingkonzept, 4. Auflage, Stuttgart 2000

Horváth, Péter: Controlling, 8. Auflage, München 2002

Irgel, Lutz: Gabler Handbuch für Kaufleute, Wiesbaden 1999

Keitsch, Detlef: Risikomanagement, Stuttgart 2007

Kreuz, Werner: Mit Benchmarking zur Weltspitze aufsteigen, Landsberg/Lech 1995

Maess/Misteli/Günther: RKW Unternehmer-Jahrbuch 2002, Neuwied 2002

Männel, Wolfgang: Handbuch Kostenrechnung, Wiesbaden 1992

Müller, Armin/Uecker, Peter/Zehbold, Cornelia: Controlling, München 2003

Nagel, Kurt: Praktische Unternehmensführung, Landsberg 1999

Oeser, Jochen: Diplomarbeit, Auftragskalkulation und Auftragsergebnisrechnung in einem mittelständischen Betrieb der Druckindustrie, Nürnberg 1991

Olfert, Klaus: Kostenrechnung, Ludwigshafen 1981

Preißner, Andreas: Praxiswissen Controlling, München 2003

Probst, Hans-Jürgen: Controlling leicht gemacht, Überreuter 2003

Reichmann, Thomas: Controlling mit Kennzahlen und Managementberichten, München 1995

Riebell, Claus: Die Praxis der Bilanzauswertung, Frankfurt/Main 1979

Schönbach, Gerhard: Keine Angst vor ISO 9000:2000, Eschborn 2001

Tanne, Markus: Kostenrechnung, Stuttgart 2007

Wöhe, Günter: Einführung in die Allgemeine Betriebswirtschaftslehre, München 1984

Stichwortverzeichnis